高等学校给排水科学与工程专业规划教材

水文学及水文地质

王晓玲　韩　冰　宋铁红　主编

韩相奎　主审

中国建筑工业出版社

图书在版编目（CIP）数据

水文学及水文地质/王晓玲等主编. —北京：中国建筑工业
出版社，2015.2（2025.1重印）
高等学校给排水科学与工程专业规划教材
ISBN 978-7-112-17611-3

Ⅰ.①水…　Ⅱ.①王…　Ⅲ.①水文学-高等学院-教材②水文地质-高等
学校-教材　Ⅳ.①P33②P641

中国版本图书馆 CIP 数据核字（2014）第 292361 号

本书共分为 9 章，第 1 章介绍了水分的自然循环和社会循环过程；第 2～5 章系统地介绍了河川径流
的形成过程及影响因素，径流表示方法和度量单位，水文资料观测及整理、调查及考证，水文频率分析
计算方法，利用相关分析和回归分析插补延长水文资料，应用水文频率计算方法基于流量资料设计年径
流及时程分配、设计洪峰流以及枯水流量，由暴雨资料推求设计洪水等内容。第 6～9 章围绕地下水展开
叙述。第 6 章主要介绍了地下水储存空间的水文地质性质和地下水的分布特征；第 7 章介绍了地下水运动；
第 8 章介绍了地下水开发作为饮用水水源的工程措施和由此产生的负环境效应；第 9 章系统地介绍了不
同类型供水和不同类型地区供水水文地质调查要点。

* * *

责任编辑：田启铭　张文胜
责任设计：张　虹
责任校对：张　颖　关　健

高等学校给排水科学与工程专业规划教材
水文学及水文地质
王晓玲　韩　冰　宋铁红　主编
*
中国建筑工业出版社出版、发行（北京西郊百万庄）
各地新华书店、建筑书店经销
北京科地亚盟排版公司制版
建工社（河北）印刷有限公司印刷
*
开本：787×1092 毫米　1/16　印张：15¼　字数：371 千字
2015 年 2 月第一版　2025 年 1 月第七次印刷
定价：35.00 元
ISBN 978-7-112-17611-3
（26848）

前　言

　　根据 2012 年全国高校给水排水工程学科专业指导委员会会议精神和专业指导委员会基本要求，给水排水工程专业更名为给排水科学与工程专业，为此相应的专业课和专业基础课内容也进行了调整。《水文学及水文地质》立足于高等学校给排水科学与工程学科专业指导委员会对课程体系设置及教学内容的建议和要求，依据课程教学大纲，并结合全国勘察设计注册公用设备工程师给水排水专业执业资格考试大纲编写。本书主要围绕其与给排水科学与工程专业之间的相关关系展开叙述，将水文学与水文地质教学内容与全国勘察设计注册公用设备工程师给水排水专业执业资格考试大纲结合编写。该课程与《给水排水管道系统》、《水质工程学》、《水工程施工》等专业主干课程属一套课程体系，深入认识与广泛运用水文学及水文地质规律，可为给水工程、排水工程以及其他市政公用工程的规划、设计、施工及管理等提供不可缺少的水文资料及分析成果。

　　本书以全国勘察设计注册公用设备工程师给水排水专业执业资格基础考试内容为每章重点内容，不仅可作为给排水科学与工程专业教学的教材，也可作为环境工程专业教学教材，还可供从事水资源规划与管理、水利工程、水文地质、工程地质及地质勘察等专业技术人员使用，并且可作为全国勘察设计注册公用设备工程师给水排水专业执业资格考试专业基础课的复习参考书。

　　本书由吉林建筑大学王晓玲、宋铁红以及中国地质大学韩冰主编。其中第 1 章、第 2 章由吉林建筑大学宋铁红编写；第 3 章、第 8 章由吉林建筑大学王晓玲编写；第 6 章由长春工程学院秦雨编写；第 5 章由吉林建筑大学城建学院韩苗苗编写；第 4 章、第 9 章由中国地质大学韩冰编写；第 7 章由吉林建筑大学王建辉编写。本书由吉林建筑大学韩相奎教授主审，特此致谢。敬请读者对书中存在的错误和不当之处予以批评指正。

目　　录

第 1 章　水分的循环过程及水量平衡

1.1　水分的自然循环

受太阳的辐射，地球上的水蒸发成为水蒸气，被移动的气流团输送、上升，在适宜的条件下冷凝结形成雨云，受地球引力作用下降落至地面。部分雨水经地面渗入地下，形成地下径流，其余部分经地面汇入河槽，形成地面径流。在整个运动过程中，不断产生蒸发、降水、地面径流、地下径流过程，这种循环往复的水体运动称为水循环，如图 1-1 所示。水循环可以是从海面蒸发，降水至陆地，分别由地下、地面径流经河流汇入海洋，这种海陆间的水体循环称大循环。当海面蒸发再降水至海面，或陆地上的水体蒸发再降水到陆地，这种局部水体循环称小循环。在整个循环过程中，降水的形式有降雨、降雪、降霜、降雹 4 种形式。南方以降雨为主，北方则多以降雪为主。蒸发的水体来源有：海洋蒸发、陆地上水面蒸发、地面蒸发、叶面蒸发、截留蒸发 5 种形式。其中，叶面蒸发是指从植物叶孔中逸出水汽的现象；截留蒸发是指未降落到地面而被植物截留的降水的重新蒸发；地面蒸发则是指土壤孔隙中的水体产生的蒸发。

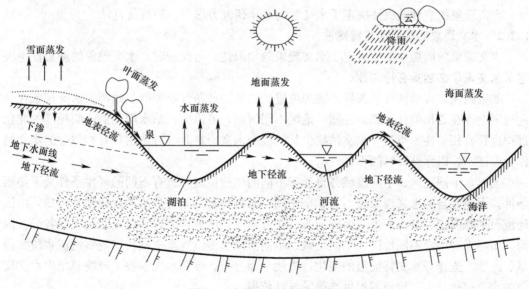

图 1-1　水分的自然循环示意图

总之，蒸发是降水的根本来源，降水则是径流的源泉。径流分为两种形式：地面径流、地下径流。降落到地面上的雨水，一部分渗入土壤，经入渗、渗透运动形成地下径流，另一部分经坡面漫流汇入河槽，形成河槽集流即地面径流。地面径流是水体在地面上的流动现象，包括坡面漫流和河槽集流两个过程；地下径流是水体在地下含水层内的流动现象。

1.2　水文现象及其特征

蒸发、降水、地下径流、地面径流称水文现象。水文现象具有周期性、随机性、地区性与相似性等特点。

1.2.1　水文现象的周期性与随机性

众所周知，河流每年都重复着洪水期、枯水期的周期性交替变化的过程。以冰雪为河源的河流具有以日为周期的水量变化，产生这种现象的根本原因在于地球绕太阳的公转与自转。当流域上降落一场暴雨，流域内的河流就会出现一次洪水，其暴雨强度、历时、笼罩面积的大小直接决定本次洪水的大小。暴雨与洪水存在着必然的因果联系，这些水文现象存在着某种确定性的必然规律，并周期性显现其规律性，这就是水文现象的周期性，但这种周期性规律决不是一成不变的。

受各流域气象条件、地理条件、生态与水土保持状况的影响，流域内不同年份的降雨量、径流量各不相同，某些年份可能为丰水年，某些年份可能为枯水年或平水年。与此同时，各年份中最大洪峰流量、最枯径流量出现的时间、大小也各不相同，流量过程线也完全不同。长期的水文观测发现，特大洪水流量与特小枯水流量出现的频率较低，中等洪水、枯水的频率较大，虽然多年平均的年径流量基本趋于一定稳定数值，但各年的年径流量均不相同。水文现象就是这样不断地随时间、地点发生变化，这种现象称水文学的随机性。水文现象的这种随机性决定了水文学的基本研究方法——数理统计法。

1.2.2　水文现象的相似性与特殊性

水文现象的周期性规律决定了水文现象的相似性。与此同时，水文现象的随机性也决定了水文现象必然具有特殊性。

如果两流域或地区气象条件、地理位置、自然地理条件等相似，则两大水文现象在一定程度上存在着相似性。如，在同一地区不同河流，若汛期、枯水期相似，则径流的变化过程也具有相似性。当某一水文站缺少某时段的水文资料时，可选用具有相似性的水文站作为参证站，以弥补资料的不足。

当然，不同地区、不同流域各自处于不同的地理位置，具有不同的气象条件及下垫面条件，因而各自的水文现象决不会完全相同，而且具有其本身独特的规律性。例如，山区河流与平原河流、沿海河流与内陆河流、北方河流与南方河流，其径流变化规律各异。因而，实际工程中，不同地区、不同流域、不同河段都需设置水文站长期观察河流水位、流量、泥沙、流速等水文特征值的变化，以便全面分析、计算水文参数，最终总结出水文现象的变化规律，为工程规划提供准确的设计依据。

1.3　水　量　平　衡

水体的循环过程密切关系着人类的发展，它使得人类生活、生产中不可缺少的水资源具有可再生性。水体的循环途径、强弱，决定了各地区、各流域水资源的地区分布与时程分布。与此同时，人类通过农业措施、水利措施（水库的径流调节）等对水循环产生影响。

从长期来看，水循环中的水量变化满足物质的不灭定理。蒸发量、降水量与径流量满足质量守恒原理，即从多年看，水循环处于动态的平衡状态，自然界中的水分总量为一个常数。就整个地球而言，可以写出以下两个等式：

海洋多年平均水量平衡方程为：

$$X_s = Z_s - Y \tag{1-1}$$

陆地多年平均水量平衡方程为：

$$X_o = Z_o + Y \tag{1-2}$$

将以上两式合并，得全球水量平衡方程：

$$X_s + X_o = Z_s + Z_o \tag{1-3}$$

式中 X_s，X_o——海洋、陆地的多年平均降水量，$X_s = 4.58 \times 10^5 \text{km}^3$；$X_o = 1.19 \times 10^5 \text{km}^3$；

Z_s，Z_o——海洋、陆地的多年平均蒸发量，$Z_s = 5.05 \times 10^5 \text{km}^3$；$Z_o = 0.72 \times 10^5 \text{km}^3$；

Y——多年平均入海径流量，km^3。

由上可知，对于整个地球而言，多年平均降水量等于多年平均蒸发量。

对某一流域或地区，水量平衡与流域内的蓄水有关。流域内的水库、湖泊对该流域的水量起到调节作用。在某一时段内流域蒸发、降水、径流、蓄水满足如下的水量平衡方程：

$$X = Z + Y + \Delta U \tag{1-4}$$

式中 X——该时段流域内的降水量；

Z——该时段流域内的蒸发量；

Y——该时段流域内的径流量；

ΔU——该时段流域内的蓄水量，为该时段末蓄水量 U_2 减去时段初蓄水量 U_1，$\Delta U = U_2 - U_1$。

对于多年平均流域蓄水量 $\Delta U = 0$，则流域多年平均水量平衡方程变为：

$$X_o = Z_o + Y_o \tag{1-5}$$

等式两边同时除以 X_o，得：

$$Z_o / X_o + Y_o / X_o = 1 \tag{1-6}$$

式中 X_o——流域多年平均的降水量；

Z_o——流域多年平均的蒸发量；

Y_o——流域多年平均的径流量；

Y_o / X_o——多年平均的径流系数；

Z_o / X_o——多年平均的蒸发系数。

1.4 水的社会循环过程

随着人类社会对水的需求日益扩大，促进人类大规模地蓄水、引水，极大地改变了水的自然运动状况，这种水在人类社会经济系统中的运动过程即为社会水循环过程，是在人类社会中构成的局部循环系统。具体循环过程为人类为满足生产与生活需要，要从自然界中获取大量的水，这些水经使用后就成为生活污水和生产废水，排入自然水体，如图 1-2 所示。

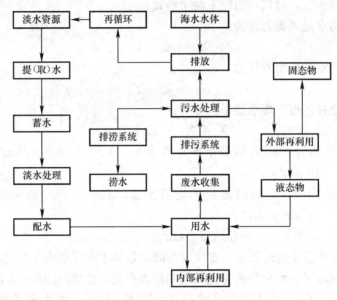

图 1-2　水的社会循环示意图

每人每天至少需要 5L 水，加上卫生方面的需要，全部生活用水量日人均为 40～50L 以上。生活水准越高，用水量越大。一般来说，发展中国家人均日用水量为 40～60L，发达国家则达到 200～300L。当然，用水量的大小与不同地区的气候条件、生活习惯有关。工业更是用水大户，据统计，工业用水一般要占城市用水的 70%～80%，很多行业，如发电、冶金、石油、化工、纺织、印染、造纸等都是用水大户。农业则是另一用水大户，不少国家尽管工业用水量很大，但农业用水量仍然大大超过工业用水量，即使在发达国家，如美国、日本，其农业用水量约为工业用水量的 2～3 倍。我国是一个农业大国，农业是主要的用水和耗水部门。据统计，长江流域每亩水稻田的需水量为 250～550m^3；北方地区的主要农作物小麦、玉米和棉花，其需水量分别为 200～300m^3/hm^2、150～250m^3/hm^2、80～150m^3/hm^2。

随着人口增长与经济发展，人类社会对水的需求日益扩大，在许多国家和地区出现了越来越严重的水稀缺问题，缺水成为制约社会经济发展和影响人民生活的重大社会问题。此外，随着人类社会对水的需求日益增大，促使人类大规模地蓄水、引水，极大地改变了水的自然运动状况（如黄河的断流）。同时，工业和生活废水排放量的剧增，造成越来越严重的水污染。这一切导致世界上的许多地区出现了前所未有的水生态环境退化的问题。

1.5　水文学及水文地质与给排水科学与工程、环境工程专业的关系

水资源的紧缺已逐渐成为经济社会发展的制约因素。加强水资源形成变化规律和水资

4

源合理开发利用及节水技术的研究，成为刻不容缓的研究任务。研究水文学及水文地质的目的是：深入认识与广泛运用水文规律，为国民经济建设服务，以利充分开发与合理利用水资源、减免水害，充分发挥工程效益。

就给水工程而言，水源包括了地表水和地下水。采用地表水为水源时，河川径流量直接体现了水资源量，需要对河川径流的径流年际变化和年内分配等水文情况进行分析。要考虑水量变化及其取用条件，需要了解水源的水位、泥沙及冰凌的变化情况。当地表水水量不足时，要考虑径流调节的工程措施等。在排水工程中，市政排水主要包括城镇雨水排放、泄洪及城镇生活污废水排泄的设计计算等内容。例如：雨水、污水的排泄口位置、规模、市政防洪工程的设计等，都需要进行水文资料的收集、分析与计算，推求暴雨、洪水的变化情况和设计特征值。

近年来，城市雨水利用成为水文学及水文地质学和给排水科学与工程研究的热点。在水资源日益紧缺的情况下，如何充分利用宝贵的水资源为城市供水服务，涉及水文学、水文地质学、给水排水工程技术，以及市政工程、地下工程等诸多方面。可见，水文学及水文地质学所阐述的各种水文现象，包括水文循环、河川径流及城市降雨径流的概念和特点等内容，是给排水科学与工程专业必备的基础知识。因此，水文学及水文地质学与给排水科学与工程有着密切的关系，学好水文学及水文地质学对系统掌握给排水科学与工程专业知识具有重要意义。

水环境问题主要表现为水体污染、水资源的缺乏和局部地区的时段洪水泛滥等方面，所有这些都会对河川径流产生影响。一定数量的河川径流量是维持良好自然环境的基础。在环境污染问题中，处于河川径流状态的水环境首当其冲，它是最先也是最易被污染的，也是人们直接看得到和接触得到的。如某一河流的全部或一段受到严重污染，某一湖泊水质不断恶化，均指处于水循环关键环节的河川径流中的水体。当河川径流量不足，水环境容量减少时，排入河流中的污废水将直接导致河流污染，水体直接表现就是河川径流部分水的理化和生物特性恶化，也使河川径流中水的状态和空间分布发生剧烈的变化，污染了的水体与周围的环境不断作用，将引发进一步的环境问题，破坏了作为资源的水的价值，最终导致生态环境的恶化。因此，利用环境工程方法和技术手段使河川径流处于稳定的状态，维持正常的河流径流量，保持水与环境的和谐，维持生态环境稳定，则要求环境工程专业人员必须具备水文学及水文地质学的相关知识，熟悉河川径流和地下径流的基本规律和特性，掌握分析水文现象的基本方法。

第 2 章　河川径流的形成与水文资料的收集

2.1　河川径流与流域

2.1.1　河川径流

河川径流是指下落到地面上的降水，由地面和地下汇流到河槽并沿河槽流动的水流统称，包含大气降水和高山冰川积雪融水产生的动态地表水及绝大部分动态地下水，是构成水分循环的重要环节，是水量平衡的基本要素。

通常称流经河流出口断面或某一时段（年或日）内流经河道的全部水量为河川径流量，以 m^3 计。此出口断面常指水文站或取水构筑物所在断面。其中来自地面部分的称为地面径流；来自地下部分的称为地下径流，也叫地下水；水流中挟带的泥沙则称固体径流。

2.1.2　流域

1. 概述

流域狭义上是指河流的干流和支流所流过的整个区域；而广义上指一个水系的干流和支流所流过的整个地区。另一种说法是，流域是以分水岭为界限的一个由河流、湖泊或海洋等水系所覆盖的区域，以及由该水系构成的集水区。或者说，地面上以分水岭为界之区域称为流域。

流域内的径流集中于最低点流出。最低点通常设有水文站量测流量或水位。流域内水文现象与流域特性有密切的关系。

按水体是否与海洋连通，可分为外流区和内流区。外流区可按连通的大洋分为太平洋流域、大西洋流域、印度洋流域和北冰洋流域，并可进一步按河流、湖泊甚至一个支流细分，如长江流域。

世界上流域面积最大的河流是亚马孙河。海洋流域中，太平洋流域约占地球上陆地面积的 13%，印度洋流域也占约 13%，而大西洋流域最多，约占 47%，这其中包括密西西比河、刚果河和亚马孙河等大河流域。

第三种说法是，流域是指由分水线所包围的河流集水区，分为地面集水区和地下集水区两类。如果地面集水区和地下集水区相重合，称为闭合流域；如果不重合，则称为非闭合流域。平时所称的流域，一般都指地面集水区。

每条河流都有自己的流域，一个大流域可以按照水系等级分成数个小流域，小流域又可以分成更小的流域等。另外，也可以截取河道的一段，单独划分为一个流域。

流域之间的分水地带称为分水岭，分水岭上最高点的连线为分水线，即集水区的边界线。处于分水岭最高处的大气降水，以分水线为界分别流向相邻的河系或水系。例如，中国秦岭以南的地面水流向长江水系，秦岭以北的地面水流向黄河水系。分水岭有的是山岭，有的是高原，也可能是平原或湖泊。山区或丘陵地区的分水岭明显，在地形图上容易勾绘出分水线。平原地区分水岭不显著，仅利用地形图勾绘分水线有困难，有时需要进行实地调查确定。

在水文地理研究中，流域面积是一个极为重要的数据。流域面积亦称受水面积或者集水面积。流域周围分水线与河口（或坝、闸址）断面之间所包围的面积，习惯上往往指地表水的集水面积，其单位以 km^2 计。自然条件相似的两个或多个地区，一般是流域面积越大的地区，该地区河流的水量也越丰富。

2. 特征

流域特征包括：流域面积、河网密度、流域形状、流域高度、流域方向或干流方向。

流域面积（A）：流域地面分水线和出口断面所包围的面积，在水文学上又称集水面积，单位是 km^2。这是河流的重要特征之一，其大小直接影响河流和水量大小及径流的形成过程。流量、尖峰流量、蓄水量多少及集流时间、稽延时间长短皆与流域面积大小成正比。

河网密度（D）：流域中干支流总长度和流域面积之比，即单位流域面积内河川分布情形，或称排水密度，单位是 km/km^2。其大小说明水系发育的疏密程度。受到气候、植被、地貌特征、岩石土壤等因素的控制。D 值大者表示为高度河川切割之区域，降水可迅速排出。D 值小则表示排水不良，降水排出缓慢。由观测得知，D 值大者其土壤容易被冲蚀或不易渗透，坡度陡，植物覆盖少；D 值小者，其土壤能抗冲蚀或易渗透，坡度小。

流域形状：对河川径流量变化有明显影响。

流域高度：主要影响降水形式和流域内的气温，进而影响流域的水量变化。

流域方向或干流方向：对冰雪消融时间有一定的影响。

流域根据其中的河流最终是否入海可分为内流区（或内流流域）和外流区（外流流域）。

河床坡度（S）：一般河流上游坡度较大，下游逐渐减少，河床纵剖面为向下凹，一般流域河道坡度仅考虑主流长度。

主流长度（L_0）：流域在水平面上投影最长的河流之长度。

平均宽度（W）：流域面积 A 除以其主要河川长度 L_0。

周长（P）：流域沿分水岭之长度。

河溪级序（J）：发源小溪为一级小溪，两条以上一级河溪汇合为二级溪流，两条以上第 $J-1$ 级河溪汇合成 J 级河溪，一般河溪级序越大，流域面积越大，河道断面流量越大。

3. 构成

不论地形多么复杂，流域均由分水线、水文网和斜坡构成。从分水线到河川之间可分为侵蚀区、流通区和沉积区。

2.2 河川径流的形成及度量

2.2.1 河川径流形成过程及影响因素

1. 河川径流分类

按水流来源有降雨径流和融水径流；按流动方式可分地表径流和地下径流，地表径流又分坡面流和河槽流；此外，还有水流中含有固体物质（泥沙）形成的固体径流，水流中含有化学溶解物质构成的离子径流等。

2. 形成过程

降水是径流形成的首要环节。降落在河槽水面上的雨水可直接形成径流。流域中的降雨如遇植被，要被截留一部分。降在流域地面上的雨水渗入土壤，当降雨强度超过土壤渗入强度时产生地表积水，并填蓄于大小坑洼，蓄于坑洼中的水渗入土壤或被蒸发。坑洼填满后即形成从高处向低处流动的坡面流。坡面流里许多大小不等、时分时合的细流（沟流）向坡脚流动，在降雨强度很大和坡面平整的条件下，可呈片状流动。从坡面流开始至流入河槽的过程称为漫流过程。河槽汇集沿岸坡地的水流，使之纵向流动至控制断面的过程为河槽集流过程。自降雨开始至形成坡面流和河槽集流的过程中，渗入土壤中的水使土壤含水量增加并产生自由重力水，在遇到渗透率相对较小的土壤层或不透水的母岩时，便在此界面上蓄积并沿界面坡向流动，形成地下径流（表层流和深层地下流），最后汇入河槽或湖、海之中。在河槽中的水流称河槽流，通过流量过程线分割可以分出地表径流和地下径流。

3. 影响因素

径流是流域中气候和下垫面各种自然地理因素综合作用的产物。

（1）气候因素。它是影响河川径流最基本和最重要的因素。气候要素中的降水和蒸发直接影响河川径流的形成和变化。降水方面，降水形式、总量、强度、过程以及在空间上的分布，均影响河川径流的变化。例如，降水量越大，河川径流就越大；降水强度越大，短时间内形成洪水的可能性就越大。蒸发方面，主要受制于空气饱和差和风速。饱和差越大，风速越大，则蒸发越强烈。气候的其他要素如温度、湿度等往往也通过降水和蒸发影响河川径流。

（2）流域的下垫面因素。下垫面因素主要包括地貌、地质、植被、湖泊和沼泽等。地貌中山地高程和坡向影响降水的多少，如迎风坡多雨，背风坡少雨。坡地影响流域内汇流和下渗，如山溪的水就容易陡涨陡落。流域内地质和土壤条件往往决定流域的下渗、蒸发和地下最大蓄水量，例如在断层、节理和裂缝发育的地区，地下水丰富，河川径流受地下水的影响较大。植被，特别是森林植被，可以起到蓄水、保水、保土作用，削减洪峰流量，增加枯水流量，使河川径流的年内分配趋于均匀。

（3）人类活动。例如，通过人工降雨、人工融化冰雪、跨流域调水增加河川径流量；通过植树造林、修筑梯田、筑沟开渠调节径流变化；通过修筑水库和蓄洪、分洪、泄洪等工程改变径流的时间和空间分布。

径流是地球表面水循环过程中的重要环节，它的化学、物理特性对地理环境和生态系统有重要的作用。

2.2.2 径流表示方法和度量单位

河川径流量的大小通常用以下几种径流特征值来表示。

1. 流量 Q

指单位时间内通过某一过水断面的水量。常用单位为立方米每秒（m^3/s）。各个时刻的流量是指该时刻的瞬时流量，此外还有日平均流量、月平均流量、年平均流量以及多年平均流量等。

2. 径流总量 W

在一定时段 Δt 内通过河流某一断面的总水量。以所计算时段的时间乘以该时段内的平均流量，即可计算径流总量 W，即 $W = Q\Delta t$，单位为 m^3，实际中常用 $10^8 m^3$ 来表示。

以时间为横坐标，以流量为纵坐标绘出来的流量随时间的变化过程就是流量过程线。流量过程线和横坐标所包围的面积即为径流总量。

3. 径流深度 R

指计算时段内的径流总量平铺在整个流域面积上所得到的水层深度，常用单位为毫米（mm），计算公式如下：

$$R = \frac{W}{1000A} = \frac{Q\Delta t}{1000A} \tag{2-1}$$

式中　Δt——计算时段，s；

　　　W——径流总量，m^3；

　　　Q——平均流量，m^3/s；

　　　A——流域面积，km^2。

4. 径流模数 M

一定时段内单位流域面积上所产生的平均流量，叫作径流模数 M。它的常用单位为 $m^3/(s \cdot km^2)$，计算公式为：

$$M = \frac{Q}{A} \tag{2-2}$$

5. 径流系数 α

一定时段内降水所产生的径流量 R 与该时段降水量 P 的比值，以小数或百分数表示，即 $\alpha = R/P$。

【例 2-1】　某河某水文站控制流域面积为 $566km^2$，多年平均径流流量为 $8.8m^3/s$，多平均降雨量为 686.7mm，试求其各径流特征值。

【解】各特征值都是指多年平均情况。

① 流量：$Q = 8.8m^3/s$

② 径流总量：$W = QT = 8.8 \times 365 \times 24 \times 60 \times 60 = 2.78 \times 10^8 m^3$

③ 径流模数：$M = (1000 \times 8.8)/566 = 15.55 m^3/(s \cdot km^2)$

④ 径流深度：$R = 1 \times 2.78 \times 108/(1000 \times 566) = 490.31mm$

⑤ 径流系数：$\alpha = R/P = 490.31/686.7 = 0.714$

2.3　河流水文观测及资料整理

衡量和表示河流水文变化情况的因素，一般包括水位、流量、泥沙、水温、冰凌、水化学、降水量、蒸发量等。通过对上述因素的观测得到的数据，能定量表示河流水情变化的基本特征。

2.3.1　水文测站的设立

1. 水文资料的获取途径

水文资料是水文科学的基础，也是工程建设与管理、水资源开发与保护的决策依据。

水文资料包括实测（基本）、调查（辅助）和分析计算成果及水文预测数据等。它们的性质和作用各不相同，但水文计算和预报的资料均直接和间接地依赖于实测资料。实践证明，调查资料也能发挥重要的辅助作用。

水文资料的获取途径包括以下3种：

（1）实测资料

实测水文资料是国家基本资料的重要组成部分。包括原始水文记录（第一性资料）及由其整理汇编而成的、以基本站资料为主的水文年鉴、水文特征（值）统计、水文图集和水文手册中的基本资料、水资源评价报告，以及有关专用水文站、水文实验站所收集的资料等。

水文站网观测整编的资料，按全国统一规定，分流域、干支流及上下游，每年汇编刊印成册，称为水文年鉴。主要内容包括：测站分布图、水文站说明表及位置图、各测站的水位、流量、泥沙、水温、冰凌、水化学、降水量、蒸发量等资料。

水文图集、水文手册、水资源评价报告等，是全国及各地区水文部门，在分析全国各地区所有水文站资料的基础上，综合编制出来的。它给出了全国或某一地区的各种水文特征值的等值线图、经验公式、图表、关系曲线等。利用水文手册，便可计算无资料地区的水文特征值。

（2）水文调查资料

通过水文站网进行定位观测是收集水文资料的主要途径。但是，由于定位观测受时间和空间的限制，有时并不能完全满足生产需要，故还必须通过水文调查加以补充。

水文调查资料包括历史洪、枯水调查（洪水痕迹、石刻、文献资料等）、暴雨洪水现场调查和其他专项水文调查的资料。这些调查资料经过严格审查考证，可与实测资料配合使用。我国历史悠久，可供现场查证的和历史文献记载的水文调查资料，已在工程建设的水文计算中发挥了显著作用。20世纪70年代，我国曾组织许多水文部门对历史洪水进行过大规模的系统调查，并汇编成册，供设计洪水计算参考。

（3）水文分析计算成果

根据实测水文资料结合调查资料进行水文分析，研究所取得的成果。水利计算、水文计算以及水文预报等方面的数据往往需经多种途径和方法的综合分析论证，综合选定。设计条件下的水文数据，受实测资料系列长短和人们的经验判断能力的限制，难以实际检验。水文预报的数据则可与实际出现的数据对比而显示其精度。

2. 水文测站的设立

《中华人民共和国水文条例》第十三条规定：国家对水文测站实行分类分级管理。水文测站分为国家基本水文测站和专用水文测站。国家基本水文测站分为国家重要水文测站和一般水文测站。

水文现象千变万化，为使水文资料如实反映情况并具有代表性，提供资料的部门应该做到：①合理地布设各类水文站网；②长期、连续、准确地进行水文测验；③系统、及时地整编和刊印资料；④运用先进的资料收集、整编、传输、存储、检索、分配的新技术，建立健全通用性的水文数据库系统。这里要特别指出的是，按一定原则建设水文站网，布设水文测站体系是获取各类水文资料最根本的途径。水文站网的密度及其布局，对整个水文工作有极为重要的影响。在我国，水文站网主要指基本站网，同时也包括专用站（如实验站、水质监测站等）。

在我国，还按测站的测验工作内容，将测站分为 6 类：①水文站，观测水位、流量，或兼测其他项目；②水位站，只观测水位，或兼测降水量；③雨量站，只观测降水量；④实验站，有实验研究任务的站；⑤水质站，只作水质监测；⑥地下水观测站井，主要观测地下水。

2.3.2 水位观测

水位是水体在某一地点的水面离标准基面的高度。标准基面有两类：一类为绝对基面，指国家规定的、作为高程零点的某一海平面，其他地点的高程均以此为起点。我国规定黄海基面为绝对基面。另一类为假定基面，指为计算水文测站水位或高程而暂时假定的水准基面。常采用河床最低点以下一定距离处作为本站的高程起点。常在测站附近设有国家水准点，或者在一时不具备条件的情况下使用。

河流、湖泊、水库的水位基本上随河道流量和湖、库蓄水量的大小而变化。但有时还受其他因素的影响。在河床受冲淤影响的河段，往往流量相同，而河床冲刷会使水位下降，淤积会使水位上升；水中丛生植物，旁侧支流涨水顶托造成回水，强大的迎流向的逆风均会使水位升高（尤其在河口段），顺风会使水位降低。因此，在某一固定地点观测水位时，要观察记录河床变化、流势、流向、分洪、引水、冰情、水生植物、波浪、风向、风力、水面起伏度、水温和影响水位的其他因素，为审核水位记录提供参考资料。必要时，在观测水位的同时，测定水面的比降等。

我国现在观测水文设备常用的有水尺和自记水位计。水尺是传统的有效的直接观测设备。按构造形式的不同，分为直立式、倾斜式、矮桩式与悬垂式等。水尺构造简单，但需观测人员到水尺处进行观测读数并记录。水位由设立在观测断面上的水尺观读，直立水尺的设立如图 2-1 所示。水尺板上刻度起点与某一基面（图 2-1 为绝对基面）的垂直距离叫作水尺的零点高程，预先可以测量出来。每次观读水尺后，便可计算水位，即：水位＝水尺零点高程＋水尺读数。

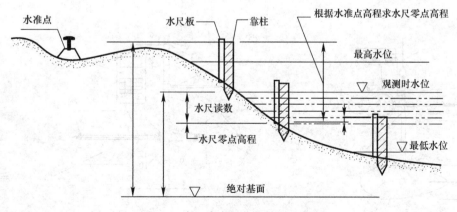

图 2-1 直立式水尺分段设立示意图

自记水位计是利用浮子、压力和声波等能提供水面涨落变化信息的原理制成的仪器。水位计能直接将水位变化的连续过程自动记录下来，具有连续、完善、节省人力等优点。有的还能将观测的水位以数字或图像的形式远传至室内，即水位遥测。自记水位计的种类很多，主要形式有横式自记水位计、电传自记水位计、超声波自记水位计和水位遥测计等。

水尺、水位计设置在河道顺直、断面比较规则、水流稳定、无分流斜流和无乱石阻碍的地点；一般避开有碍观测工作的码头、船坞和有大量工业废水和城市污水排入的地点，使测得的水位和同时观测的其他项目的资料具有代表性和准确性；为使水位与流量的关系稳定，一般避开变动回水的影响和上下游筑坝、引水等的影响。

水位观测的时间和次数的安排，要满足测得的资料能反映出一日内水位的变化过程，要满足水文情报预报的需要。平水时每日观测1～2次。有洪水、结冰、流凌（流冰）、冰凌堆积、冰坝和冰雪融水补给河流等现象时，增加观测次数，以取得水位变化过程的完整资料。

水位资料与人类生活和生产建设关系密切。水利工程的规划、设计、施工和管理，都需水位资料；其他工程建设如航道、桥梁、船坞、港口、给水、排水等也要应用水位资料。在防汛抗旱中，水位是水文情报和水文预报的依据。水位资料是建立水位流量关系推算流量变化过程、水面比降等必需的根据。在泥沙测验和水温、冰情、水质等观测中，水位是掌握水流变化的重要标志。

2.3.3 流量测算

河流流量是通过测定过水断面面积与断面平均流速并加以计算得到的。

测量过水断面称为水道断面测量。需要测定各测点的水深，同时还要定出测点与河岸上某固定点的水平距离（称起点距），根据水深及起点距才能绘出过水断面图并计算出断面面积。

测量流速通常使用流速仪进行。图2-2和图2-3分别为旋杯式流速仪和旋桨式流速仪。流速仪放在流动的水中，受水流冲击而使旋杯或旋桨产生旋转，流速越大，旋转越快，它们之间一般是直线关系，根据转速即可算出流速。这种流速只是河流过水断面上某一点的流速。为适应过水断面上天然流速分布的不均匀性，就要合理安排测点，使观测结果和天然状态一致。为此，就必须在断面上沿河流宽度方向选一些代表性强的测速垂线，在每一根测速垂线上依水深不同选一些特征点进行测速，最后求得垂线平均流速和部分断

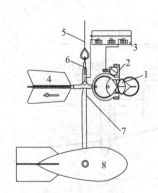

图2-2 旋杯式流速仪

1—旋杯；2—传讯盒；

3—电铃计数器；4—尾翼；

5—钢丝绳；6—绳钩；

7—旋杆；8—铅鱼

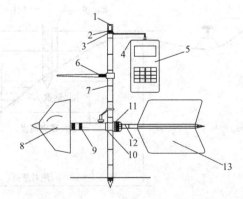

图2-3 旋桨式流速仪

1—导线；2—讯号转换插座；3—橡胶圈；4—计数器插头；

5—计数器；6—指针；7—CG20测杆；8—旋转部件；

9—发讯部件；10—身架部件；11—固紧螺帽；

12—固尾螺钉；13—尾翼部件

面平均流速，进而按下式求出断面流量 Q（m³/s）。

$$Q = v_1f_1 + v_2f_2 + \cdots\cdots + v_nf_n \tag{2-3}$$

式中　v——部分断面平均流速，m/s；

　　　f——部分断面面积，m²；

　　　n——部分断面的个数。

2.3.4　泥沙测算

在河流上修建水库，要考虑泥沙淤积情况来确定水库的使用寿命；河道的整治、堤防的修建、航道的治理，都需要研究河流泥沙的运动规律；灌溉引水工程需要考虑入渠泥沙量大小和渠道不被冲淤的水力条件；水土保持工程需要研究流域产沙过程等。泥沙测验在人类经济活动的许多方面具有重要意义。

泥沙测验分为悬移质输沙率和推移质输沙率两种。

1. 悬移质输沙率测验

悬浮在水中随水流移动的泥沙称悬移质。测验内容包括断面输沙率测验和单位水样含沙量（简称单沙）测验。断面输沙率是指单位时间内通过河渠某一断面的悬移质泥沙的重量，用 Q_s 表示，单位为 t/s 或 kg/s。

$$Q_s = Q \cdot c_s \tag{2-4}$$

式中　Q——断面流量，m³/s；

　　　c_s——断面平均含沙量，kg/m²。

单位水样含沙量是指断面上有代表性的垂线或测点的含沙量。断面输沙率的测验是为了准确推求断面平均含沙量，测验时根据泥沙在横向分布变化情况，布设若干条垂线。取样方法有：在每条垂线的不同测点上，逐点取样，称积点法；各点按一定容积比例取样，并予混合，称定比混合法；各点按其流速比例确定取样容积，并予混合，称流速比混合法；用瓶式或抽气式采样器在垂线上以均匀速度提放，采取整个垂线上的水样，称积深法等。可根据水情、水深和测验设备条件合理选用。

断面输沙率测验需与流量测验同时进行，需要进行颗粒分析的测次，同时加测水温。由于断面输沙率测验工作量大，费时较多，不可能把断面输沙率变化的每一个转折点都实地测到，更不能在泥沙变化大时逐时实测。因此，运用实测断面输沙率与测定单位水样含沙量两者相结合的方法，即在测得的断面输沙率资料中，选取 1 条或 2~3 条垂线的平均含沙量同断面平均含沙量建立稳定对应关系；这样，只要在此选定的 1 条或 2~3 条垂线的位置上测取水样，求得此单位水样含沙量后，通过上述稳定的对应关系，即可求得断面平均含沙量，并与相对应的时段平均流量相乘，即得该时段的平均输沙率，然后乘上所经的历时并累积相加，即得各种时段（如日、月、年等）的输沙量。由于现有悬移质泥沙采样器不能测到临近河底的沙样，因此实测悬移质输沙率不能代表真实值，必须通过实测资料的试验与分析计算，改正实测悬移质输沙率，以便得到比较符合实际的数值。

2. 推移质输沙率测验

沿河床面滚动、移动和跳跃的沙砾称推移质；单位时间内通过河渠某一断面的推移质沙量称推移质输沙率，以 kg/s 计。推移质测验的目的：一是提供实测推移质输沙率资料，直接推求总输沙率；二是研究推移质运动规律和输沙率计算方法，为推求总输沙率提供合理方法。直接进行推移质输沙率测验的方法有：①器测法，是将推移质采样器直接放在床面上采集推移质样品，这种方法应用较广。②坑测法，是在河床上设置测坑，测定推移质，只在特殊需要时采用。推移质输沙率的测次，随着河床组成性质不同而异。床沙粒径小于 2mm 的沙质河床，由于沙质推移质输沙率与水力因素存在密切关系，测次少；床沙粒径大于 2mm 的砾石、卵石河床，因水力因素与推移质输沙率的关系往往不密切，测次一般按水位或流量变化过程而定。推移质输沙率测验垂线数量要反映推移质输沙率的横向变化。在强烈推移带，垂线加密。每条垂线上重复取样 2～3 次，以消除推移质的脉动影响。用器测法施测推移质，由于仪器放到床面后，改变了床面的水流结构，因而测验成果不能完全反映实际情况，必须进行修正。

推移质输沙率与流速的高次方成比例，因此它的沿程变化剧烈。相邻河段，如果断面流速不同，两者的推移质输沙率相差悬殊。因此，河流推移质输沙率资料，只在某些重点测站上通过直接测验加以收集。

2.3.5 洪、枯水资料调查与考证

水文调查分为流域调查、洪水与暴雨调查、水量调查、枯水调查、其他专项调查。枯水期调查一般是为了正确拟定设计最低通航水位，枯水资料有重大意义。水文调查不能都在枯水期调查，洪水和暴雨也是水文调查，如果在枯水期调查也就无法查清暴雨相关资料，时间延迟太多，换句话说调查是有时效性、针对性的。

目前，在我国河流的实测流量资料和雨量资料一般都不长，即使通过插补展延后的资料长度也仅约 30～50 年，根据这样短的资料系列来推算 100 年以上一遇的稀遇洪水是不能令人放心的。因此，国内绝大多数水利水电工程规划设计中使用的洪水系列都包含有历史洪水。被选入洪水系列的历史洪水，无论发生在水文观测之前（即所谓历史时期），还是发生在实测系列中，都应有相应的确切的调查期及它们在其中的确切排位。历史洪水应是当地发生过的特大或大洪水，它们的量值应明显大于实测洪水系列中为首的几次洪水，它们参加排位的调查期也应比实测系列年数长得多。历史洪水加入洪水系列，常对频率分析结果有重大影响。一些研究认为，由于包含有较多的关于当地大洪水信息，历史洪水加入频率分析有助于提高设计洪水的估计精度。但是，这一结论是在历史洪水资料与实测洪水资料有同样的精度，且它们的调查期及在其中的排位都是精确的前提下提出的。

历史洪水的数值确定以后，还需要分析其在某一代表年限内的大小序位，以便确定洪水的经验频率或重现期。在实践中，常根据资料的不同情况，将与确定历史洪水代表年限有关的年份分实测期、调查期和文献考证期。实测期即从有实测洪水资料年份开始迄今的时期。调查期即在调查到的若干可以定量的历史大洪水中，一般以最远的洪水年份迄今的时期。文献考证期即从具有连续可靠的文献记载开始年份迄今的时期。调查期以前的文献考证期内的历史洪水，一般只能确定洪水大小等级和发生次数，不能定量。洪、枯水资料调查与考证对城市的防洪抗旱洪工程规划建设提供依据，具有现实意义。

2.4 降水的观测及资料整理

2.4.1 降水量及其观测

1. 概述

降水量是指从天空降落到地面上的液态或固态（经融化后）水，未经蒸发、渗透、流

14

失，而在水平面上积聚的深度。降水量以 mm 为单位，气象观测中取一位小数。

降水量一般用雨量筒测定。所以降水量中可能包含少量的露、霜和雾等。气象学中常有年、月、日、12h、6h 甚至 1h 的降水量。6h 中降下来的雨雪统统融化为水，称为 6h 降水量；24h 降下来的雨雪统统融化为水，称为 24h 降水量；一个旬降下来的雨雪统统融化为水，称为旬降水量；一年中，降下来的雨雪统统融化为水，称为"年降水量"。液态降水量称为雨量，有时两者也作为同义词。单位时间的降水量称为降水强度，常用 mm/h 或 mm/min 为单位。单位时间的雨量称为雨强。

把一个地方多年的年降水量平均起来，就称为这个地方的"平均年雨量"。例如，北京的平均年雨量是 644.2mm，上海的平均年雨量是 1123.7mm。

2. 分类

（1）根据其不同的物理特征可分为液态降水和固态降水。

1）液态降水有毛毛雨、雨、雷阵雨、冻雨、阵雨等；

2）固态降水有雪、雹、霰等，还有液态固态混合型降水：如雨夹雪等。

"降水量"是气象术语，按气象观测规范规定，气象站在有降水的情况下，每隔 6h 观测一次。

（2）在气象上用降水量来区分降水的强度。

可分为：小雨、中雨、大雨、暴雨、大暴雨、特大暴雨，小雪、中雪、大雪和暴雪等。

1）小雨：雨点清晰可见，没漂浮现象；下地不四溅；洼地积水很慢；屋上雨声微弱，屋檐只有滴水；12h 内降水量小于 5mm 或 24h 内降水量小于 10mm 的降雨过程。

2）中雨：雨落如线，雨滴不易分辨；落硬地四溅；洼地积水较快；屋顶有沙沙雨声；12h 内降水量 5~15mm 或 24h 内降水量 10~25mm 的降雨过程。

3）大雨：雨降如倾盆，模糊成片；洼地积水极快；屋顶有哗哗雨声；12h 内降水量 15~30mm 或 24h 内降水量 25~50mm 的降雨过程。

4）暴雨：凡 24h 内降水量超过 50mm 的降雨过程统称为暴雨。根据暴雨的强度可分为：暴雨、大暴雨、特大暴雨三种。

① 暴雨：12h 内降水量 30~70mm 或 24h 内降水量 50~99.9mm 的降雨过程。

② 大暴雨：12h 内降水量 70~140mm 或 24h 内降水量 100~249.9mm 的降雨过程。

③ 特大暴雨：12h 内降水量大于 140mm 或 24h 内降水量大于 250mm 的降雨过程。

5）小雪：12h 内降雪量小于 1.0mm（折合为融化后的雨水量，下同）或 24h 内降雪量小于 2.5mm 的降雪过程。

6）中雪：12h 内降雪量 1.0~3.0mm 或 24h 内降雪量 2.5~5.0mm 或积雪深度达 3cm 的降雪过程。

7）大雪：12h 内降雪量 3.0~6.0mm 或 24h 内降雪量 5.0~10.0mm 或积雪深度达 5cm 的降雪过程。

8）暴雪：12h 内降雪量大于 6.0mm 或 24h 内降雪量大于 10.0mm 或积雪深度达 8cm 的降雪过程。

（3）按降水的性质划分，降水还可分为：

1）连续性降水

雨或雪连续不断地下，而且比较均匀，强度变化不大，一般下的时间长、范围广，降水量往往也比较大。

2）间断性降水

雨或雪时下时停，或强度有明显变化，一会儿大一会儿小，但是这个变化还是比较缓慢的，下的时间有时短有时长。

3）阵性降水

雨或冰雹常呈阵性下降，有时也可看到阵雪。其特点是骤降骤停或强度变化很突然，下降速度快，强度大，但往往时间不长，范围也不大。如果在阵雨的同时还伴有闪电和雷鸣，这便是雷阵雨。

3. 降水量测量工具

降水量测量一般是用口径 20cm 的漏斗收集，用专门的雨量计测出降水的毫米数。如果测的是雪、雹等特殊形式的降水，则一般将其溶化成水再进行测量。

测量工具测定降水量的基本仪器是雨量器。有雨量器和雨量计两种。

1）漏斗式雨量器

用于测量一段时间内累积降水量的仪器。外壳是金属圆筒分上下两节，上节是一个口径为 20cm 的盛水漏斗，为防止雨水溅失，保持器口面积和形状，筒口用坚硬铜质做成内直外斜的刀刃状；下节筒内放一个储水瓶用来收集雨水。测量时，将雨水倒入特制的雨量杯内读取降水量毫米数。降雪季节将储水瓶取出，换上不带漏斗的筒口，雪花可直接收集在雨量筒内，待雪融化后再读数，也可将雪称出重量然后根据筒口面积换算成毫米数。

2）虹吸式雨量计

可连续记录降水量和降水时间的仪器。其上部盛水漏斗的形状和大小与雨量器相同。当雨水经过漏斗导入量筒后，量筒内的浮子将随水位升高而上浮，带动自记笔在自记纸上划出水位上升的曲线。当量筒内的水位达到 10mm 时，借助虹吸管，使水迅速排出，笔尖回落到零位重新记录。自记钟给出降水量随时间的累积过程。

3）翻斗式雨量计

可连续记录降水量随时间变化和测量累积降水量的有线遥测仪器。分感应器和记录器两部分，其间用电缆连接。感应器用翻斗测量，它是用中间隔板隔开的两个完全对称的三角形容器，中隔板可绕水平轴转动，从而使两侧容器轮流接水，当一侧容器装满一定量雨水时（0.1 或 0.2mm），由于重心外移而翻转，将水倒出，随着降雨持续，将使翻斗左右翻转，接触开关将翻斗翻转次数变成电信号，送到记录器，在累积计数器和自记钟上读出降水资料。

2.4.2 降水分析与计算

1. 降水量的影响因素

（1）位置：主要是海陆位置对降水的影响，通常大陆内部干旱少雨。

（2）大气：主要包括大气环流、锋面、气旋（反气旋）等因素对降水的影响。①大气环流包括三圈环流和季风环流。三圈环流中形成了 7 个气压带和 6 个风带，其中低压带控制地区降水较多，高压相反；西风带内西岸降水多于东岸，信风带内东岸降水多于西岸。季风环流中，夏季风降水多于冬季风。②锋面：冷、暖锋、准静止锋过境时都易产生降水。③气旋对应的是低压，气流上升多阴雨；反气旋对应高压，气流下沉多晴天。

（3）地形：迎风坡降水多，背风坡降水少；高大地形也会阻止水汽的进入，如新疆气候干燥的原因除了深居内陆以外，还由于周围高大山脉对水汽的阻挡。

（4）洋流：暖流流经对沿岸气候有增温增湿的作用；寒流流经对沿岸气候有降温减湿的作用。例如，澳大利亚的荒漠一直延伸到大陆西岸的广大地区，除副高控制外，还受信风和西澳大利亚寒流的影响；再如，英国和挪威的海港终年不冻就得益于北大西洋暖流的作用。

（5）植被和水文状况：植被覆盖率高的地区以及湖沼、水库周围，空气的湿度较大，降水相对较多。

（6）人类活动：城市湿岛效应是城市多上升气流易成云致雨；雨岛效应是城市尘埃多，凝结核多，雾和低云比郊区多。

2. 降水量的计算

降水量是用在不透水的平面上所形成的水层来计量的，单位为 mm。常用雨量器、自记雨量计，近年来也用遥测法来进行测量。固体降水量，是指固体降水融化后水层的深度值。我国日降水量时制采用北京标准时，并以 20 时为日分界。在水文研究中，降水过程的观测用自记雨量计，雨量器则主要用于定时分段观测。由雨量站测得的雨量值，只代表某一点或较小范围内的降水情况，称点雨量。在水文学中常利用点雨量推算整个流域或某特定水文区的平均降雨量（又称面雨量）。常用的计算方法有以下几种：

（1）算术平均法

当流域内地形起伏变化不大，雨量站分布比较均匀时，可根据各站同一时段内的降雨量用算术平均法推求。其计算式为：

$$\bar{x} = \frac{x_1 + x_2 + \cdots + x_n}{n} = \frac{1}{n}\sum_{i=1}^{n} x_i \tag{2-5}$$

（2）泰森多边形法（垂直平分法）

首先在流域地形图上将各雨量站（可包括流域外的邻近站）用直线连接成若干个三角形，且尽可能连成锐角三角形，然后作三角形各条边的垂直平分线，这些垂直平分线组成若干个不规则的多边形。每个多边形内必然会有一个雨量站，它们的降雨量以 x_2 表示，如量得流域范围内各多边形的面积为 f_i，则流域平均降雨量可按下式计算：

$$\bar{x} = \frac{f_1 x_1 + f_2 x_2 + \cdots + f_n x_n}{n} = \frac{1}{F}\sum_{i=1}^{n} f_i x_i = \sum_{i=1}^{n} A_i x_i \tag{2-6}$$

此法能考虑雨量站或降雨量分布不均匀的情况，工作量也不大，故在生产实践中应用比较广泛。

（3）等雨量线法

在较大流域或区域内，如地形起伏较大，对降水影响显著，且有足够的雨量站，则宜用等雨量线法推求流域平均雨量。先量算相邻两雨量线间的面积 f_i，再根据各雨量线 x_i 的数值，就可以按下式计算：

$$\bar{x} = \frac{1}{F}\sum_{i=1}^{n} f_i \frac{x_i + x_{i+1}}{2} \tag{2-7}$$

此法比较精确，但对资料条件要求较高，且工作量大，因此应用上受到一定的限制。主要用于典型大暴雨的分析。

第 3 章　水文系统基本原理与方法

3.1　水文统计的意义及基本概念

3.1.1　水文统计的意义

水文现象是自然现象，它既具有必然性，又具有偶然性。事物在发展、变化中必然会出现的现象称为必然现象；那种可能出现也可能不出现的现象称为偶然现象。例如，流域上足够的降水一定会形成径流为必然现象，但在河道中的任一断面处的流量和水位各时刻的变化值，则是偶然现象，也称为随机现象。由于受多种因素的影响，各种水文现象发生的时间以及数值的大小都是不确定的、随机的。

从大量的随机现象中统计出事物的规律，称为统计规律。水文统计是利用概率论和数理统计的理论和方法，研究和分析水文的随机现象（已经观测到的水文资料），找出水文现象的统计规律，并以此为基础对水文现象未来可能的长期变化做出在概率意义下的定量预估，以满足工程规划、设计、施工以及运营期间的需要。例如，在河流上设计取水构筑物，为保证取水构筑物的运行安全，既要考虑在一定时间内不会被河流洪水冲毁，又要考虑在河流的枯水期能够取到水，只有凭借长期观测的洪水和枯水资料，利用水文统计方法寻找其规律性（水文频率曲线），再依据设计标准与相应规范，查取重现期或保证率，最后在频率曲线上求出相应频率的数值作为最终的设计值。

3.1.2　数理统计法对水文资料的要求

水文分析计算所依据的基本资料，包括水文、气象、地形、人类活动及水质等方面。对于水文频率计算而言，基本资料系列必须具有可靠性、一致性、代表性、随机性和独立性。

1. 检查资料的可靠性

实测资料是水文分析的基础，故必须具有足够的可靠性，应用错误的资料就不可能获得正确的结果。水文分析一般使用经有关部门整编后正式刊布的资料，从总体上看可以直接使用。但由于社会、特殊水情变化时观测条件的限制等，也会影响成果的可靠性。收集资料时，应对原始资料进行复核，对测验精度、整编成果作出评价，并对资料中精度不高、写错、伪造等部分进行修正，以保证分析成果的准确性。

2. 检查资料的一致性

寻求任一水文要素的统计规律或者物理成因规律，其所依据的资料基础，都必须具有一致性，否则就找不出正确的结果。所谓资料基础的一致性，就是要求所有使用的资料系列必须都是同一类型或在同一条件下产生的，不能把不同性质的水文资料混在一起统计。例如：不同基准面、不同水尺处的水位不能收入同一系列；暴雨洪水和融雪洪水的成因不同，也不能收在同一系列中；瞬时水位和日平均水位也不能收在同一系列中，因为它们取得的条件不同，性质也不一样。

3. 检查资料的代表性

水文分析的目的是根据已有资料找出规律。对于水文频率计算而言，代表性是样本相对应整体来说的，即样本的统计特征值与整体的统计特征值相比，误差越小，代表性越高。若误差小于允许误差，则称为样本有代表性。但水文现象的总体，是无法通盘了解的，只能大致认为，一般资料系列越长，丰平枯水段齐全，其代表性越高。一般要有 20～30 年资料才能比较有代表性。增加资料系列长度的手段有 3 种：插补展延、增加历史资料、坚持长期观测。

4. 检查资料的随机性

用作频率分析的资料，必须具有随机性，即不能把具有相关关系的系列（如前后期流量）或者是有意选取偏丰或者偏枯的系列来进行计算。严格来说，水文系列不具备完全的随机性。这表现在两个方面：一是从资料系列的本身来说，各年数的形成均有其物理成因，只是数值的大小带有随机性，同时，不少学者的研究均表明水文系列隐含有一定的周期成分，故水文系列并非完全随机，而是准随机；二是从取样来说，供频率分析用的水文样本，不是随机抽取的，而是在短期内观测到的。因为现有资料系列本来就很短，我们就不能再从中随机抽取某些年的资料，作为样本来进行频率分析。

5. 检查资料的独立性

对于频率分析来说，独立性也很重要。即要求同一系列中的资料应是互相独立的。因此，不能把彼此有关的资料统计在一起。例如，每年实测所得的洪水最大流量或最高水位，其关联性极小，独立性好；但是，前后几天的日流量值，都是同一场暴雨造成的，彼此并不独立，故不能用连续日流量来作为一个统计系列。

3.2 频率和概率

3.2.1 频率和概率

1. 频率

频率是指在具体重复的试验中，某随机事件 A 出现的次数（频数）m 与试验总次数 n 的比值，即：

$$W(A) = \frac{m}{n} \tag{3-1}$$

式中　$W(A)$——随机事件 A 出现的频率；

　　　　m——A 事件出现的次数；

　　　　n——总的试验次数。

当实验次数不大时，事件的频率有明显的随机性，但当试验次数足够大时，随机事件 A 出现的频率具有一定的稳定性。

2. 概率

概率是指随机事件在客观上出现的可能性，即该事件的发生率，亦称几率。设试验中可能的结果总数为 n，某事件 A 可能出现的结果数为 m，则 A 事件出现的概率为：

$$P(A) = \frac{m}{n} \tag{3-2}$$

【例 3-1】　袋中有手感完全相同的 20 个白球和 10 个黑球，问：摸出白球和黑球的概率各是多少；摸出白球或者黑球的概率为多少；摸出红球的概率为多少？

【解】由式（3-2）得：

$$P(白) = \frac{20}{20 + 10} = \frac{2}{3}$$

$$P(黑) = \frac{10}{20 + 10} = \frac{1}{3}$$

$$P(白或黑) = \frac{20 + 10}{20 + 10} = 1$$

$$P(红) = \frac{0}{20 + 10} = 0$$

由上例可以知道，概率的基本特性是：

$$0 \leqslant P(A) \leqslant 1$$

$$P(A) = 1, \qquad A 属必然事件$$

$$P(A) = 0, \qquad A 属不可能事件$$

$$0 < P(A) < 1, \qquad A 属于随机事件$$

根据事件出现的可能性是否能预先估计出来，概率分为事先概率和事后概率。事先概率是指试验之前某随机事件出现的可能性可以预先估计出来，例如掷硬币，正面和反面出现的概率都是 1/2；掷骰子时每种点子出现的概率均为 1/6。而还有一类事件，它出现的可能性不能在试验之前预先估计出来，必须通过大量的重复试验之后才能估计出它出现的可能性，这类事件出现的概率属于事后概率。

3. 频率与概率的关系

18 世纪的法国科学家蒲丰和英国生物学家皮尔逊分别做了掷硬币的试验，见表 3-1。

掷硬币频率试验 表 3-1

实验者	试验总次数	正面出现次数	W（正）
蒲丰	4040	2048	0.5069
皮尔逊	12000	6019	0.5016
皮尔逊	24000	12012	0.5005

试验结果表明，当试验次数增加很多时，频率才会逐渐趋近于概率

$$\lim_{n \to \infty} W(A) = P(A) \tag{3-3}$$

频率是（实测值）经验值，概率是理论值，当试验次数很多时，可以通过实测样本的频率分析来推论事件总体概率特性，即推论随机事件在客观上可能出现的程度，这是数理统计法的基本原理。

水文现象的总体无法全盘得到，不能直接用式（3-2）计算概率来作为该水文现象的概率特性，只能将有限的多年实测水文资料组成样本系列，根据各样本的出现频数和系列的样本容量，用式（3-1）推求其频率来作为概率的近似值。但是，采用此法推论水文现象在客观上发生的可能性，应确保一定大的样本容量，样本容量越大，此法的推论才越可靠。

3.2.2 随机变量的概率分布

随机变量的取值总是伴随着相应的概率，而概率的大小随着随机变量的取值而变化，这种随机变量与其概率一一对应的关系，称为随机变量的概率分布规律。

离散型随机变量的概率分布一般以分布列表示，即：

$$
\begin{array}{cccccc}
x & x_1 & x_2 & \cdots & x_n \\
P(x=x_n) & P_1 & P_2 & \cdots & P_n
\end{array}
$$

其中，P_n 为随机变量 x 取值 $x_n(n=1,2,\cdots)$ 的概率。它满足两个条件：①$P_n \geqslant 0$；②$\Sigma P_n = 1$。

由于连续型随机变量的可取值是无限多个，所以个别取值的概率几乎等于零，因而只能以区间的概率来分析其分布规律。

设有连续系列，其最大值和最小值分别为 $x_{\max}$、$x_{\min}$。现将其按由大到小顺序排列，并分成 n 组，每组分别是 $x_{\max} \sim x_1$、$x_1^1 \sim x_2$、$\cdots\cdots$、$x_{n-1} \sim x_{\min}$，组距值 $\Delta x = x_i - x_{i+1}$，

若组内任意特征值的概率为组内各特征值的累积概率为：

$$\Delta P = \sum_1^{\Delta x} f_i$$

组间的平均概率则为：

$$f = \frac{\Delta P}{\Delta x}$$

此值亦称为特征值在 $x_i \sim x_{i+1}$，区间对应的概率密度。对于连续型随机变量的任一分组区间，都有一个确定的概率密度相对应，取其极限值有：

$$\lim_{\Delta x \to 0} \frac{\Delta P}{\Delta x} = \frac{\mathrm{d}P}{\mathrm{d}x} = f(x)$$

由于水文学通常研究随机事件 $x \geqslant x_i$ 的概率及其分布，将上式中的概率密度积分得：

$$F(x) = P(x \geqslant x_i) = \int_{x_i}^{\infty} f(x)\mathrm{d}x$$

式中　$f(x)$——概率密度函数；

　　　$F(x)$——概率分布函数。

$F(x)$ 与 $f(x)$ 实际上是微分与积分的关系，前者的几何曲线称为概率分布曲线，后者的几何曲线为概率密度曲线。

下面用实例进一步说明概率密度曲线和分布曲线意义。

【例 3-2】 某测站有 62 年降水资料，试分析年降水量的概率分布规律。

【解】将 62 年降水量按大小每隔 $\Delta x = 200\text{mm}$ 划分为一组，并统计各组组值出现的次数，同时计算各组相应的频率、频率密度、累积次数、累积频率的值，列于表 3-2 中。表中第（1）、（2）栏为分组的上下限；第（3）栏为各组内年降水量出现的次数；第（4）栏为将第（3）栏自上而下逐组累加的次数，其表示年降水量大于等于该组下限值 x 出现的次数；第（5）、（6）栏是分别将第（3）、（4）栏相应各数值除以总次数 62，得相应的频率；第（7）栏是将第（5）栏的组内频率 ΔP，再除以组距 Δx，其表示频率沿 x 轴各组年降水量分布的密集程度。

某站年雨量分组频率计算表　　　　　　　　　　　　　　　表 3-2

年降水量（mm）分组组距 $\Delta x=200$		次数 (a)		频率（%）		组内平均频率密度 $\dfrac{\Delta P}{\Delta x}$ (1/mm)
组上限值	组下限值	组内	累积	组内 ΔP	累积 P	
(1)	(2)	(3)	(4)	(5)	(6)	(7)
2299.9	2100.0	1	1	1.6	1.6	0.000080

年降水量（mm）分组组距 $\Delta x=200$		次数（a）		频率（%）		组内平均频率密度 $\dfrac{\Delta P}{\Delta x}$（1/mm）
组上限值	组下限值	组内	累积	组内 ΔP	累积 P	
2099.9	1900.0	2	3	3.2	4.8	0.000160
1899.9	1700.0	3	6	4.8	9.6	0.000240
1699.9	1500.0	7	13	11.3	20.9	0.000565
1499.9	1300.0	13	36	21.0	41.9	0.001050
1299.9	1100.0	18	44	29.1	71.0	0.001455
1099.9	900.0	15	59	24.2	95.2	0.001210
899.9	700.0	2	61	3.2	98.4	0.000160
699.9	500.0	1	62	1.6	100.0	0.000080
合计	—	62	—	100.0	—	—

以年降水量（各组的下限值）为纵坐标，以第（7）栏平均频率密度 $\dfrac{\Delta P}{\Delta X}$ 为横坐标，绘成频率密度直方图，见图 3-1（a）；从图 3-1（a）可以看出，整个系列中，出现特别大、特别小降水的机会少，而出现中间值的机会多；每个小矩形的面积代表该组年降水量出现的频率；所有小矩形面积之和等于 1。

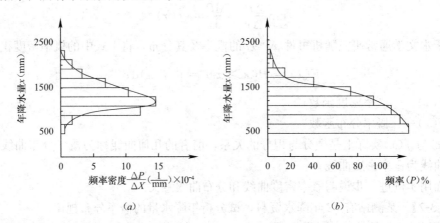

图 3-1　某站年降水量频率密度曲线和频率分布曲线

以年降水量的各组下限值 x 为纵坐标，以累积频率 P 为横坐标，绘成累积频率直方图，见图 3-1（b）。图 3-1（b）中的折线代表大于或等于各组降水下限的累积频率，反映出大于或等于 x 的频率依随机变量取值而变化的情况，称为频率分布图。

当资料年数无限增多，组距无限缩小时，频率密度直方图会变成光滑的连续曲线，频率趋于概率，这条曲线称为随机变量的概率密度曲线［图 3-1（a）铃形曲线］；同样图 3-1（b）中的折线也会变成 S 形的光滑连续曲线，这条曲线称为随机变量的概率分布曲线，水文学中称为累积频率曲线，或简称为频率曲线。

3.2.3　累积频率和重现期

1. 累积频率与随机变量的关系

水文特征值属于连续型随机变量，在分析水文系列的概率分布时，不用单个的随机变量取值的 $x=x_i$ 概率，而是用 $x \geqslant x_i$（或 $x \leqslant x_i$）的概率，对应于 $x \geqslant x_i$（或 $x \leqslant x_i$）的概率 P

$(x \geqslant x_i)$（或 $P(x \leqslant x_i)$）实际上指的是累积频率。

由累积频率的大小就能直观地看出所取水文特征值的安全性和可靠性。因此，累积频率是指等于及大于（或等于及小于）某水文要素出现可能性的量度。在分析样本系列的统计规律时，实际得出的是样本系列的频率分布，而在实际应用中，是用样本系列的频率分布近似地代替总体系列的概率分布。

当样本容量相当大，而组距 Δx 分得很小时，可以绘出频率分布曲线（即累积频率曲线），如图 3-2 所示。按照累积频率的定义，如果 $x_1 > x_2$，对应 x_1 的累积频率 $P_1 = P(x \geqslant x_1)$ 小于对应 x_2 的累积频率 $P_2 = P(x \geqslant x_2)$。因而可以说，在一个确定的随机变量系列内，各个随机变量对应着一个累积频率值，随机变量的大小与累积频率成反比。在不同的系列中，同一累积频率所对应的随机变量大小是不同的。工程上习惯把积累频率简称为频率，本书将沿用习惯术语。

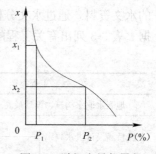

图 3-2　随机变量与累积频率的关系

根据选取样本系列的方法不同，频率可分为年频率和次频率。当采用年最大值法选样时，即每年取一个最大代表值组成随机样本系列，样本的容量 n 为年数，由该样本所得的频率称为年频率；当采用超定量法或超大值法选样时，即每年取多个代表值组成随机样本系列，样本的容量 s 为次数，由该样本所得的频率称为次频率。

2. 重现期

频率这个词比较抽象，为了便于理解，实用上常采用重现期这一概念。所谓重现期是指等于及大于（或等于及小于）一定量级的水文要素值出现一次的平均间隔年数，以该量级频率的倒数计。频率和重现期的关系，对于下列两种不同情况有不同的表示方法：

当研究洪峰流量、洪水位、暴雨时，使用的设计频率 $P < 50\%$，则有：

$$T = \frac{1}{P} \tag{3-4}$$

例如，当设计洪水的频率采用 1% 时，相应的重现期 $T = 100a$，称为百年一遇洪水。

当研究枯水流量、枯水位时，为了保证灌溉、发电、给水等用水需要，设计频率时常采用大于 50% 的值，则有：

$$T = \frac{1}{1-P} \tag{3-5}$$

例如，在取水工程中，以地表水为水源的城市设计枯水流量的保证率 $P = 90\%$ 时，相应的重现期 $T = 10a$，称为十年一遇的枯水。需要说明的是，在频率 $P > 50\%$ 时，工程上习惯于把设计频率叫作设计保证率，即来水的可靠程度。例如以十年一遇的枯水作为设计来水的标准时，意思是平均十年中可能有一年来水小于此枯水年的水量，其余几年的来水等于或大于此数值，说明平均具有 90% 的可靠性。

必须指出，水文现象一般并无固定的周期性，所谓百年一遇的洪水是指大于或等于这样的洪水在长时期内平均 100 年发生一次，而不能理解为恰好每隔 100 年遇上一次。对于具体的 100 年来说，超过或等于这样的洪水可能有几次，也可能一次也不出现。

3.2.4　设计标准

水文现象具有明显的地区性和随机性，因而无法用水文特征值出现的量值作为工程设计的标准。例如，流域面积相同的南方、北方的两条河流，径流量相差悬殊，如果以同一个量值作为设计标准，其结果必然是北方河流上用巨资修建的工程没有用，而南方河流上修建的工程可能经常遭破坏，不能正常运行。于是，主管部门根据工程的规模、工程在国民经济中的地位以及工程失事后果等因素，在各种行业标准或工程设计规范中规定各种水文特征值的设计频率（或重现期）作为工程设计标准。各地工程业务部门，根据当地实测的水文资料，通过水文分析计算，求出对应于设计频率的水文特征值，作为工程设计的依据。表 3-3 列出有关工程的部分设计频率标准作为示例。

设计频率标准举例 表 3-3

工程类别		设计标准	规范名称及代号
地表水取水构筑物设计最高水位重现期（a）		100	《室外给水设计规范》GB 50013—2006
公路桥涵设计洪水频率	高速公路特大桥	1/300	《公路工程技术标准》JTGB 01—2003
	二级一般公路大、中桥	1/100	
铁路桥涵设计洪水频率	Ⅰ、Ⅱ级铁路桥梁	1/100	《铁路桥涵设计基本规范》TB 100021—2005
	Ⅰ、Ⅱ级铁路涵洞	1/50	
以地表水为水源的城市设计枯水流量保证率（％）		90～97	《室外给水设计规范》GB 50013—2006

3.3 经验频率曲线

3.3.1 经验频率公式

由统计学原理计算可知，各个变量的经验频率是按下式计算的：

$$P = \frac{m}{n} \times 100\% \tag{3-6}$$

式中　P——大于或等于变量 x_m 的经验频率，%；

　　　m——x_m 在 n 项观测资料中按递减顺序排列的序号，即在 n 次观测资料中大于或等于 x_m 的次数；

　　　n——观测资料的总项数。

式（3-6）只适用于总体，对于样本资料，想从这些资料来估计总体的规律，就有不合理的地方了。例如，当 $m=n$，最末项 x_n 的频率为 $P=100\%$，即是说样本的末项 x_n 就是总体的最小值，将来不会出现比 x_n 更小的值，这显然不符合实际情况。因此，有必要选用比较符合实际的公式，我国目前使用的是数学期望公式：

$$P = \frac{m}{n+1} \times 100\% \tag{3-7}$$

上式用于样本系列，当 $m=1$ 时

$$P = \frac{1}{n+1} \times 100\%$$

若 $T=100a$（百年一遇），则

$$T = \frac{1}{P} = \frac{1}{\frac{1}{n+1}} = n+1 = 100$$

得 $n=99a$。这表示，欲得百年一遇的结果，约需近百年（$n=99$）的实测资料。

对于样本系列的最小项，$m=n$ 时，其频率为

$$P(x \geqslant x_n) = \frac{n}{n+1} < 1$$

显然，用此公式分析样本的累积频率比较合理。

3.3.2 经验频率曲线的绘制和应用

如果有 n 年实测水文资料，可按下列步骤绘制经验频率曲线：将按时间顺序排列的实测资料按其数值大小进行递减顺序排列成 x_1，$x_2 \cdots$，x_n，对应的序号 m 为 1，2，$\cdots$，n。

利用式（3-7）分别计算对应各个变量的经验频率。

以实测水文资料为变量 x 作为纵坐标，以频率 P 为横坐标，在坐标纸上点绘经验频率点据（P_i，x_i），通过点群中心，目估绘制一条光滑的曲线，该曲线就是经验频率曲线。

根据工程设计标准指定的频率，在该曲线上查出所需的相应设计频率标准的水文数据。

绘制经验频率曲线的目的是为了按设计频率标准从中选定设计值，该设计值就是工程设计的依据。如工程设计所需的水文资料中有设计流量 Q_P、设计水位 H_P 等。

绘在一般坐标纸上的频率曲线，其两端坡度较陡，即上部急剧上升，下部急剧下降，图 3-3（a）所示，而两端正是工程设计频率所用的部位。为了比较方便和精准地绘制频率曲线，人们采用频率计算专用的频率格纸（亦称为海森概率格纸）。常用的概率格纸的横坐标是按正态曲线的概率分布分格制成的，所以，正态概率分布曲线坡度也会大大变缓，有利于曲线外延。概率格纸的纵坐标，可以是均匀分格，也可以是对数分格。

3.3.3 经验频率曲线的外延

由于实测资料年数不多，用其绘制的经验频率曲线位于概率格纸的中间部分，而工程上往往需要推求稀遇频率的水文数据，对经验频率曲线进行外延就是一种常用的推求方法。

然而，由于没有实测点据控制，目估对曲线外延往往有相当大的主观成分。如图 3-3（b）所示，AB 线外延到 C 或 D 都是可能的。其次，由于水文现象的随机性，有时点绘的

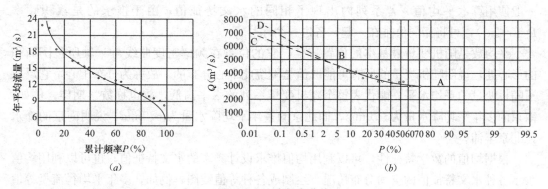

图 3-3 经验频率曲线

(a) 普通坐标纸上的经验频率曲线；(b) 概率纸上的经验频率及其外延

经验频率点分布比较散乱，使得经验频率曲线的定线比较困难。这样，就会影响设计水文数据的精度。为了解决定线和外延上的困难，人们提出用数学模型来表示频率曲线，这就是所谓的理论频率曲线。

3.4　随机变量的统计参数

推求理论频率曲线，需要使用数理统计中的统计参数，统计参数是反映随机变量系列数值大小、变化幅度、对称程度等情况的数量特征值，因此能反映水文现象基本的统计规律，概括水文现象的基本特性和分布特点，也是进行理论频率曲线估计的基础。

统计参数有总体统计参数和样本统计参数，由于水文现象的随机变量总体是无限的、不可知的，只能靠有限的样本观测资料来估计总体统计参数。水文学的频率分析主要使用的统计参数包括均值、变差系数、偏态系数、矩，现分别介绍如下。

3.4.1　均值

均值是反映随机变量系列平均情况的数，根据随机变量在系列中的出现情况，计算均值的方法有两种。

1. 加权平均法

设有一实测系列由 x_1，x_2，$\cdots$，x_n 组成，各个随机变量出现的次数（频数）分别为 f_1，f_2，$\cdots$，f_n，则系列的均值为：

$$\bar{x} = \frac{x_1 f_1 + x_2 f_2 + \cdots + x_n f_n}{f_1 + f_2 + \cdots + f_n} \tag{3-8}$$

式中　n——样本系列的总项数。

2. 算术平均法

若实测系列内各随机变量很少重复出现，可以不考虑出现次数的影响，用算术平均法求均值。

$$\bar{x} = \frac{1}{n} \sum_{i=1}^{n} x_i \tag{3-9}$$

式中　n——样本系列的总项数。

对于水文系列来说，一年内只选一个样或几个样，水文特征值重复出现的机会很少，一般使用算术平均值。若系列内出现了相同的水文特征值，由于推求的是累积频率 $P(x \leqslant x_i)$，可将相同值排在一起，各占一个序号。

平均数是随机变量最基本的位置特征，它的位置在频率密度曲线与 x 轴所包围面积的形心处，说明随机变量的所有可能取值是围绕此中心分布的，故称为分布中心，它反映了随机变量的平均水平，能代表整个随机变量系列的水平高低，故也称数学期望。例如，南京的多年平均降水量为 970mm，而北京的多年平均降水量为 670mm，说明南京的降水比北京丰沛。

根据均值的数学特征性，可以利用均值推求设计频率的水文特征值；也可以利用均值表示各种水文特征值的空间分布情况，绘制成各种等值线图，例如，多年平均径流量等值线图，多年平均最大 24h 暴雨量等值线图等。我国幅员辽阔，各种水文现象的均值分布情况各地不同，以年降雨量均值的分布为例，一般为东南沿海比西北内陆大、山区比平原大、南方比北方大。因降水是形成径流的主要因素，故径流的空间分布与降水量等值线图相似。

将式（3-9）两边同除以 $\bar{x}$，得：

$$\frac{1}{n}\sum_{i=1}^{n}\frac{x_i}{x}=1$$

令：$k_i=\dfrac{x_i}{x}$，k_i 称为模比系数或变率，则有：

$$\bar{k}=\frac{k_1+k_2+\cdots+k_n}{n}=\frac{1}{n}\sum_{i=1}^{n}k_i=1 \tag{3-10}$$

式（3-10）说明，当将一随机系列的 x 用模比系数 K 表示时，其均值等于 1，这是水文统计中的一个重要特征，即对于以 K 表示的随机变量系列，在其频率曲线的过程中，可以减少一个均值参数。

对于一个随机变量系列，反映其分布中心的数字特征还有众数和中位数。众数是指具有最大概率的随机变量 x 值，众数是一个能反映随机系列中经常出现的数值。中位数（或中值）是满足 $F(x)=0.5$ 的 x 值，即通俗地讲，中值是该系列频率 $P=50\%$ 时的 x 值，可写为 $x_{50\%}$。

3.4.2 均方差和变差系数

要反映整个系列的变化幅度，或者系列在均值两侧分布的离散程度，需要使用均方差或变差系数。设有实测系列为 x_1，$x_2\cdots$，x_n，其均值为 $\bar{x}$，任一实测值 x_i 对平均数的离散程度用离差 $\Delta x_i=x_i-\bar{x}$ 表示。由均值的数学特性知，$\Sigma(x_i-\bar{x})=\Sigma\Delta x_i\equiv 0$，所以反映系列的离散程度不能用一阶离差的代数和。

1. 均方差

为了避免一阶离差代数和为 0，一般取 $(x-\bar{x})^2$ 的平均值的开方作为离散程度的计量标准，称为均方差，它是随机变量离均差平方和的平均数再开方的数值，用符号 s 表示，即：

$$s=\sqrt{\frac{\Sigma(x_i-\bar{x})^2}{n}} \tag{3-11}$$

式中 n——系列的总项数。

上式只适用于总体，对于样本系列应采用下列修正公式：

$$s=\sqrt{\frac{\Sigma(x_i-\bar{x})^2}{n-1}} \tag{3-12}$$

均方差反映实测系列中各个随机变量离均差的平均情况，均方差大，说明系列在均值两旁的分布比较分散，整个系列的变化幅度大，均方差小表示系列的离散程度小，整个系列的变化幅度小。例如：

甲系列：48　49　50　51　52　$\bar{x}_甲=50$

乙系列：10　30　50　70　90　$\bar{x}_乙=50$

经计算其均方差分别为 $s_甲=1.58$，$s_乙=31.4$，说明甲系列离散程度小，乙系列离散程度大。如果在甲系列范围之外增加一项 56，而在乙系列范围之内增加一项 80，则 $\bar{x}_甲=51$，均值变化为 2%，$\bar{x}_乙=55$，均值变化为 10%，说明均方差小的系列均值代表性好，均方差大的系列均值代表性差。

2. 变差系数

均方差代表的是系列的绝对离散程度，对均值相同、均方差不同的系列，可以比较其离散程度，而对于均值不同、均方差相同；均值、均方差都不相同的系列，则无法比较，这是因为均方差不仅受系列分布的影响，也与系列的水平有关。因为在两个不同水平的系列中，水平高的系列，一般来说各随机变量与均值的离差要大一些，均方差也会大些，水平较低的系列的均方差要小一些。因而均方差大时，不一定表示系列的离散程度大。

变差系数又称离差系数或离势系数，它是一个系列的均方差与其均值的比值，即：

$$C_v = \frac{s}{\bar{x}} = \frac{1}{\bar{x}} \sqrt{\frac{\sum(x_i - \bar{x})^2}{n-1}} \tag{3-13}$$

用模比系数 k_i 代入上式，则得：

$$C_v = \sqrt{\frac{\sum(k_i - 1)^2}{n-1}} \tag{3-14}$$

这样就消除了系列水平高低的影响，用相对离散度来表示系列在均值两旁的分布情况。

【例 3-3】　甲系列：48　　49　　50　　51　　52　　$\bar{x}_甲 = 50$

乙系列：10　　30　　50　　70　　90　　$\bar{x}_乙 = 50$

试对两个系列进行比较。

【解】经计算，$C_{v甲} = 0.005$，$C_{v乙} = 0.33$，说明甲系列在均值两旁分布比较集中，其离散程度小。

【例 3-4】　已知甲河 A 站的 $\bar{Q} = 24600 \text{m}^3/\text{s}$，$s = 3940$，乙河 B 站的 $\bar{Q} = 2010 \text{m}^3/\text{s}$，$s = 560$，试对这两个系列进行比较。

【解】经计算，甲河 A 站的 $C_v = 0.16$，乙河 B 站的 $C_v = 0.28$，说明甲河 A 站资料组成的系列，其离散度比乙河 B 站资料组成的系列小。

各种水文现象的变差系数 C_v，也可用等值线图表示其空间分布。我国降雨量和径流量的 C_v 分布，大致是南方小、北方大；沿海小、内陆大；平原小，山区大。

3.4.3　偏态系数

变差系数说明了系列的离散程度，但不能反映系列在均值两旁分布的另一种情况，即系列在均值两旁的分布是否对称，如果不对称时，是大于均值的数出现的次数多，还是小于均值的数出现的次数多。故引入另一个参数——偏态系数（也称偏差系数）。

数理统计中以下列表达式来定义偏态系数，即：

$$C_s = \frac{\sum(x_i - \bar{x})^3}{ns^3} = \frac{\sum(K_i - 1)^3}{nC_v^3} \tag{3-15}$$

对于样本系列，有：

$$C_s = \frac{\sum(x_i - \bar{x})^3}{(n-3)s^3} = \frac{\sum(K_i - 1)^3}{(n-3)C_v^3} \tag{3-16}$$

式中　s——样本系列的均方差；

C_s——偏态系数；

n——样本系列的项数。

公式中引用了离差的三次方，以保留离差的正负情况。当 $C_s = 0$ 时，系列在均值两旁呈对称分布；C_s 大于 0 属正偏分布；C_s 小于 0 属负偏分布。系列为正偏、负偏或对称可由 C_s 的符号表示出来，如图 3-4 所示。

一般认为，没有百年以上的资料，C_s 的计算结果很难得到一个合理的数值。实测资料往往没有这么长，因此，实际工作中并不计算，而是按照 C_s 与 C_v 的经验关系，通过适线确定。C_s 与 C_v 的经验关系为：

设计暴雨量：

$$C_s = 3.5C_v$$

设计最大流量：

$$C_v < 0.5 \text{ 时}, C_s = (3 \sim 4)C_v$$
$$C_v > 0.5 \text{ 时}, C_s = (2 \sim 3)C_v$$

年径流及年降水：

$$C_s = 2C_v$$

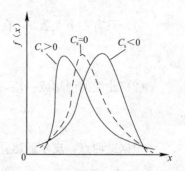

图 3-4　正偏、负偏、对称的频率密度曲线

3.5　理论频率曲线

由于实测系列的项数 n 较小，所绘经验频率曲线往往不能满足推求稀遇频率特征值的要求，目估定线或外延会产生较大的误差，往往需要借助于某些数学形式的频率曲线作为定线和外延的依据。通常在实测资料中选取或算得 2～3 个有代表性的特征值作参数，并据此选配一些数学方程作为总体系列频率密度曲线的假想数学模型，再按一定的方法确定累积频率曲线。这种用数学形式确定的、符合经验点据分布规律的曲线称为理论频率曲线。所谓"理论"，是有别于经验累积频率曲线的称谓，并不意味着水文现象的总体概率分布已从物理意义上严格被证明符合这种曲线了，它只是水文现象总体情况的一种假想模型，或者说是一种外延或内插的频率分析工具。

因为水文系列总体的频率曲线是未知的，常选用能较好拟合大多数水文系列的线型。我国的水文工作者已进行了大量的拟合和分析，认为水文现象中最常用的理论频率曲线是皮尔逊Ⅲ型曲线(三参数 Γ 分布曲线)，在特殊情况下，经分析论证后也可采用指数的 Γ 分布曲线、对数 Γ 分布曲线、极值分布曲线、对数正态分布和威布尔分布曲线等其他类型的分布曲线，下面主要论述皮尔逊Ⅲ型曲线，简要介绍指数 Γ 分布曲线。

1. 曲线方程式的推导

英国生物学家皮尔逊在统计分析了大量随机现象后，于 1895 年提出了一种概括性的曲线族，以与实际资料相结合，后来的水文工作者将其中的第Ⅲ型曲线引入水文频率的计算中，成为当前水文频率计算被广泛应用的频率曲线。

皮尔逊发现概率密度曲线大部分为类似于铃形的曲线(见图 3-5)，这种曲线有两个特点：

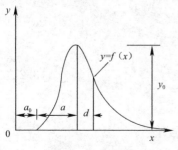

图 3-5　皮尔逊Ⅲ型曲线特点

（1）只有一个众数 $\hat{x}$，在众数处曲线的斜率等于零。若把纵坐标移到均值处，即当

$$x = -d \qquad \frac{\mathrm{d}y}{\mathrm{d}x} = 0$$

（2）曲线的两端或一端以横轴为渐近线，即当

$$y = 0 \qquad \frac{\mathrm{d}y}{\mathrm{d}x} = 0$$

根据这两点，皮尔逊建立了概率密度曲线微分方程式：

$$\frac{\mathrm{d}y}{\mathrm{d}x} = \frac{(x+d)y}{b_0 + b_1 x + b_2{}^2} \tag{3-17}$$

根据微分方程（3-17），所得出的皮尔逊曲线簇共有 13 条曲线，皮尔逊Ⅲ型曲线是其中的一种，$b_2 = 0$ 时，其微分方程式的形式为：

$$\frac{\mathrm{d}y}{\mathrm{d}x} = \frac{(x+d)y}{b_0 + b_1 x} \tag{3-18}$$

经移轴、参数代换、分离变量积分，整理得：

$$y = y_0 \left(1 + \frac{x}{a}\right)^{\frac{a}{d}} e^{-\frac{x}{d}} \tag{3-19}$$

式中　y_0——众值处纵坐标；

　　　a——系列起点到众值的距离；

　　　d——均值到众值的距离。

经移轴、参数代换，利用概率分布特性最后得出皮尔逊Ⅲ型曲线方程式的另一种形式：

$$y = \frac{\beta^a}{\Gamma(\alpha)} (x - a_0)^{\alpha-1} \mathrm{e}^{-\beta(x-a_0)} \tag{3-20}$$

式中　α——代换参数，$\alpha - 1 = a/d$；

　　　β——代换参数，$\beta = 1/d$；

　　　a_0——系列起点到坐标原点的距离；

　　　e——自然对数的底；

　$\Gamma(\alpha)$——伽马函数。

2. 曲线方程中的参数与统计参数的关系

皮尔逊Ⅲ型曲线的方程式中含有 3 个参数 α、β、a_0 或 a、y_0、d，这些参数经过适当的换算，可以用实测系列计算出的三个统计参数来表示，即

$$\left.\begin{aligned} d &= -b_1 = \frac{\bar{x} C_\mathrm{v} C_\mathrm{s}}{2} \\[2mm] a &= \frac{b_0}{b_1 - d} = \frac{\bar{x} C_\mathrm{v}(4 - C_\mathrm{s}^2)}{2C_\mathrm{s}} \\[2mm] y_0 &= \frac{2C_\mathrm{s} \left(\dfrac{4}{C_\mathrm{s}^2 - 1}\right)^{\frac{4}{C_\mathrm{s}^2}}}{\bar{x} C_\mathrm{v}(4 - C_\mathrm{s}^2) \Gamma\left(\dfrac{4}{C_\mathrm{s}^2}\right) \mathrm{e}^{\frac{4}{C_\mathrm{s}^2} - 1}} \\[2mm] a + d &= \frac{2\bar{x} C_\mathrm{v}}{C_\mathrm{s}} \end{aligned}\right\} \tag{3-21}$$

$$\left.\begin{array}{l} \alpha = 1 + \dfrac{a}{d} = \dfrac{4}{C_s^2} \\[2mm] \beta = \dfrac{1}{d} = \dfrac{2}{\bar{x}C_v C_s} \\[2mm] a_0 = \bar{x} - (a+d) = \bar{x}\left(1 - \dfrac{2C_v}{C_s}\right) \end{array}\right\} \tag{3-22}$$

将这些待定参数用统计参数表示，带入皮尔逊Ⅲ型曲线的方程式中，则方程式可以写成：

$$y = f(\bar{x}, C_v, C_s, x)$$

皮尔逊Ⅲ型概率密度函数就确定了，给一个 x 值，可以计算一个 y 值，从而可以绘出概率密度曲线，如图 3-6 所示。

3. 皮尔逊Ⅲ型曲线的绘制

在水文分析计算中，需要绘制理论频率曲线，也就是要根据指定的频率求相应的水文特征值 x_P，它可通过下列积分求得：

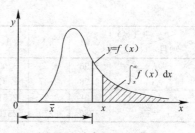

图 3-6　皮尔逊Ⅲ型曲线

$$P(x \geqslant x_p) = \dfrac{\beta^\alpha}{\Gamma(\alpha)} \int_{x_p}^{\infty} (x - a_0)^{\alpha - 1} e^{-\beta(x - a_0)} \, dx \tag{3-23}$$

为了避免应用时多次复杂的计算，可将此积分式进行参数代换，制成数表，便于查用。

随机变量标准化的形式为：

$$\phi = \dfrac{x - \bar{x}}{\bar{x}C_v}$$

水文学中 ϕ 为离均系数，则 $x = \bar{x}(1 + \phi C_v)$，$dx = \bar{x}C_v d\phi$，将 x 和 dx 代入式 (3-23)，化简后得：

$$P = \dfrac{2^\alpha \, C_s^{1-2\alpha}}{\Gamma(\alpha)} \int_\phi^\infty (C_s \phi + 2)^{\alpha - 1} e^{\frac{2(C_s \phi + 2)}{C_s^2}} \, d\phi$$

式中的被积函数 ϕ 为离均系数 $C_s\left(\alpha = \dfrac{4}{C_s^2}\right)$，因为其他两个参数 $\bar{x}$ 和 C_v 都包含在 ϕ 中。因而只要假定一个 C_s 值，便可从式 (3-23) 通过积分求出 P 与 ϕ 之间的关系。假定不同的 C_s，得出相应的 $P-\phi$ 关系，可以制成皮尔逊Ⅲ型曲线离均系数 ϕ 值表。

在频率计算时，先由已知 C_s 查 ϕ 值表。在频率计算时，得出不同频率 P 的离均系数 ϕ_p 值，然后将 ϕ_p 及已知的 $\bar{x}$、C_v 代入下式，即可求出对应于频率 P 的水文特征值 x_p

$$\left.\begin{array}{l} x_p = (\phi_p C_v + 1)\bar{x} \\[2mm] k_p = \phi_p C_v + 1 \end{array}\right\} \tag{3-24}$$

由不同的 P 及相应的 x_p，便可绘制出一条与 $\bar{x}$，C_v，C_s 相应的理论频率曲线。

理论频率曲线绘制的步骤可概括为：

(1) 由实测的资料，统计并计算 $\bar{x}$、C_v；

(2) 确定 C_s；

(3) 由 C_s 查本书附录，得不同 P 的离均系数 ϕ_p 值；

(4) 由 $\phi_p C_s + 1 = k_p$ 求 k_p 值；

（5）由 $x_p=k_p\bar{x}$，求不同 P 的 x_p，在海森概率格纸上，以 P 为横坐标，x_p 为纵坐标，点绘理论点据（P，x_p），根据理论点据分布趋势，目估并绘制一条光滑曲线，即为皮尔逊Ⅲ型理论频率曲线。

【例 3-5】 设已知 $\bar{x}=1000\text{m}^3/\text{s}$，$C_s=1.0$ 及 $C_v=0.5$，试求相应的理论频率曲线及 $P=1\%$ 的设计流量 x_p。

【解】 查本书附录得 $C_s=1.0$ 时的 ϕ_p 值列于表 3-4 中，再由 ϕ_p 按式（3-24）即可得所求曲线的 k_p 值，同时可求得 x_p 值。

由表 3-4 绘制皮尔逊Ⅲ型理论频率曲线，并由曲线求得 $x_P=x_{1\%}=2510\text{m}^3/\text{s}$。

理论频率曲线计算表　　　　　　　　　　　　　　　　　表 3-4

P（%） 项目	0.01	0.1	1	5	10	50	75	90	97	99	99.9
ϕ_p	5.96	4.53	3.02	1.88	1.34	−0.16	−0.73	−1.13	−1.42	−1.59	−1.79
$\phi_p C_v$	2.98	2.27	1.51	0.94	0.67	−0.08	−0.37	−0.57	−0.71	−0.80	−0.90
$K=\phi_p C_v+1$	3.98	3.27	2.51	1.94	1.67	0.92	0.63	0.43	0.29	0.20	0.10
$x_p=\bar{x}k_p$	3980	3270	2510	1940	1670	920	6.30	430	290	200	100

离均系数 ϕ_p 值表最初由美国工程师福斯特制定，苏联工程师雷布京修正，又经我国水科院水文所修正和补充，成为本书附录中表的形式。

4. 统计参数对皮尔逊Ⅲ型曲线的影响

水文现象大多属于正偏，现以正偏状态讨论改变某个统计参数时，参数对概率密度曲线和理论频率曲线的影响。

（1）均值的影响

由式（3-21）可知，y_0 与 $\bar{x}$ 成反比，而 a_0、$(a+d)$ 与 $\bar{x}$ 成正比，因而可以说：随着均值的增大，整个概率密度曲线成比例地向

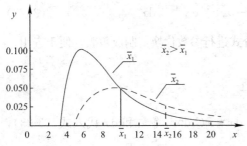

图 3-7　均值对概率密度曲线的影响

右移动，曲线的形状发生了变化，见图 3-7。下的 ϕ_p 为常数，C_v 不变时 k_p 为定值，因而可以说：理论频率曲线的纵坐标和 $\bar{x}$ 呈正比（见图 3-8）。其特点是均值不同的理论频率曲线之见无交点。

（2）变差系数 C_v 的影响

分析 y_0、x_0、$(a+d)$ 与 C_v 的关系可知，a_0 随 C_v 的增大而减小，y_0 与 C_v 成反比，而 $a+d$ 与 C_v 呈正比。变差系数 C_v 对概率密度曲线的影响可以概括为：随着 C_v 的增大，概率密度曲线的形状变得矮而宽（离散度大），见图 3-9。

当 C_s、P 一定时，ϕ_p 为常数，由于 C_v 的变化，k_p 也发生了变化。变差系数 C_v 对频率曲线的影响可概括为：随着 C_v 的增

由式（3-24）可知，当 C_v 一定时，某一频率

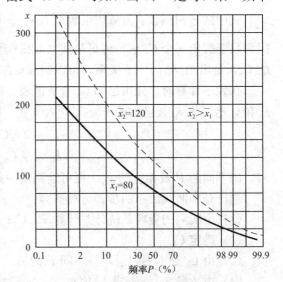

图 3-8　均值对理论频率曲线的影响

大，整个理论频率曲线变陡，其特点是不同 C_v 的曲线在 $k_p = 1$ 的位置（均值处）有一个交点，见图 3-10。

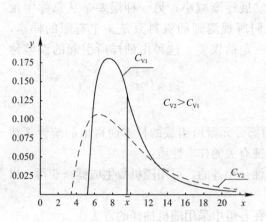

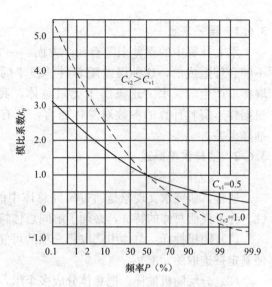

图 3-9　C_v 对概率密度曲线的影响　　　　图 3-10　C_v 对理论频率曲线的影响

（3）偏态系数 C_s 对曲线的影响

从式（3-21）可以知道，y_0、a_0 均随 C_s 的增大而增大（y_0 需要通过计算才能看出），$a + d$ 与 C_s 成反比，C_s 对概率密度曲线的影响概括为：随着 C_s 的增大，众值位置左移，众值左侧曲线变陡，众值右侧曲线急剧下跌，曲线的形状变得高而窄，见图 3-11。

偏态系数 C_s 变化时，同一频率下的 ϕ_p 发生变化，而且不同频率处 ϕ_p 的变化规律不同，所以 C_s 对理论频率曲线的影响可以概括为：随着 C_s 的增大，理论频率曲线的上段变陡；中段曲率变大，下段曲线变平缓，其特点是不同 C_s 的曲线有两个交点（见图 3-12）

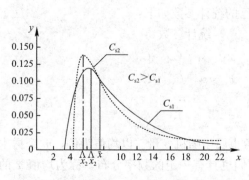

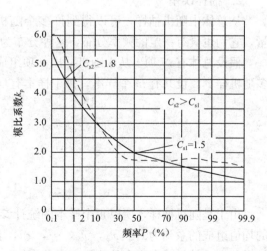

图 3-11　C_s 对频率密度曲线的影响　　　　图 3-12　C_s 对理论频率曲线的影响

3.6 抽样误差

3.6.1 误差来源

水文计算中的误差来源有两个方面：一方面是观测、记录、整编和计算中有些假定不够合理造成的，这种误差随着科学技术的发展逐渐减小；另一种误差是从总体中抽取样本产生的。水文现象属于无限总体，我们所观测到的资料只是一个有限的样本，根据样本资料计算的参数对总体而言，总有一定的误差。这种由抽样所引起的误差称抽样误差。

3.6.2 抽样误差概述

1. 误差的类型

通常，研究水文现象是通过研究总体中的部分元素所组成的样本而得出的统计规律性。为了说明总体的特征，必须了解同总体特征有关的样本性质：

(1) 随机抽样：总体中选取每一项的可能性是相等的，可用随机数生成器来获得，以便确定被选取的元素。

(2) 分层随机抽样：把总体分成多个组，在各组中采用随机抽样的方法。

(3) 均匀抽样：按照严格的规则选取资料，所抽取的点在时间或空间上均匀地相隔一定距离。

(4) 适时抽样：实验者只在方便时收集资料。如某些水文工作者只在无雨的夏日收集资料，而不喜欢在雨期或冷天工作。

由上述的样本性质来看，抽样最好采用前三种形式。均匀抽样常有一些逻辑上的优点，在多数情况下，它比随机抽样更为有效，因为它可使系列中的相依性对抽样变化的影响为最小。但水文现象的样本，经常受各地所具有的观测技术水平和时间、水文资料保存状况等因素影响，而不能进行最有效的抽样，甚至有些全部拿来，也不能保证样本的可靠性和代表性，需作一定的相关分析来增长样本系列。

2. 抽样误差

从总体中随机抽样，可以得到许多个随机样本，这些样本的统计参数也属于随机变量，它们也具有一定的频率分布，这种分布为抽样误差分布。

假设总体有 N 项，从中随机抽出 n 项组成样本，因为 $N \geqslant n$，所以由总体可以组成许多随机样本，设共有 m 个样本，每个样本有自己的统计参数如下：

样本	统计参数			
$x_{11}, x_{12}, x_{13} \cdots, x_{1n}$	$\overline{x_1}$	s_1	C_{v1}	C_{s1}
$x_{21}, x_{22}, x_{23} \cdots, x_{2n}$	$\overline{x_2}$	s_2	C_{v2}	C_{s2}
$\cdots$		$\cdots$		
$x_{m1}, x_{m2}, x_{m3} \cdots, x_{mm}$	$\overline{x_m}$	s_m	C_{vm}	C_{sm}

由于是随机抽样，所以每个样本的统计参数也属于随机变量。以均值为例，m 个样本的均值组成的系列为 $\overline{x_1}, \overline{x_2}, \overline{x_3}, \cdots, \overline{x_m}$，它们也具有一定的频率分布，称为均值 $\overline{x}$ 的抽样分布。抽样分布大多认为属正态分布。

由各样本均值所组成系列的均值为：

$$E(x) = \frac{1}{m} \sum \bar{x}_i$$

可以证明这个均值就是总体的均值$\bar{x}_总$。

每个样本均值$\bar{x}_i$与$\bar{x}_总$之间的离差为：

$$\Delta \bar{x}_i = \bar{x}_i - \bar{x}_总$$

这个离差是由抽样引起的，所以称为抽样误差。

$$s_{\bar{x}} = \sqrt{\frac{\sum(\bar{x}_i - \bar{x}_总)^2}{m}} \tag{3-25}$$

由各个样本均值误差的平方和的平均数再开方来表示用样本估计总体所产生的平均误差，这个误差称为均方误差或标准误差。

3.6.3 抽样误差分布

抽样误差分布近似看作正态分布，由正态分布特性可知，抽样误差落在零误差两侧各一个标准误差范围内的可能性为 68.3%，即：

$$\int_{-s}^{s} f(x)\mathrm{d}x = 68.3\%$$

取横坐标表示误差，抽样误差分布见图 3-13。说明某一抽样误差落在零误差两侧各一个标准误差范围内的概率为 68.3%，如果横坐标代表均值，均值的抽样误差分布如图 3-14 所示，可以写成：

$$P(\bar{x}_总 - s_{\bar{x}} \leqslant \bar{x} \leqslant \bar{x}_总 + s_{\bar{x}}) = 68.3\%$$

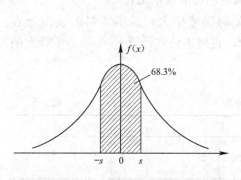

图 3-13　抽样误差分布

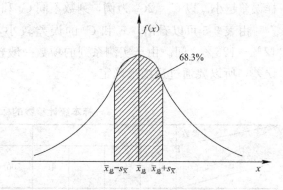

图 3-14　均值抽样误差分布

也就是说，用随机样本的均值作为总体均值的估计值，只有 68.3% 的可能性，其抽样误差不超过$\pm s_{\bar{x}}$，只要求出样本各个统计参数的标准误差，就可以估计出抽样误差的范围。

3.6.4 抽样误差计算公式

对于一个具体的样本来说，它的统计参数和总体的统计参数间的误差本来是一个确定的数值，但由于总体不知道，无法用式（3-25）求标准误差，由统计数学可以导出随机变量输出皮尔逊Ⅲ型分布时，随机样本系列各个系统参数的标准误差计算公式。

绝对误差：

$$s_{\overline{x}}=\frac{s}{\sqrt{n}}$$

$$S_s=\frac{s}{\sqrt{2n}}\sqrt{1+\frac{3}{4}C_s^2}$$

$$S_{C_v}=\frac{C_v}{\sqrt{2n}}\sqrt{1+2C_v^2+\frac{3}{4}C_s^2-2\,C_v\,C_s}$$

$$S_{C_s}=\sqrt{\frac{6}{n}(1+\frac{3}{2}C_s^2+\frac{5}{16}C_s^4)}$$

(3-26)

相对误差：

$$s'_{\overline{x}}=\frac{C_v}{\sqrt{n}}\times100\%$$

$$S'_s=\frac{1}{\sqrt{2n}}\sqrt{1+\frac{3}{4}C_s^2}\times100\%$$

$$S_{C_v}=\frac{1}{\sqrt{2n}}\sqrt{1+2C_v^2+\frac{3}{4}C_s^2-2\,C_v\,C_s}\times100\%$$

$$S'_{C_s}=\frac{1}{C_s}\sqrt{\frac{6}{n}(1+\frac{3}{2}C_s^2+\frac{5}{16}C_s^4)}\times100\%$$

(3-27)

式中　$S_{\overline{x}}$、S_s、S_{C_v}、S_{C_s}——分别代表样本均值、均方差、变差系数及偏态系数标准误差。

由上列公式可知，统计参数的标准误差都和样本系列的项数 n 成反比，系列越长则抽样误差越小。以 $C_s=2C_v$ 为例，列数不同 C_v 和 n 值时的标准误差见表 3-5。

由表 3-5 可以看出，$\overline{x}$ 和 C_v 的误差较小，C_s 的误差很大，百年资料的误差还在 $42\%\sim126\%$ 之间。由于实测系列的项数一般较少，直接用公式计算 C_s 必然产生较大的误差，所以要通过适线来确定。

样本统计参数的标准误差（%）　　　　　　　　　表 3-5

误差 参数	$\overline{x}$				C_v				C_v			
C_v n	100	50	25	10	100	50	25	10	100	50	25	10
0.1	1	1	2	3	7	10	14	22	126	178	252	399
0.3	3	4	6	10	7	10	15	23	51	72	102	162
0.5	5	7	10	16	8	11	16	25	41	58	82	130
0.7	7	10	14	22	9	12	17	27	40	56	80	126
1.0	10	14	20	32	10	14	20	32	42	60	85	134

3.7　水文频率分析方法

自 19 世纪 80 年代以来，水文频率分析的理论和方法越来越丰富和系统。通过水文工作者的研究和实践，在水文学中合理应用频率分析方法是必不可少的，且作为一种统计的技术途径而存在是合适的。

水文频率分析的主要内容包括：频率曲线线型的选定、统计参数的估计、误差计算和特殊水文系列的处理，以及对水文系列进行模拟、应用和合理性分析等。频率曲线线型的选定和统计参数的估计及误差的计算均在本章中有所介绍，对于特殊水文系列的处理部分内容将在第 4 章阐述。由于给排水科学与工程专业有别于其他水文工程专业对水文领域知识的要求，本书未引入水文系列的模拟和模型、古洪水的研究等内容。

水文频率计算的目的是选配一条与经验点配合较好的理论频率曲线，或确定合适的参数作为总体参数的估计值，或对水文系列进行模拟和分析，以推求设计频率的水文特征值，作为工程规划设计的依据。本节着重介绍对实测系列进行统计参数的估计方法。

3.7.1 适线法

适线法是先在概率格纸上按经验频率公式点绘出水文系列的经验频率点，选定频率曲线线型，取与经验点据拟合最佳的那条曲线和相应的参数，作为最终的计算结果。确定最佳拟合频率曲线，可使用不同的准则，因而有不同的方法和结果。目前常用的适线法有两种，包括经验适线法和优化适线法。

1. 试错适线法（目估适线法）

根据实测资料和式（3-7）可以绘出一条经验频率曲线，由皮尔逊Ⅲ型频率密度曲线积分，可以绘出一条理论频率曲线。由于统计参数有误差，两者不一定配合得好，必须通过试算来确定合适的统计参数。简而言之，即是水文工作者根据经验，不断调整参数，以目估方法做到拟合最佳为止。此方法也称为试错线法，是我国普遍应用的方法。

用这种方法绘制频率曲线的步骤如下：

（1）将审核过的水文资料按递减顺序排列，利用式（3-7）计算各随机变量的经验频率，并点绘于概率格纸上；

（2）计算统计参数 $\bar{x}$、C_v；

（3）假定 C_s 值（在经验范围内选用）；

（4）确定线型（一般采用皮尔逊Ⅲ型曲线，如配合不好，可试用其他线型）；

（5）根据 C_s、P_i 查离均系数 Φ 值表，计算理论频率曲线纵坐标，绘理论频率曲线；

（6）观察理论频率曲线是否符合经验点的分布趋势，若基本符合点群分布趋势，则统计参数即为对总体的估计值，可以从图上查出设计频率的水文特征值。否则，根据统计参数对频率曲线的影响，在标准误差范围内调整统计参数重新适线。

一般认为均值比较稳定，误差较小，由均值公式计算而得。C_v 亦由离差公式求得，并由 C_v 确定若干个 C_s，进行目估适线，由于 C_s 误差较大，在适线时一般以调整 C_s 适线，在调整 C_s 得不到满意的效果时，可调整 $\bar{x}$、C_v。目前，计算机的普及有利于适线的调整。

【例3-6】 某测站有 1950～1984 年的实测记录（见表3-6），试用经验适线法求设计频率 $P=1\%$ 的最大流量 Q_p。

【解】 由于重复运算多，整个计算一般列表进行，见表3-6。

序号 m	最大流量 Q_i（m³/s）	模比系数 k_i	k_i-1	$(k_i-1)^2$	经验频率 $P=\dfrac{m}{n+1}\times100\%$
(1)	(2)	(3)	(4)	(5)	(6)
1	18500	2.09	1.09	1.1881	2.8
2	17700	2.00	1.00	1.0000	5.6
3	13900	1.57	0.57	0.3249	8.3
4	13300	1.50	0.50	0.2500	11.1
5	12800	1.44	0.44	0.1936	13.9
6	12100	1.37	0.37	0.1369	16.7
7	12000	1.35	0.35	0.1225	19.4
8	11500	1.30	0.30	0.0900	22.2
9	11200	1.26	0.26	0.0676	25.0
10	10800	1.22	0.22	0.0484	27.8
11	10800	1.22	0.22	0.0484	30.6
12	10700	1.21	0.21	0.0441	33.3
13	10600	1.20	0.20	0.0400	36.1
14	10500	1.19	0.19	0.0361	38.9
15	9690	0.09	0.09	0.0081	41.7
16	8500	0.96	−0.04	0.0016	44.4
17	8200	0.93	−0.07	0.0049	47.2
18	8150	0.92	−0.08	0.0064	50.0
19	8020	0.91	−0.09	0.0081	52.8
20	8000	0.90	−0.10	0.0100	55.6
21	7850	0.89	−0.11	0.0121	58.3
22	7450	0.84	−0.16	0.0256	61.1
23	7290	0.82	−0.18	0.0324	63.9
24	6160	0.70	−0.30	0.0900	66.7
25	5960	0.67	−0.33	0.1089	69.4
26	5950	0.67	−0.33	0.1089	72.2
27	5590	0.63	−0.37	0.1369	75.0
28	5490	0.62	−0.38	0.1444	77.8
29	5340	0.60	−0.40	0.1600	80.6
30	5220	0.59	−0.41	0.1681	83.3
31	5100	0.58	−0.42	0.1764	86.1
32	4520	0.51	−0.49	0.2401	88.9
33	4240	0.48	−0.52	0.2704	91.7
34	3650	0.41	−0.59	0.3481	94.4
35	3220	0.36	−0.64	0.4096	97.2

计算步骤如下：

(1) 将原始资料按递减顺序排列，计算各流量的经验频率，列入第 (2)、(6) 列。

(2) 计算均值及变差系数 C_v [C_v 计算的中间过程列入第 (3)、(4)、(5) 列]。

$$\bar{Q}=\frac{\Sigma Q}{n}=\frac{310010}{35}\approx8860\text{m}^3/\text{s}$$

$$C_v=\sqrt{\frac{\Sigma(K_i-1)^2}{n-1}}=\sqrt{\frac{6.0616}{35-1}}\approx0.42$$

当表中计算无误时应有

$$\left.\begin{array}{l}\Sigma K_i=n\\ \Sigma(K_i-1)=0\end{array}\right\}\text{（表中(3)、(4)列最末一行）}$$

(3) 假设 C_s 等于若干倍 C_v 适线。现取 $C_s=2C_v$、$C_s=3C_v$、$C_s=4C_v$ 适线。理论频率

曲线纵坐标的计算列于表 3-7，所绘曲线如图 3-15 所示。

理论频率曲线计算表 表 3-7

C_s/C_v	项目 \ P（%）	0.01	0.1	1	5	10	25	50	75	90	95	99	99.9
2	ϕ_P	5.59	4.30	2.92	1.85	1.34	0.58	−0.14	−0.73	−1.16	−1.37	−1.71	−1.97
	$K_P = 1+C_v\phi_P$	3.35	2.81	2.23	1.78	1.56	1.24	0.94	0.51	0.51	0.42	0.28	0.17
	$Q_P = K_P\bar{Q}$	29700	24900	19800	15800	13800	11000	8330	6110	4520	3720	2480	1510
3	ϕ_P	6.55	4.90	3.19	1.92	1.34	0.51	−0.20	−0.74	−1.07	−1.22	−1.41	−1.52
	$K_P = 1+C_v\phi_P$	3.75	3.06	2.34	1.80	1.56	1.22	0.91	0.69	0.55	0.49	0.41	0.36
	$Q_P = K_P\bar{Q}$	33200	27100	20700	16000	13800	10800	8060	6110	4870	4340	3640	3190
4	ϕ_P	7.50	5.48	3.43	1.97	1.32	0.44	−0.27	−0.72	−0.97	−1.07	−1.15	−1.18
	$K_P = 1+C_v\phi_P$	4.15	3.31	2.44	1.83	1.55	1.18	0.89	0.70	0.59	0.55	0.52	0.50
	$Q_P = K_P\bar{Q}$	36800	29300	21600	16200	13700	10500	7880	6200	5220	4870	4600	4430

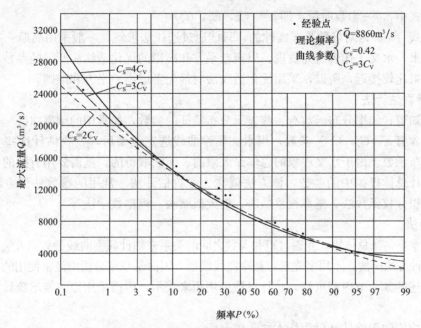

图 3-15　某站最大流量频率曲线（经验适线法）

从适线结果看，$C_s = 3C_v$ 的效果较好，拟采用的理论频率曲线的统计参数为：

$$\bar{Q} = 8860\,\text{m}^3/\text{s}, \quad C_v = 0.42, \quad C_s = 1.26$$

由理论频率曲线上查得设计频率为 1% 的最大流量为 $Q_P = 21200\,\text{m}^3/\text{d}$。

目估适线法的经验性强，适线灵活，不受频率曲线线型的限制。适线时可兼顾分析计算中的一些重要点据（如历史洪水和精度较高的点据）、有些不能定量只能定性的点据（如在纵横坐标上有一定变化范围的点据）。特别是当参数成果在时间上和空间上作综合平衡调整和合理性分析时，适线灵活的优点就更为突出。

2. 优化适线法

优化适线就是取目标函数 F 为最小的估计统计参数的方法，其特点是在一定的适线准则下，求解与经验点据拟合最优的频率曲线。

当误差方差比较均匀时，可考虑采用离差平方和准则（OLS）；当绝对误差比较均匀时，可考虑采用离差绝对值和准则（ABS）；当误差较大时，可考虑采用相对离差平方和准则（WLS）。下面简要介绍离差平方和准则，供读者了解参考。

离差平方和准则的优化适线法又称最小二乘估计法，是指频率曲线统计参数的最小二乘估计使经验点据和同频率的频率曲线纵坐标之差（即离差或残差）平方和达到极小。

$$S(\bar{x}, C_v, C_s) = \sum_{i=1}^{n} [x_i - f(P_i, \bar{x}, C_v, C_s)]^2 \qquad (3-28)$$

式中，$f(P_i, \bar{x}, C_v, C_s)$ 可简记作 f_i，为频率 $P = P_i$，$i = 1, 2, \cdots$，乃是频率曲线的纵坐标。对皮尔逊Ⅲ型曲线，有：

$$f(P_i; \bar{x}, C_v, C_s) = \bar{x}[1 + C_v \phi(P_i; C_s)] \qquad (3-29)$$

由数学分析，统计参数的最小二乘估计是方程组

$$\frac{\partial S}{\partial \theta} = 0 \qquad (3-30)$$

的解。该式中，θ—参数向量，即 $\theta = (\bar{x}, C_v, C_s)^i$。

由于式（3-29）对参数是非线性的，只能通过迭代法求解，一般采用高斯—牛顿法。

近年来，水文工作者研究发现，以离差平方和准则的优化适线法所得的参数和目估适线法的结果比较接近，所以，采用优化适线法时最先考虑离差平方和准则。

3.7.2 参数估计法

我们知道，频率分布函数有一些表示分布特征的参数，如常用的频率曲线——皮尔逊Ⅲ型曲线含有 $\bar{x}$，C_v，C_s 三参数，当水文频率曲线选定线型后，就要估计这些参数来确定频率分布函数。由于水文现象的总体是无限的、无法取得的，就需要用有限的样本观测资料去估计总体规律中的参数，该方法就称为参数估计法。常用的参数估计方法有：矩法、数值积分权函数法、概率权重矩、极大似然法、模糊数学法等。

1. 矩法

用样本矩估计总体矩，并通过矩和参数之间的关系来估计频率曲线参数的方法，就称为矩法。此种方法简便，不用事先选定频率曲线线型，因而是频率分析中经常使用的方法。

由前述的 3.4 节内容可知，统计参数可用矩来表示，因而采用矩法推求统计参数的公式为：

（1）均值的无偏估计仍为样本估计值，即：

$$\bar{x} = \frac{1}{n} \sum_{i=1}^{n} x_i$$

（2）离差系数的无偏估计量为：

$$C_v = \sqrt{\frac{\sum_{i=1}^{n} (K_i - 1)^2}{n - 1}}$$

（3）偏态系数的无偏估计量为：

$$C_s = \frac{n^2}{(n-1)(n-2)} \cdot \frac{\sum_{i=1}^{n} (K_i - 1)^2}{nC_v^3} \approx \frac{\sum_{i=1}^{n} (K_i - 1)^2}{(n-3)C_v^3}$$

具体的原理和推求过程，在此不作详述，有兴趣的读者可自行推导，也可参阅书后所

列相关参考书目。

2. 权函数法

（1）单权函数法

该法是马秀峰于 1984 年提出的：引入一个权函数 $\phi(x)$，利用由此组成的一阶和二阶权函数矩来推求 C_s。以皮尔逊Ⅲ型分布为例，列出计算公式。该法的特点是将权函数取为正态密度函数，即：

$$\phi(x) = \frac{1}{s\sqrt{2\pi}} \exp\left[-\frac{(x-\bar{x})^2}{2s^2}\right] \tag{3-31}$$

由权函数推出

$$\left.\begin{array}{l} C_s = 4s\dfrac{E(x)}{H(x)} \\[2ex] E(x) = \displaystyle\int_{x_0}^{\infty}(x-\bar{x})\varphi(x)f(x)\mathrm{d}x \approx \dfrac{1}{n}\sum_{i=1}^{n}(x_i-\bar{x})\varphi(x_i) \\[2ex] H(x) = \displaystyle\int_{x_0}^{\infty}(x-\bar{x})^2\varphi(x)f(x)\mathrm{d}x \approx \dfrac{1}{n}\sum_{i=1}^{n}(x_i-\bar{x})^2\varphi(x_i) \end{array}\right\} \tag{3-32}$$

式中 $\varphi(x_i)$——权函数；

$E(x)$——阶加权中心矩；

$H(x)$——二阶加权中心矩。

由上述公式可看出，单权函数法避免了用三阶矩计算偏态系数。由于正态分布是在 $x=\bar{x}$ 处为最大值，离均值越远密度越小，因而此法的应用，增加了靠近均值部位的权重，削减了系列两端变数的权重，使最大值和最小值对结果的影响不重要，有助于提高 C_s 的估计精度。

（2）双权函数法

1990 年，刘光文提出双权函数法，即引入第二个权函数来提高 C_v 的精度，并用数值积分公式计算权函数矩。此法的依据是其认为影响设计特征值 x_P 的参数首先是均值和离均系数。引入的双权函数为：

$$\left.\begin{array}{l} \phi(x) = \dfrac{K}{\bar{x}\sqrt{2\pi}} \exp\left[-\dfrac{K^2(x-\bar{x})^2}{\bar{x}^2}\right] \\[2ex] \varphi(x) = \exp\left[\dfrac{h(x-\bar{x})}{\bar{x}}\right] \end{array}\right\} \tag{3-33}$$

又推出

$$\left.\begin{array}{l} C_s = \dfrac{2}{C_v}\left[\bar{x}C_v^2\dfrac{A(x)}{D(x)} + \dfrac{1}{n}\right] \\[2ex] C_v^2 = \dfrac{\dfrac{1}{h} - \dfrac{E(x)}{K^2 H(x)}}{-\dfrac{A(x)}{D(x)} + \dfrac{E(x)}{H(x)}} \end{array}\right\} \tag{3-34}$$

其中，$h=C_v$，$K\approx 1/C_v^2$ 及

$$E(x) = \int_{x_0}^{\infty} \phi(x - \bar{x}) \phi(x) f(x) \mathrm{d}x = \sum_{i=1}^{n} W_i'(x_i - \bar{x}) \phi(x_i)$$

$$H(x) = \int_{x_0}^{\infty} (x - \bar{x})^2 \phi(x) f(x) \mathrm{d}x \approx \sum_{i=1}^{n} W_i'(x_i - \bar{x})^2 \phi(x_i)$$

$$A(x) = \int_{x_0}^{\infty} \varphi(x) f(x) \mathrm{d}x \approx \sum_{i=1}^{n} W_i' \varphi(x_i) \qquad (3-35)$$

$$D(x) = \int_{x_0}^{\infty} (x - \bar{x}) \varphi(x) f(x) \mathrm{d}x \approx \sum_{i=1}^{n} W_i'(x_i - \bar{x}) \varphi(x_i)$$

$$W_i' = W_i \Big/ \sum_{i=1}^{n} W_i$$

式中 $E(x)$、$H(x)$——$\phi(x)$ 的一阶、二阶中心距;

$\qquad$ $A(x)$、$D(x)$——$\varphi(x)$ 的零阶、一阶权函数矩;

$\qquad\qquad$ W_i'——积分权函数;

$\qquad$ $\sum_{i=1}^{n} W_i$——总的积分权函数。

通过对一些理想资料系列(在指定频率曲线上按经验频率公式取点)的检验,双权函数法比单权函数法的参数精度有所提高。

由单权函数法和双权函数法所得的参数,仍为初值,需要进行合理性分析后确定。另外,对于有定性类的资料系列,由于某些值无定量值,应用此法就难以计算。

3. 概率权重矩法

概率权重矩法是格林伍德(Greenwood J A)等人于 1979 年提出的。该法适用于分布函数的反函数为显式。皮尔逊Ⅲ型分布的反函数不能表示为显式,因而该法难以直接用于皮尔逊Ⅲ型参数的估计。后来通过不断的研究和改进,逐步完善了概率权重矩法在皮尔逊Ⅲ型分布中的应用。

对于皮尔逊Ⅲ型分布中的三参数 $\bar{x}$、C_v、C_s,经过严格证明,有如下关系:

$$
\begin{aligned}
&\bar{x} = M_0 \\
&C_\mathrm{v} = H(R)\left(\frac{M_1}{M_0} - \frac{1}{2}\right) \\
&C_\mathrm{s} = C_\mathrm{s}(R) \\
&R = \frac{M_2 - \frac{1}{3}M_0}{M_1 - \frac{1}{2}M_0} \\
&M_0 = \frac{1}{n} \sum_{1}^{n} x_i \\
&M_1 = \frac{1}{n} \sum_{1}^{n} x_i \frac{n-i}{n-1} \\
&M_2 = \frac{1}{n} \sum_{1}^{n} x_i \frac{(n-i)(n-i-1)}{(n-1)(n-2)}
\end{aligned}
\qquad (3-36)
$$

式中　　　　　　　　x_i——由大到小排列；

　　　　　　　　　　n——样本容量；

　　$H(R)$、$C_s(R)$——R 的两个函数；

　　　M_0、M_1、M_2——分别是零阶、一阶和二阶概率权重矩。

概率权重矩法不仅利用样本序列各项大小的信息，还利用序位的信息，在估计概率权重矩时，只需 x 值的一次方，因而避免了高次方引起的较大误差。但该法所得的结果也是参数的初值，不能用于有定性类的资料系列。

以上介绍的是几种常见的频率分析方法，各有优缺点，采用不同的方法会有不同的结果。当然，还有其他的频率分析方法，对此感兴趣的读者，可据书后的参考文献查阅。需要说明的是，随着信息的扩大和计算机技术的普及，水文频率分析会有新的发展和新的认识，并且通过频率分析与物理成因等途径的结合，能得出更合实际水文现象规律的结果，更好地服务于工程实践。

3.8　相　关　分　析

3.8.1　相关分析的意义

在水文频率分析中，如果实测资料系列的项数 n 较大，利用目估适线法或其他适线法可以推求出一条和经验点据配合较好的理论频率曲线，确定出合适的统计参数，以计算设计频率的水文特征值。但是有些测站，或因建站较晚，实测资料系列较短；或由于某种原因系列中有若干年缺测，使得整个系列不连续。从误差分析可知，统计参数的标准误差都和样本系列的项数 n 的平方根成反比。为了增加系列的代表性，提高分析计算的精度，减少抽样误差，需要对已有的实测资料系列进行插补和延长。

自然界的许多现象都不是孤立变化的，而是相互关联、相互制约的，例如：降雨和径流、气温和蒸发、水位和流量等，它们之间都存在一定的联系。但是在相关分析时，必须先分析它们在成因上是否有联系，若只凭数字的偶然巧合，将毫无关联的现象拼凑到一起，找出相关关系，这也是毫无意义的。

研究分析两个或两个以上随机变量之间的关系称为相关分析。从不同的角度，相关分析有着不同的类型。

两种现象（两个变量）之间的关系，一般可分为 3 种情况。

(1) 完全相关（函数关系）：当自变量 x 变化时，因变量 y 有一个确定的值和它对应，两者的关系可以写成 $y = f(x)$，则这两个变量之间的关系就是完全相关（或称函数相关）。相关的形式可以是直线，也可以是曲线，如图 3-16 (a) 和图 3-16 (b) 所示。

(2) 零相关（不相关）：两种现象之间没有关系或相互独立，则称为零相关（或没有关系）。它们的相关点在图上的分布十分散乱，或成水平线，如图 3-16 (c) 和图 3-16 (d) 所示。

(3) 统计相关：若两个变量之间的关系介于完全相关和零相关之间，则称为相关关系。在水文分析计算中，当一个量变化时，另一个量由于受多种因素的影响，没有一个确定的值与之对应变化，为简便起见，通常只考虑其中最主要的一个因素而略去其次要因素。例如，径流与相应的降雨量的关系，或同一断面的流量与相应水位之间的关系。如果把对应点据绘在坐标中，便可看出这些点子虽然有些散乱，但其点群的分布具有某种趋势，这种关系称为统计相关，如图 3-16（e）和图 3-16（f）所示。

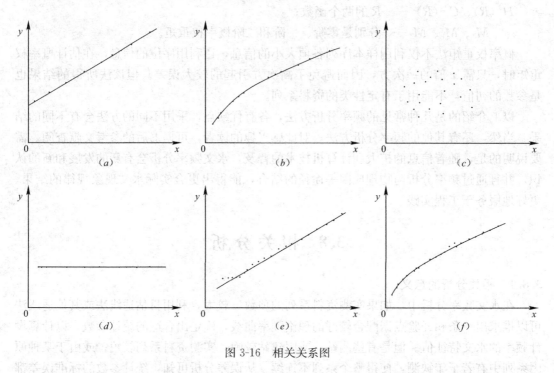

图 3-16　相关关系图

其他相关分类：根据研究相关变量的多少，相关关系可分为简单相关和复相关。只研究两个现象间的相关关系，一般称为简单相关；若研究 3 个或 3 个以上变量的相关关系，则称为复相关。

从相关关系的图形上看，相关关系又可分为直线相关和曲线相关。

简单相关常用于水文计算中，而复相关常用于水文预报。水文现象间由于受多种因素的影响，它们之间的相关关系属于统计相关，有不少还属于简单相关中的直线相关。本节重点阐述简单相关中的直线相关，对复相关只作简单介绍。

3.8.2　简单直线（线性）相关

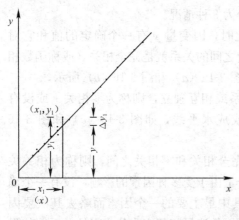

图 3-17　直线相关图

相关图解法：设有在时间上相互对应的两个水文实测系列 x，y，它们分别为 x_1，x_2，…，x_n，x 系列的均值为 $\bar{x}$；y_1，y_2，…，y_n，y 系列的均值为 $\bar{y}$。将时间对应的 n 对经验点据（x_i，y_i）绘于直角坐标中，若点群的平均值趋势近似于直线，则可用直线来近似地代表这种相关关系。如果点据分布较集中，可以直接利用作图法求得相关直线，称为相关图解法。

该法是先目估通过点群中间和均值点（$\bar{x}$，$\bar{y}$），绘出一条直线（见图 3-17），然后再从该图

44

中量得直线的斜率 a，直线与纵轴的截距 b，则直线方程 $y=ax+b$ 即为所求的相关直线方程。此法简单，当点据相关密切时，可获得满意的结果。

3.8.3 相关分析法

1. 直线回归方程

目估定线存在一定的主观性，且当相关点据分布较散时，又存在一定的任意性。为减少其任意性，最好采用分析法来确定相关线的方程。设直线方程为：

$$y = ax + b \tag{3-37}$$

式中 a——直线的斜率；

b——直线在纵轴上的截距。

要使直线和相关点群配合得好，根据最小二乘法原理，应该使观测所得的相关点与直线之间纵坐标的离差的平方和为最小，即：

$$\Sigma(y_i - y)^2 = \varepsilon$$

将式（3-37）代入上式，得：

$$\Sigma(y_i - ax - b)^2 = \varepsilon \tag{a}$$

如果该直线是一条最佳配合线，它应通过 $(\bar{x}, \bar{y})$ 点，所以有：

$$\bar{y} = a\bar{x} + b$$

那么，$b = \bar{y} - a\bar{x}$，将 b 代入式（a）得：

$$\Sigma[(y_i - \bar{y}) - a(x_i - \bar{x})]^2 = \varepsilon \tag{b}$$

式中只有一个参数 a，令其一阶导数等于零

$$\frac{d\varepsilon}{da} = 2a\Sigma(x_i - \bar{x})^2 - 2\Sigma(x_i - \bar{x})(y_i - \bar{y}) = 0$$

$$a = \frac{\Sigma(x_i - \bar{x})(y_i - \bar{y})}{\Sigma(x_i - \bar{x})^2} \tag{3-38}$$

$$b = \bar{y} - a\bar{x}$$

将 a，b 代入式（3-37）得回归方程为：

$$y - \bar{y} = \frac{\Sigma(x_i - \bar{x})(y_i - \bar{y})}{\Sigma(x_i - \bar{x})^2}(x - \bar{x}) \tag{3-39}$$

2. 相关系数和回归系数

（1）相关系数

回归线只是对观测点的一条最佳配合线，它反映了两个变量之间的平均关系，并不能说明两个变量之间的关系是否密切。观察离差的平方和

$$\Sigma(y_i - y)^2 = \Sigma\{y_i - [\bar{y} + a(x_i - \bar{x})]\}^2$$

$$= \Sigma[(y_i - \bar{y}) - a(x_i - \bar{x})]^2$$

展开并整理得

$$\Sigma(y_i - y)^2 = \Sigma(y_i - \bar{y})^2 - a^2\Sigma(x_i - \bar{x})^2$$

令

$$A = \Sigma(y_i - \bar{y})^2$$

$$B = a^2\Sigma(x_i - \bar{x})^2$$

$$r^2 = B/A$$

则

$$\Sigma(y_i - y)^2 = A - B$$

若 $\Sigma(y_i-y)^2=0$，说明所有观测点都在直线上，两变量间属函数相关。此时 $A=B$，$r^2=1$，$r=\pm1$。

若 $\Sigma(y_i-y)^2=A$，因为 $\Sigma(x_i-\bar{x})^2>0$，只有 $a=0$，B 才能为零，说明两个变量间没有关系，此时 $r^2=1$，$r=\pm1$。

第三种情况是 $0<\Sigma(y_i-y)^2<A$，属于统计相关，此时 $0<|r|<1$。

从 r 的取值情况可以看出两个变量之间关系的密切程度，所以称 r 为相关系数。前述

$$r^2=\frac{B}{A}=\frac{a^2\Sigma(x_i-\bar{x})^2}{\Sigma(y_i-\bar{y})^2}$$

将 a 值代入整理得

$$r=\frac{\Sigma(x_i-\bar{x})(y_i-\bar{y})}{\sqrt{\Sigma(x_i-\bar{x})^2\cdot\Sigma(y_i-\bar{y})^2}} \tag{3-40}$$

（2）回归系数

回归直线的斜率在回归方程式中称为回归系数。

两个系列的均方差为：

$$s_y=\sqrt{\frac{\Sigma(y_i-\bar{y})^2}{n-1}}$$

$$s_x=\sqrt{\frac{\Sigma(x_i-\bar{x})^2}{n-1}}$$

$$\frac{s_y}{s_x}=\sqrt{\frac{\Sigma(y_i-\bar{y})^2}{\Sigma(x_i-x)}}$$

将式（3-38）变形整理得：

$$a=\frac{s_y}{s_x} \tag{3-41}$$

直线回归方程可以写成

$$y-\bar{y}=r\frac{s_y}{s_x}(x-\bar{x}) \tag{3-42}$$

3. 相关分析的误差

（1）回归线的误差

回归线只是两个实测系列对应点的最佳配合线，并不是所有点据都在直线上，而是散布在回归线的两旁。因此，回归线反映的是两个变量间的平均关系，利用回归线展延、插补短系列时，总有一定的误差。回归线的误差用标准误差 S_y 表示为：

$$S_y=\sqrt{\frac{\Sigma(y_i-y)^2}{n-2}} \tag{3-43}$$

由统计推理可以证明，回归线的标准误差和样本系列均方差之间有下列关系：

$$S_y=s_y\sqrt{1-r^2} \tag{3-44}$$

回归线上任一个 x_i 值所对应的最佳估计值是 y，它只是一个理论上的平均值。实际上，可以有很多个 y_i 与之对应。根据误差理论可知，每个 y_i 值落在回归线两侧各一个标准误差范围内的可能性为 68.3%，落在三个标准误差范围内的可能性为 99.7%。可以表示为（见图 3-18）：

$$P(y-S_y < y_i < y+S_y) = 68.3\%$$
$$P(y-3S_y < y_i < y+3S_y) = 99.7\%$$

（2）相关系数的误差

相关系数是用样本资料计算的，它必然存在着误差。根据统计理论，相关系数的误差可用下式计算：

$$s_r \approx \frac{1-r^2}{\sqrt{n}} \qquad (3\text{-}45)$$

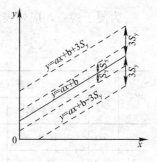

图 3-18 回归线的误差范围

式中 s_r——相关系数的标准误差。

相关系数的误差也可以用随机误差（机误）表示：

$$E_r = 0.6745 s_r \qquad (3\text{-}46)$$

4. 相关分析时应注意的问题

（1）首先应分析论证两种变量间在成因上确实存在着联系，这是相关分析的必要条件，例如相邻流域上、下流测站的径流相关；本站的降雨和径流相关等。

（2）同期观测资料不能太少，n 至少在 10 项以上，否则会影响成果的可靠性。

（3）一般认为相关系数 $|r| > 0.8$，且回归线误差 S_y 不大于均值的 $10\% \sim 15\%$，相关分析成果才认为可以应用。

5. 直线相关计算举例

【例 3-7】 已知黄河上诠站和兰州站所控制流域面积上的自然地理特征基本相似，上诠站有 1943～1957 年的不连续年平均径流量资料 14 年，兰州站有 1935～1957 年连续 23 年的年平均径流量资料（见表 3-8）。试用相关分析法插补、展延上诠站的年径流资料。

两站实测年径流量资料 表 3-8

地名	年份	1935	1936	1937	1938	1939	1940	1941	1942	1943	1944	1945	1946
兰州站	年径流量（m³/s）	1298	1013	1031	1267	990	1312	782	779	1247	950	1168	1404
上诠站	年径流量（m³/s）									1004	791		1131
地名	年份	1947	1948	1949	1950	1951	1952	1953	1954	1955	1956	1957	
兰州站	年径流量（m³/s）	1077	995	1259	1011	1203	970	898	984	1320.	731	852	
上诠站	年径流量（m³/s）	922	827	1098	870	930	778	773	823	1140	617	649	

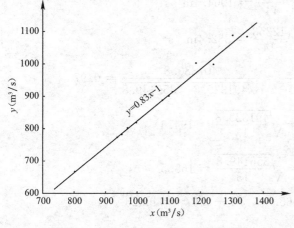

图 3-19 兰州站与上诠站径流量相关图

【解】（1）判断相关趋势

两测站所控制流域面积上的自然地理特征基本一致，说明径流的成因存在着联系；两站有对应观测资料 14 对（$n > 10$），把上诠站流量（待插补、展延的短系列）作为因变量 y，把兰州站流量（长系列资料）作为自变量 x。将对应的 14 对资料点绘于直角坐标系内（见图 3-19），点群的分布具有直线趋势，能够进行相关计算。

（2）利用 14 对资料计算各个参数

47

为便于检查，应列表计算（见表 3-9）。

两站年径流量相关计算表　　　　　　　　表 3-9

序号	年份	流量（m³/s）		$(y_i-\bar{y})$	$(x_i-\bar{x})$	$(y_i-\bar{y})^2$	$(x_i-\bar{x})^2$	$(x_i-\bar{x})\cdot(y_i-\bar{y})$
		y_i（上诠站）	x_i（兰州站）					
1	1943	1004	1247	121.6	182.6	14786.6	33342.8	22204.2
2	1944	791	950	−91.4	−114.4	8354.0	13087.4	10456.2
3	1946	1131	1404	248.6	339.6	61802.0	115328.2	84424.6
4	1947	922	1077	39.6	12.6	1568.2	158.8	499.0
5	1948	827	995	−55.4	−69.4	3069.2	4816.4	3844.8
6	1949	1098	1259	215.6	194.6	46483.4	37869.2	41955.8
7	1950	870	1011	−12.4	−53.4	153.8	2851.6	662.2
8	1951	930	1203	47.6	138.6	2265.8	19210.0	6597.4
9	1952	778	970	−104.4	−94.4	10899.4	8911.4	9855.4
10	1963	773	898	−109.4	−166.4	11968.4	27689.0	18204.2
11	1954	823	984	−59.4	−80.4	3528.4	6464.2	4775.8
12	1955	1140	1320	257.6	255.4	66357.8	65331.4	65842.6
13	1956	617	731	−265.4	−333.4	70437.2	111155.6	88484.4
14	1957	649	852	−233.4	−212.4	54475.6	45113.8	49574.2
Σ		12353	14901	−0.6	−0.6	356149.8	491329.8	407380.8

$$\bar{x}=\frac{1}{n}\Sigma x_i=\frac{14901}{14}=1064.4\text{m}^3/\text{s}$$

$$\bar{y}=\frac{1}{n}\Sigma y_i=\frac{12353}{14}=882.4\text{m}^3/\text{s}$$

$$r=\frac{\Sigma(x_i-\bar{x})\cdot(y_i-\bar{y})}{\sqrt{\Sigma(x_i-\bar{x})^2\cdot\Sigma(y_i-\bar{y})^2}}=\frac{407380.8}{\sqrt{491329.8\times356149.8}}=0.97$$

$$s_x=\sqrt{\frac{\Sigma(x_i-\bar{x})^2}{n-1}}=\sqrt{\frac{491329.8}{13}}=194.4$$

$$S_y=\sqrt{\frac{\Sigma(y_i-\bar{y})^2}{n-1}}=\sqrt{\frac{356149.8}{13}}=165.5$$

$$S_y=s_y\sqrt{1-r^2}=165.5\times\sqrt{1-0.97^2}=40.23$$

经计算 $r=0.97>0.8$，$S_y=40.23<0.1\bar{y}$，说明两变量间关系比较密切。

（3）计算回归系数，建立回归方程式

$$a = r\frac{s_y}{s_x} = 0.97 \times \frac{165.5}{194.4} = 0.83$$

$$y - 882.4 = 0.83(x - 1064.4)$$

$$y = 0.83x - 1$$

利用回归方程插补、展延上诠站缺测年份的年径流量（见表3-10）。

上诠站年径流量插补、展延结果　　　　　　表 3-10

兰州站（m³/s）	1289	1013	1031	1267	990	1312	782	779	1168
上诠站（m³/s）	1076	840	855	1050	821	1088	648	646	968

（4）计算回归分析的误差

1）回归线误差

前面计算的结果为：

$$S_y = 40.23 \mathrm{m}^3/\mathrm{s}$$

2）相关系数的误差

$$S_r = \frac{1-r^2}{\sqrt{n}} = \frac{1-0.97^2}{\sqrt{14}} = 0.016$$

3.8.4 曲线（非线性）选配

在水文相关计算中，经常会遇到两变量不是直线关系，而是某种形式的曲线（非曲线）相关，如水位—流量关系、流域面积—洪峰流量等。此时，水文计算常采用曲线选配方法，将某些简单的曲线形式，通过函数变换，使其成为直线关系。水文上常采用的曲线形式有：幂函数和指数函数。

1. 幂函数选配

幂函数的一般形式为：

$$y = ax^n \tag{3-47}$$

式中　a、n——待定常数。

对式（3-47）两边取对数，并令：

$$\lg y = Y, \quad \lg a = A, \quad \lg x = X$$

则有：

$$Y = A + nX \tag{3-48}$$

对 X 和 Y 而言，式（3-48）就是直线关系。因此，如果将随机变量的每一个点据取对数，在方格纸上点绘（$\lg x_i$，$\lg y_i$）各点，或在双对数格纸上点绘（x_i，y_i）各点，这样，就可以依照上述的直线相关方法作相关分析。

2. 指数函数选配

指数函数一般形式为：

$$y = ae^{bx} \tag{3-49}$$

式中　a、b——待定常数。

对式（3-49）两边取对数，且已知 $\lg e = 0.4343$，则有：

$$\lg y = \lg a + 0.434bx \tag{3-50}$$

因此，在半对数格纸上，以 y 为对数纵坐标，x 为普通横坐标，式（3-50）在图纸上成直线形式，亦可按上述方法进行直线相关分析。

3.8.5 复相关

在简单相关中，我们只研究一种现象受某种主要因素的影响，而忽略不计其他次要因素。但是，如果主要影响因素不止一个，而且其中任何一个都不容忽略，则应采用复相关分析。

在简单相关中有直线（线性）和曲线（非线性）两种相关形式。同样地，在复相关中也有这两种形式。

具有两个自变量的线性复相关回归方程的一般形式为：

$$z = a + bx + cy \tag{3-51}$$

式中，因变量 z 随自变量 x 和 y 的变化而变化。

复相关的分析计算一般比较复杂，在实际工作中采用图解法直接确定相关线。其步骤与简单图解法大致相同：先根据同期观测资料自方格纸上点绘相关点，可取因变量 z 为纵坐标，x 为横坐标，在相关点 (x_i, z_i) 旁注明对应的 y_i，然后根据图上相关点群的分布及 y_i 值得变化趋势，绘出一组"y_i 的等值线"，其做法与绘制地形图上的等高线相类似。这样绘制的一组线图就是复相关图。除图解法外，还可用分析法计算复相关回归方程，即多元线性回归方程。多元线性回归分析法可参阅有关参考书目。

第 4 章　设计年径流量及年内分配

4.1　年径流量与年正常径流量

4.1.1　年径流量与年正常径流量

在引水工程中，从河流取水流量的大小直接由该河流的年径流量决定，包括年径流量的大小、年径流量在年内的分配。通常称一个年度内通过河流某断面的水量为该断面以上流域的年径流量，一般用年平均流量 Q 表示，有时也用年径流总量 W 或年径流深度 Y 或年径流模数 M 表示。年径流量的多年平均值称多年平均径流量。当观测年数无限增加，多年平均径流量趋于稳定，这个值成为年正常径流量，以 Q_0 表示。即：

$$\overline{Q_0} = \lim_{n \to \infty} \frac{1}{n} \sum_{i=1}^{n} \overline{Q_i} \tag{4-1}$$

水文年鉴中，年径流量按日历年度收集，而在水文计算中，年径流量通常按水文年度计算，水利工程中的水力计算时又按水利年度统计。所谓水文年度是按水文循环过程划分，即雨季来临、河水上涨开始至次年枯水期终了为止的一循环周期。对北方春汛河流，则以融雪开始至次年枯水期终了的一水文循环周期。水利年度则是以水库开始蓄水到次年水库蓄水的一蓄水周期。

4.1.2　年径流量的特点

年径流量在一年内的分配是不平衡的，汛期流量剧增，多出现洪水径流；枯水期流量急剧减少，多出现枯水径流。汛期与枯水期出现的时间、历时的长短以及水量的大小变化多端，呈现不确定的随机性，从而年径流的年内分配即径流过程也是不确定的，具有较强的随机性。同样，年径流量在年际间的变化也受多种因素的影响，呈现不均匀特性。丰水年流量充沛，枯水年流量则严重不足，丰水年与枯水年随机变化。由于水文站观测年限一般较短，目前难以断定年径流量在年际间是否呈周期变化。

影响年径流量的因素较多。其中，湿润地区年降水量对年径流量有着决定性作用；干旱地区，年蒸发量与年降水量均对年径流量起决定作用。年径流量作为随机变量，每年不同，各年之间相互独立。在设计年径流量的推求时，数理统计法成为较好的方法。

在年径流量的年际变化上，流域的气候条件、天然和人工的调节起着决定性的作用。其中，气候条件决定了某一地区、流域年径流量大小及其分配的一般情势。以降雨补给为主的河流，年径流量的年内分配与降雨量的年内分配一致；以雨雪混合补给为主的河流，年内径流量的大小与气候变化一致。流域内的土壤性质、水文地质条件极大地影响着年径流量的年内分配。土壤下渗能力强、含水层较厚的大流域，地下水的调节作用大。一方面它可以减少洪水期的径流量；另一方面，在枯水期到来时，可增大枯水径流量。同时，流域面积内的堰、塘、湖泊、水库等又直接对径流产生调节作用。

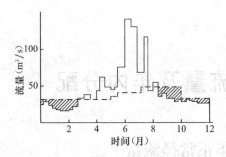

图 4-1　某站来水过程线与用水过程线

1—用水过程线；2---来水过程线（阴影部分为缺水）

取水工程中，流域规划、设计、施工以及运行过程中，都必须分析年径流量的变化，弄清天然来水量与用水量之间的关系。天然来水量周期变化而用水量相对稳定，天然来水量与用水量成为一对矛盾。如图 4-1 所示。必须根据实际情况，按照工程的规模、一定的设计频率标准确定一个设计年径流量，将此设计年径流量在年内进行分配，得各个时期的流量分配过程。

4.2　有长期实测资料的设计年径流量及年内分配

设计年径流量是指一定的设计频率标准下的年径流量。取水工程中的设计频率标准指安全率，通常在 $90\%\sim95\%$ 或以上取值。防洪工程的设计频率标准指破坏率，一般取 $P<10\%$。在设计年径流量的推求中，取年平均流量为样本，收集连续数年的平均流量及逐月流量资料，在充分审查了资料的可靠性、代表性、一致性、独立性以后，对实测的连续系列按水文年度进行频率分析，推求一定设计频率标准下的设计年径流量及其年内分配。

4.2.1　有长期实测连续资料的设计年径流量的推求

当实测资料较多且连续时，直接按现行水文频率的基本分析方法推求设计年径流量。当有上百年连续实测的年径流量资料时可按矩法计算，即直接由实测系列推求 3 个统计参数 $\bar{Q}$，C_v，C_s。受水文站建站年代的影响，很难收集有百年以上的年径流量资料，一般多用试错适线法或三点法推求设计年径流量。在适线时，应注意尽量将设计频率 P 附近的经验点据与理论积累频率曲线配合好；要对 3 个统计参数 $\bar{Q}$，C_v，C_s 进行合理化分析，根据流域的大小、形状、水文地质条件以及与邻近流域的统计参数比较，最后选定合适的 $\bar{Q}$，C_v，C_s 值，从而才可推出求理论累积频率曲线和设计年径流量，并求出可能产生的抽样误差。有长期实测连续序列的设计年径流量的推求方法直接按本书第 3.2 节的方法计算。

4.2.2　设计年径流量的年内分配

径流在年内的变化过程，称径流量的年内分配。因年径流量通常取年内逐月或逐日流量的平均值，各时期的径流量可能大于年径流量，也可能小于年径流量。年径流量的年内分配可以用流量过程曲线或流量历时曲线表示，如图 4-2 和图 4-3 所示。

流量过程线可以是日平均流量过程线，月平均流量过程线，季、旬平均流量过程线。

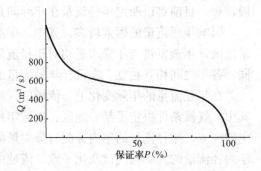

图 4-2　日平均流量历时曲线

流量历时曲线也可以是日平均流量历时曲线或月平均流量历时曲线，也称相对历时曲线或保证率曲线。

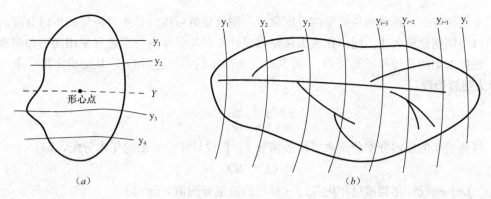

图 4-3　流域等值曲线图推求多年平均年径流量
(a) 小流域；(b) 大流域

1. 日（月）平均流量历时曲线

在给水工程中，常常用到日平均流量历时曲线，其绘制方法类似于经验累积频率曲线。首先将年内各平均流量资料按由大到小排列，分组统计大于等于某一流量的天数 t_i 和累积天数 m_i，求出大于或等于这个流量累积天数占全年天数的百分率，即：$P = \dfrac{m_i}{365}$。以 P 为横坐标，Q_i 为纵坐标，绘出 P-Q_i 直方图，最后连成光滑曲线。

若求某时段的日平均流量历时曲线，则将总天数改为该时段内的总天数。若需分析多年或一年的月平均流量的变化过程，可绘制月平均流量的历时曲线。

设计年径流量的年内分配，必须建立在典型年的年内分配的基础上。典型年可以选用历史上发生过的实际干旱年份，这种典型年称实际代表年法。将实际干旱年份的来水过程乘以一个比例系得设计年径流量的年内分配。而实际工程中常常按一定的原则与设计频率标准选取典型年作为设计代表年。设计代表年必须满足某一设计频率标准，使工程最为不利。将设计代表年的年径流量的年内分配按照一定的缩放倍数放大或者缩小，可求得设计年径流量的年内分配，这一方法称设计代表年法。

2. 设计代表年的选取

设计代表年的选取随工程性质的不同而不同。取水工程与灌溉工程中可选取典型枯水年；防洪工程可选取典型的丰水年；水利工程中常常选取丰水年、枯水年和平水年 3 个典型年。各种典型年选择的原则分别为：

（1）典型枯水年。典型枯水年必须满足枯水期长、枯水流量较小，对工程最为不利的条件；典型枯水年的年径流量与设计年径流量相近，并且它们形成的条件相似；设计频率标准（安全率）$P = 90\% - 97\%$。

（2）典型丰水年。典型丰水年必须满足洪峰流量较大，洪水径流总量较大，年径流量较大，对工程最为不利的条件；典型年的年径流量接近设计年径流量；设计频率标准 $P \leqslant 10\%$。

（3）典型平水年。典型平水年设计频率标准 $P = 50\%$；年径流量接近年正常径流量和设计年径流量，径流量的年内逐月分配与历年逐月分配接近，对工程最为不利。

3. 缩、放倍数的确定与设计年径流量的年内分配

缩放倍数的确定方法有同倍比放大法和同频率放大法两种。根据工程的性质和要求可

选用不同的方法。将典型年的年内分配乘以一缩放倍数可得设计年径流量的年内分配。

(1) 同倍比放大法。同倍比放大法是将设计年径流量年内分配各月采用同一种缩放倍数。根据求出的设计年径流量 Q_p，将其除以典型年的年径流量 Q_d，从而确定出一个比值 k 称为缩放倍数：

$$k = \frac{Q_p}{Q_d} \tag{4-2}$$

将典型年的年内分配分别乘以缩放倍数 k，得设计年径流量的年内分配，即：

$$Q_i = kQ_{id} \tag{4-3}$$

式中　Q_i——设计年径流量年内各月（日）的流量分配值，m^3/s；

Q_{id}——典型年实测各月（日）的流量分配值，m^3/s；

i——月（日）号，$i=1, 2, \cdots, 12$（$i=1, 2, \cdots, 365$）；

Q_p——设计年径流量，m^3/s；

Q_d——典型年实测年径流量，一般取年平均流量，m^3/s。

(2) 同频率放大法。同频率放大法是按一定的时段，分别求出各时段的缩放倍数的一种方法。将各时段缩放倍数分别乘以典型年的年内分配，从而得设计年径流量的分配值。各个时段的划分应根据工程性质以及要求而不同，在给水排水工程中常采用两个阶段：供水期与非供水期。供水期是指径流量小于设计年径流量 Q_p 的连续数月或数日。在供水期，天然来水量不足，水库必须提供给用水部门所需的水量，对于河川径流来讲即是枯水期。供水期之外的时段称非供水期。两时段缩放倍数分别为：

供水期：
$$k_1 = \frac{Q_{jp}}{Q_{jd}} \tag{4-4}$$

非供水期：
$$k_2 = \frac{Q_p - Q_{jp}}{Q_d - Q_{jd}} \tag{4-5}$$

供水期：
$$Q_j = k_1 Q_{jd} \tag{4-6}$$

非供水期：
$$Q_i = k_2 Q_{jd} \tag{4-7}$$

式中　j，i——供水期与非供水期的月（日）号；

Q_{jp}——设计供水期平均径流量，m^3/s；

Q_{jd}——典型年供水期月（日）平均径流量，$Q_{jd} = \dfrac{\Sigma Q_{jd}}{t_j}$，$\text{m}^3/\text{s}$；

t_j——供水期的时间，月（日）；

Q_j，Q_i——设计年径流量在供水期和非供水期的流量分配值，m^3/s；

Q_p——设计年径流量，m^3/s；

Q_d——典型年的年径流量，取年平均流量，m^3/s。

【例 4-1】 某水文站收集有 1971～1990 年共 20 年的逐月径流量资料，见表 4-1。在某段面拟建立取水泵站。(1) 试用同倍比放大法求频率 $P=10\%$ 的设计丰水年流量过程线；(2) 用同频率放大法求 $P=90\%$ 的流量过程线。

【解】 (1) 根据实测系列，首先计算各年的年平均流量即年径流量，填入表 4-2；

(2) 将 1971～1990 年共 20 年的年径流量资料组成系列，可应用试错适线法求出理论累积频率曲线（略）。求得 $P=10\%$，$P=90\%$ 的设计年径流量值为：$Q_{10\%}=212\text{m}^3/\text{s}$，

$Q_{90\%}=108\text{m}^3/\text{s}$。

某河流某断面历年逐月平均流量表 表4-1

月份 月平均流量 （m³/s） 年度	6	7	8	9	10	11	12	1	2	3	4	5	年径流量 （m³/s）
1971～1972	148	275	170	175	125	70	50	43	28	40	56	71	104.25
1972～1973	150	226	325	143	189	84	35	29	25	25	50	90	114.25
⋮	⋮	⋮	⋮	⋮	⋮	⋮	⋮	⋮	⋮	⋮	⋮	⋮	⋮
1977～1978	149	250	630	505	293	143	78	50	43	40	116	121	201.5
1982～1983	267	338	200	243	170	105	68	45	38	41	120	174	150.75
⋮	⋮	⋮	⋮	⋮	⋮	⋮	⋮	⋮	⋮	⋮	⋮	⋮	⋮
1989～1990	188	247	551	289	204	103	65	47	30	51	78	163	168
平均值 （m³/s）	247	380	205	255	152	101	62	50	42	38	110	137	148.25

（3）用同倍比放大法求 $P=10\%$ 的设计丰水年年径流量分配：

按照典型丰水年的选择原则，选取 1977～1978 年作为典型丰水年，该年的年径流量 $Q_\text{d}=201.5\text{m}^3/\text{s}$。放大倍数为：

$$k=\frac{Q_\text{p}}{Q_\text{d}}=\frac{212\text{m}^3/\text{s}}{201.5\text{m}^3/\text{s}}=1.05$$

则 $P=10\%$ 的设计年径流量各月分配为：$Q_i=kQ_{id}$，见表4-2。

某河流某断面历年逐月平均流量表 表4-2

月份 月平均流量（m³/s） 年份	6	7	8	9	10	11	12	1	2	3	4	5	年径流量 （m³/s）	备注
1977～1978	149	250	630	505	293	143	78	50	43	40	116	121	201.5	同倍比放大 $P=10\%$
缩放倍数 k	$k=1.05$													
Q_p(m³/s)	156.45	262.5	661.5	530.2	307.6	150.1	81.9	52.5	455.1	42	121.8	127.0	212	
1971～1972	148	275	170	175	125	70	50	43	28	40	56	71	104.25	同频率比放大 $P=90\%$
缩放倍数 k	$k=1.47$					$k=0.62$								
Q_p(m³/s)	217.6	404.3	249.9	257.3	183.8	43.4	31	26.7	17.7	24.8	34.7	44.02	64.635	

（4）同频率放大 $P=90\%$ 的设计年径流量：

由设计年径流量的推求结果，知：$Q_{90\%}=108\text{m}^3/\text{s}$。

按典型枯水年的选择标准，选取 1971～1972 年作为典型枯水年。按供水期的定义，11～5 月可作为供水期，其余为非供水期。

计算各年供水期的平均流量 $\bar{Q}_{ji}$，$i=1971,\cdots,19990$，$n=20$ 年。将这些平均流量组成样本系列，采用试错适线或三点法计算设计供水期平均径流量 Q_{jp}。得：

$$Q_{jp}=75\text{m}^3/\text{s}。$$

典型枯水年供水期的平均径流量：$Q_{jd} = \dfrac{\Sigma Q_{jd}}{s} = 51.4 \text{m}^3/\text{s}$

典型枯水年的年径流量：　　　$Q_d = 104.25 \text{m}^3/\text{s}$。

则缩放倍数为：　　　$k_1 = \dfrac{Q_{jp}}{Q_{jd}} = \dfrac{75 \text{m}^3/\text{s}}{51.14 \text{m}^3/\text{s}} = 1.47$

$$k_2 = \frac{Q_p - Q_{jp}}{Q_d - Q_{jd}} = \frac{(108 - 75)\ \text{m}^3/\text{s}}{(104.25 - 51.4)\ \text{m}^3/\text{s}} = 0.62$$

$P = 90\%$ 的设计年径流量分配过程线为：

$$Q_j = k_1 Q_{jd}$$

$$Q_i = k_2 Q_{id}$$

见表 4-2。

4.3　具有短期或不连续实测资料的设计年径流量和年内分配

当设计资料不足 20 年或不连续时，必须增补系列，延长或插补缺测年代的年径流量资料，使之符合随机试验条件，使系列连续和具有代表性后方可进行频率分析。因此必须寻找一个合适的参证站，建立参证变量与设计变量的相关关系——回归方程。通过回归方程插补、延长设计站的缺测年份的年径流量资料，然后才能进行设计年径流量的计算与设计年径流量的年内分配。

4.3.1　参证站的选择原则

参证站的选取必须考虑以下几点：

（1）参证变量与设计变量之间具有密切的物理成因关系，或两站对应流域自然地理条件相似，因而具有密切的相关关系。如：同一流域内同期的降雨量与径流量；设计站的上、下游测站的径流量；不同流域，但气象条件、下垫面条件相似的邻近流域的年径流量、降雨量等均可作为参证站。

（2）参证站必须具有长期的实测年径流量资料，具有较多的设计站同步观测的和设计站需要延长或插补年代的资料。

4.3.2　设计年径流量及其年内分配的计算方法

具有短期或不连续实测资料的设计年径流量及其年内分配的计算必须首先建立参证变量与设计变量的相关关系。可选为参证站的水文站可能有多个，先绘出参证变量与设计变量的散点图，分析两站相关趋势，将相关趋势明显的水文站的变量作为参证变量。然后，采用最小二乘法原理做数解相关分析，求出回归系数、相关系数 γ，建立回归方程。依此方程插补或延长实测系列。

要对相关分析建立的回归方程做成果分析，按相关系数 γ 的大小确定相关密切程度以及成果的可用性。只有当 $|\gamma| > 0.8$ 时，认为相关分析的成果是可用的。$|\gamma|$ 越接近 1，相关越密切。

回归直线的均方误差应满足 $S_y < (0.1 \sim 0.15)$。不能用月径流量分析成果代替或推测年径流量。要特别注意干旱地区的年径流量与年降水量之间关系不够密切，有时降水量可能与径流量无关，其年径流量一般由地下水供给。因而干旱地区不能建立年径流量与年降雨量之

间的相关关系，枯水期也是如此。只有在湿润地区，年降雨量与年径流量密切相关。

将设计站的设计变量插补为一个连续的具有长期年径流量实测系列以后，按照本书4.2节具有长期实测资料的设计年径流量及其年内分配。

4.4 缺乏实测资料的设计年径流量和年内分配

在规划、设计取水工程、防洪工程、水利工程中，设计断面往往无水文站，或水文站设站时间较短，或由于水利工程使流域发生变迁，水文站观测收集的水文资料较少，无法建立设计站和参证站之间的相关方程来插补或展延系列。有时设计断面完全无水文资料，设计年径流量及其年内分配只能利用参数等值线图和采用水文比拟法。

4.4.1 参数等值线图法推求设计年径流量

水文特征值在地理分布上的规律可以用水文特征值的等值线图表示。当影响某一水文特征值的因素主要为分区性因素时，如气象因素，则该特征值随地理坐标的不同而发生连续均匀的变化，由此可在地形图上做出该特征值的等值线图。如果特征值的影响因素主要是非分区性因素，如流域面积、湖泊、水库、沼泽等水文地质条件，特征值则不随地理坐标连续变化，无法绘制等值线图。若特征值同时受分区性与非分区性两种因素的共同影响，则要设法区分并排除非分区性因素的影响，以提高等值线的精度。

1. 多年平均年径流量的推求

多年平均年径流量既要受到分区性因素的影响，如气象条件，又要受到非分区性因素的影响，如流域面积等，因而多年平均年径流量为排除非分区性因素影响，常常采用径流深度 Y（单位：mm）表示。

当流域面积较小，流域内的等值线均匀分布，多年平均年径流量可以直接由通过流域形心点的等值线确定，或由形心点周围的等值线内插求出。

若流域面积较大，流域内等值线呈不均匀分布。则必须用加权平均法求出流域内的多年平均年径流量深度 $\bar{Y}$。

$$\bar{Y} = \frac{(y_1 + y_2)f_1 + (y_2 + y_3)f_2 + \cdots + (y + y_{i+1})f_i}{2(f_1 + f_2 + \cdots + f_i)}$$
$$= \frac{(y_1 + y_2)f_1 + (y_2 + y_3)f_2 + \cdots + (y + y_{i+1})f_i}{2F} \tag{4-8}$$

式中 y_i——某等值线代表的多年平均年径流量，mm；

   f_i——两等值线间的部分流域面积，km²；

   F——整个流域面积（$F = f_1 + f_2 + \cdots + f_i$），km²。

以上等值线图推求的多年平均年径流量一般适用于中等流域，对于较小的流域受非分区性因素如水库、湖泊等的影响，其地理分布规律是不明显的，严格地说不能用于多年平均年径流量的推求。同时，小流域地下水不能完全汇集，它的多年平均年径流量比同一地区中等流域的多年平均年径流量要小，使用时应当作一定的修正。

2. 年径流量变差系数的推求

年径流量变差系数 C_v 主要受气象条件等分区性因素的影响，具有地理分布规律性，可用其等值线图估算。C_v 等值线图的查取方法同多年平均年径流量等值线图的查取方法一样。

在我国各地已编制有水文图集、水文手册，其中绘有全国和部分地区年径流量变差系数 C_v 的等值线图。由于 C_v 受到流量自然地理条件、流域面积大小、湖泊率的影响，按等值线图求得的 C_v 值需做适当修正，小流域的等值线图求出的 C_v 往往偏小，应适当调整。

3. 设计年径流量的推求

将等值线图法求得的多年平均年径流量、年径流量离差系数 C_v 直接作为系列的均值和离差系数。系列的偏态系数 C_s 依经验选取，一般可取 $C_s = 2C_v$。也可选用水文手册中各地区 C_s 的经验值。当流域的湖泊率大，C_v 值本身较小，可取 $C_s > 2C_v$；湖泊率小，C_v 本身较大，取 $C_s > 2C_v$。

由求得的 3 个统计参数 $\bar{Y}$，C_v，C_s，直接用矩形推求理论累积频率曲线，在该曲线上查取一定频率标准下的设计值即为所推求的设计年径流量。

4.4.2 水文比拟法推求设计年径流量及年内分配

水文比拟法是把参证站水文特征值直接移用到设计流域的一种方法。将气象条件、下垫面条件相似的流域选为参证站，当流域面积相差不大时，可直接移用参证站的多年平均年径流量，如多年平均年径流深度 $\bar{Y}$、径流模数 M，以及参证站年径流量的变差系数 C_v。同样，C_v 值必须根据流域特征做适当修正。

在移用多年平均的径流模数 M 时，现根据参证站流域面积 $F_参$ 与多年平均年径流量 $\bar{Q}_参$，求出其径流模数 $M_参$。直接将此参证站的径流模数作为设计站的径流模数。由此，可求出设计站的多年平均年径流量 $\bar{Q}$，计算公式为：

$$\frac{\bar{Q}}{F} = \frac{\bar{Q}_参}{F_参} = M_参 \tag{4-9}$$

或 $$\bar{Q} = FM_参 \tag{4-10}$$

式中　F、$F_参$——设计站、参证站流域面积，km^2；

　　　$\bar{Q}$，$\bar{Q}_参$——设计站、参证站流域多年平均年径流量，m^3/s；

　　　$M_参$——参证站径流模数，$L/(km^2 \cdot s)$。

当参证流域个别非分区性因素，如土壤、植被、流域面积、河道坡度、河床下切深度等与设计流域有明显差别时，应做必要修正。

C_s 值仍按经验选取，方法同前。由求得的 $\bar{Q}$，C_v，C_s 同样按矩法推求理论累积频率曲线和设计年径流量 Q_p。

由于缺少设计站实测年径流量资料，也无法选取典型年。设计站的设计年径流量的年内分配只能移用参证站典型年的年径流量分配过程。

水文比拟方法也常常用于有长期实测资料或不连续资料的设计年径流量的成果分析、比较与检验。

4.4.3 经验公式法推求年径流量的变差系数

当流域面积小于 $1000km^2$ 时，称为小流域，在水文手册、水文图集中无法查取年径流量变差系数，且无参证站资料移用时，可使用经验公式法推求年径流量的变差系数。公式如下：

$$C_{vy} = \frac{1.08(1-\alpha)}{(\psi_0 + 0.1)^{0.8}} C_{vx} \tag{4-11}$$

式中　ψ_0——多年平均径流系数，$\psi_0 = \dfrac{Y_0}{X_0}$；

α——地下径流占总径流量的比率；

C_{vy}——流域年径流量变差系数；

C_{vx}——流域年降雨量变差系数。

利用经验公式求得变差系数，其他参数计算方法同前。同样，根据求得的统计参数 $\bar{Q}$，C_v，C_s 可推求理论积累频率曲线、设计年径流量、设计年径流量的年内分配。

4.5 水库调节与径流的关系

4.5.1 水库调节

水库是对天然径流起调节作用的蓄水工程，其蓄水量主要用于发电、灌溉、防洪、航运、给水等实际工程。水库的主要功能有 3 点：防洪、发电、航运。水库通过对径流的调节作用起到防洪的目的，它直接拦蓄洪水、控制洪水、削减洪峰流量。通过水库工程，抬高上游水位，改善通航条件，增加上、下游水位落差，可满足通航与发电的目的。枯水季节从水库引水以弥补天然来水量的不足，并保证枯水季节正常发电、航运和灌溉目的，充分利用了水利资源，并确保库区人民的生命安全及财产安全。水库的这些调节作用充分显示了其综合效益。

水库对径流的这些调节作用随水库库容的大小而不同，它可以是在 24h 内的径流调节，称为日调节；一周之内的径流调节称周调节；一年之内的径流调节称年调节；多年之内的径流调节称多年调节。

年调节是指在一年之内对丰水期与枯水期径流的水量的平衡过程。在丰水期到来之前腾空库容，洪水来临时水库开始蓄水，这部分蓄水又将用于弥补枯水期水量的不足。多年调节则是在丰水年与枯水年之间的一种水量平衡过程，通常只有大型水库才具有这种调整功能。

4.5.2 水库库容的组成

水库库容是判断水库蓄水能力的容量指标。它根据水库内设有各种水位指标，如图 4-4 所示。这些水位是根据径流在年内变化和不同的控制目的而设立的，包括设计最低水位（也称死水位）、防洪限制水位、设计蓄水位（即正常挡水位）、设计洪水位和校核洪水位。

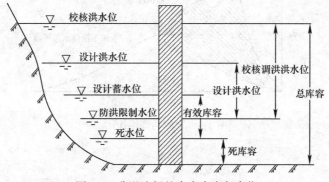

图 4-4 非溢流坝的水库库容与水位

（1）死库容：设计最低水位（死水位）以下的库容称死库容，这部分库容主要用于满足给水、灌溉、发电的基本需求。在这部分库容中，水质条件较好，但易形成泥沙淤积。必须定期清理淤积的泥沙，以防止死库容的减少，造成水库功能减退。

（2）有效库容：设计蓄水位与死水位之间的库容称有效库容。这部分库容主要用于径流的调节功能。它是在丰水期蓄水，枯水期调用，弥补天然径流量的不足。这部分库容也称兴利库容，它由天然来水过程线与用水过程线确定。在一个水文年度内，两过程线比较，有的月份水量不足，有的月份水量过剩。将水量不足的各月径流量叠加起来，这便是水库设计时必须满足的有效库容。多于有效库容的水体泄往下游，也称弃水，如图 4-5 所示。

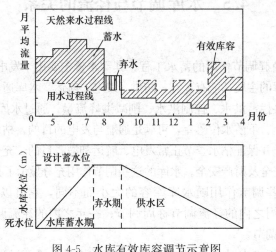

图 4-5　水库有效库容调节示意图

（3）防洪库容：设计洪水位与防洪限制水位之间的库容，称防洪库容。这部分库容主要用于滞留洪水，削减下泄洪峰流量，达到防洪的目的。在洪水期到来之前，腾出库容，使水位从设计蓄水位降到防洪限制水位，腾出的部分库容，用于削减洪峰流量，减少向下游排泄的洪水，防止过大的洪峰流量对库区下游造成洪灾损失。水库的调洪过程见图 4-6。

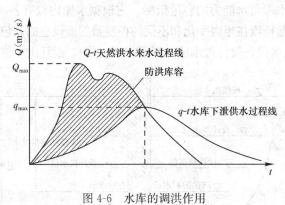

图 4-6　水库的调洪作用

第5章　设计洪、枯水流量

5.1　洪水与设计洪水

5.1.1　洪水三要素

　　流域内的暴雨或大面积的降雨产生的大量地面水流，在短期内汇入河槽，使河中流量骤增，水位猛涨，河槽水流成波状下泄，这种径流称为洪水。我国北方河流在春季迅速融雪，或冰凌阻塞河槽形成冰坝而溃决，也能产生洪水。由水位测站测得洪水过程如图5-1所示。

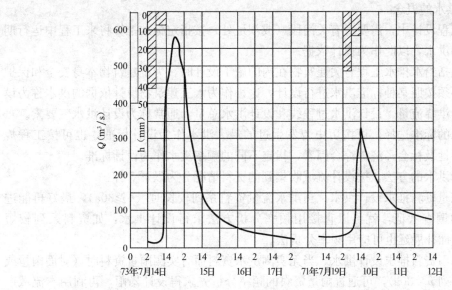

图 5-1　坛同（73.7）站、盐渠（71.7）站一次洪水过程线

　　在图 5-2 中，洪水在 A 点起涨，流量增加较快，直到出现最大值（B 点），然后流量较缓慢减少，直到水流落平（C 点），于是一次洪水结束。一次洪水的流量最大值称为洪峰流量（Q_m）；一次洪水总历时（T）是涨水历时（t_1）和退水历时（t_2）之和；一次洪水的过程由 ABC 曲线表示，称为洪水过程线（$Q-t$）；ABC 曲线与 A，C 两点之间的时间横轴所包围的面积是一次洪水的总水量，称为洪水总量（W_T）。洪峰流量、洪水过程线和洪水总量，通常称为洪水三要素。

　　当河流发生较大洪水时，如果河槽泄洪能力不够，洪水溢出两岸，甚至溃堤决口，泛滥

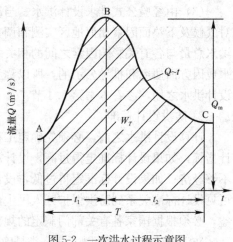

图 5-2　一次洪水过程示意图

成灾，称为洪灾。在平原河流下游或湖泊的沿岸，常有许多低洼地区，如该地区降雨过多，河湖水位高涨，使低洼地区排水不畅，造成地面积水，淹没庄稼而欠收，称为涝灾。为防止和减小洪涝灾害，需要修建各种水利工程以控制洪水。这些水利工程的规模、组成和它们本身的安全，则要取决于未来运行期间可能遇到的洪水情势，但限于科技发展水平，目前尚难以准确给出未来若干年内确定的洪水情势。凡按下节所述方法确定的洪水特征值（洪峰流量、不同时段的洪水总量），并根据这些特征值拟定的一次洪水过程线和洪水的地区组成等，都叫作"设计洪水"。对于有防洪、发电和灌溉等综合功能的大、中型水库，这些设计洪水的内容都是必不可少的。但市政工程中一般的取水工程和防洪工程的设计洪水，通常只计算洪峰流量（或洪水位）就可以满足设计的要求，因为岸边式或河床式取水构筑物的顶部高程、城市排洪管渠的尺寸、流经城镇江河的堤防高程，均取决于洪峰流量的大小或洪水位的高低。

5.1.2 设计洪水

1. 设计洪水的概念

在防洪工程设计中，需要对有关河段（或坝址处）按指定标准推算将来工程中运行期间可能发生的洪水，以此作为设计依据。

在进行包括给水排水工程有关建筑物在内的施工设计时，为了建筑物本身安全和保护区的安全，必须按照某种标准洪水进行设计，这种作为水工建筑物设计依据的洪水称为设计洪水。设计洪峰流量、设计洪水过程线和设计洪水总量，通常称为设计洪水三要素。

设计洪水的标准选择，可按历史曾发生过的最大洪水作为设计标准，也可按工程规模、工程重要性及社会经济等综合因素，指定不同的频率洪水作为设计标准。

推求设计洪水的方法，按设计流域收集到的资料情况分为以下 3 种：

(1) 由流量资料推求设计洪水。当洪水流量资料系列较长时（$n \geqslant 30a$），最好再能进行历史洪水的调查考证，就可以直接用频率分析方法求得设计洪水，如资料系列较短（$n \geqslant 15a$），经插补展延也可应用频率分析法。

(2) 由暴雨资料推求设计洪水。当无实测洪水资料而有实测雨量资料时（对面雨量或点雨量资料系列 $n \geqslant 30a$），可通过雨量资料的频率分析先求得设计暴雨，再利用本流域产流汇流方案由设计暴雨推求设计洪水。

(3) 由经验公式推求设计洪水。当缺乏实测雨量资料时可使用经验公式法。本方法是对气候及下垫面因素相似地区实测和调查的洪水资料进行综合归纳，直接建立洪峰流量或洪水总量与各有关影响因素之间的相关关系，并以数学公式表示的一种方法。它不是从洪水成因方面研究和推导公示的，所以称为经验公式，供设计地区无资料的中、小流域估算设计洪水之用，参看本书第 5.4 节。

2. 防洪设计标准

计算设计洪水之前，必须先确定工程建筑物的防洪设计标准，这是一个非常重要的设计指标，如果设计标准定得过高，设计洪水过大，建筑物本身虽然安全，但工程投资高，不够经济；如果设计标准定得过低，设计洪水偏小，虽可减少投资，但建筑却不够安全。可见设计标准关系到防洪保护区人民生命和经济建设的安全，也关系到工程投资的经济效益，必须根据国家各有关部门制定的规范慎重对待。

防洪设计标准分为两类：第一类是确保水工建筑物安全的防洪设计标准，第二类是保障防护对象避免一定洪水威胁的防洪设计标准。前者以"水库工程水工建筑物设计用防洪标准"为例，列于表 5-1，表中建筑物的级别按有关行业标准确定，如《水电枢纽工程等级划分及设计安全标准》DL 5180-2003 等，也可按《防洪标准》GB 50201—1994 中有关规定确定。

水库工程水工程建筑物设计用防洪标准（山区，丘陵区）　　表 5-1

建筑物级别	1	2	3	4	5
防洪标准（重现期 a）	1000～500	500～100	100～50	50～30	30～20

第二类防洪标准的确定，则按《防洪标准》GB 50201—1994 中的规定选用，如城市和乡村的防洪标准见表 5-2。

防护对象的防洪标准　　表 5-2

等级	重要性	城市		乡村		
		非农业人口 (10^4 人)	防洪标准 （重现期）	防护区人口 (10^4 人)	防护区耕地面积 (10^4 亩)	防洪标准 （重现期）
Ⅰ	特别重要的城市	≥150	≥200	≥150	≥300	100～50
Ⅱ	重要的城市	150～50	200～100	150～50	300～100	50～30
Ⅲ	中等城市	50～20	100～50	50～20	100～30	30～20
Ⅳ	一般城市	≤20	50～20	≤20	≤30	20～10

5.2　由流量资料推求设计洪水

当研究断面有比较充分的实测流量资料时，可采用由流量资料推求设计洪水，其计算程序大体是：①洪水资料审查，以取得具有可靠性、一致性和代表性的资料；②选样，从每年洪水中选取符合要求的洪峰流量和流量，组成各种统计系列；③频率计算，推求设计洪峰和设计流量。

5.2.1　样本选取与资料审查

1. 资料选取

每一次的洪水过程是在时间上和空间上连续过程（见图 5-1），理应作为随机过程来分析研究各种不同洪水出现的可能性。由于受到观测资料的限制，同时也为了简化计算，人们通常是用洪水过程的一些数字特征来反映洪水的特性，如洪峰流量 Q_m，一次洪水总量 W_T，一日或三日洪水量 W_1，W_3 等，并把它们作为随机变量来进行频率分析。所谓的选样问题，是指根据工程设计的要求确定选用哪些洪水的数字特征作为分析研究的对象，以及如何在连续的洪水过程中选取这些数字特征。

洪峰流量的选样，应满足频率分析关于独立随机取样的要求，采用年最大值法选样，即每年只选取最大的一个瞬时洪峰流量作为频率计算的样本。这些最大洪峰数值之间是独立而没有相关关系的，不能把年内不同季节、不同类型的最大洪峰数值混在一起作为一个洪水系列进行频率计算，也不能把溃坝所形成的洪水加入系列之中。

附带说明的是：洪水量的选样，也是采用固定时段独立取样的年最大值法，即从洪水过程线中选取不同历时的年最大洪量作为不同历时的洪量系列。历时的长短决定与工程设计中调洪演算的需要等因素。总之，频率分析中的洪峰流量和不同时段的洪量系列，应由每年的最大值组成。

2. 资料审查

（1）可靠性。审查洪水资料可靠性的目的是减少观测和整编中的错误和改正其错误，重点是审查影响较大的大洪水年份，以及观测、整编质量较差的年份。审查的主要内容是测站的变迁，水尺位置、水尺零点高程和水准基面的变化，测流断面的冲淤情况，上游附近河段的决口、溃堤及改道等洪灾事件，水位流量关系曲线高水延长部分的合理性等。对调查的历史洪水，要与实测的几个大洪水的水位进行比较，检查所采用的糙率和水面比降是否合理，流量推算是否正确等。一般是通过各年水位流量关系的对比，上下游、干支流洪水过程的对比，与邻近河流的对比，暴雨与洪水径流的对比等方法来进行审查。对重要的大洪水资料，还得经过实地勘测和取证。

（2）一致性。用数理统计方法进行洪水频率计算的前提是要求资料满足一致性。与年径流的审查方法相仿，也要进行洪水资料的还原计算。如对决口、溃堤、河流改道等情况进行调查研究，根据调查结果进行还原计算，一般还原到不决口、不改道的正常情况。对于大面积的水土保持措施和大中型水利工程措施的影响，往往把资料还原到没有大规模人类活动影响之前的天然洪水状况。

（3）代表性。洪水系列的代表性是指洪水系列分布对于总体分布的代表程度。常常只能选取在同一气候、地理条件下具有长期资料的测站作为参证站，近似地当作总体。参证站的系列越长越好。一种类型是本地区有较长的观测系列。如松花江的哈尔滨站，具有自1898年以来近百年的观测资料，常作为东北北部相似地区的参证站；另一种类型是历史考证系列。通过实地踏勘和文献考证，可了解到某地区数十年至数百年的洪水概况，特别把排在前几位的洪水的重现期和流量大小比较准确地确定和处理后，与实测系列组合成一个不连续系列作为参证系列。由于洪水系列也有枯水年组和丰水年组交替出现的现象，其代表性也应以其是否包括适量的丰枯水年来衡量，如所选系列是偏丰段或偏枯段时，则应予以修正。因此，在研究和修订洪水系列的代表性时，应着眼于较长时期的资料。另外，与年径流的判别一样，把参证站与设计站样本同步系列的均值、变差系数值和参政站长系列的均值、变系数列数值相比较，若两者相同或相近，就认为具有代表性。

5.2.2 样本插补与延长

如实测洪水系列较短或实测期内有缺测年份，可用下列方法进行洪水资料的插补延长。

1. 上下游站或邻近流域站资料的移用

若设计断面的上游或下游有较长记录的参证站，设计站与参证站流域面积相差不超过3%，且区间无分洪、滞洪设施时，可考虑将上游或下游参证站的洪峰数值，直接移用到设计站。如果两站面积相差不超过15%，且流域自然地理条件比较一致，流域内暴雨分布比较均匀，可按下式修正移用：

$$Q_{m} = \left(\frac{F}{F'}\right)^{n} Q'_{m} \qquad (5-1)$$

式中　Q_{m}，Q'_{m}——设计站、参证站洪峰流量，m^3/s；

　　　　F，F'——设计站、参证站流域面积，km^2；

　　　　n——指数，对大、中型河流，$n=0.5\sim0.7$，对 $F<100km^2$ 的小流域，$n\geqslant$
　　　　　　0.7，也可根据实测洪水资料分析确定。

当设计断面的上游和下游不远处均有观测资料时，可认为洪峰随流域面积的增长呈直线变化，便可按流域面积进行内插。

2. 利用洪峰、洪量关系插补延长

利用本站或邻站（上、下游站或邻近流域站）同次洪水的洪峰和洪量相关关系，或洪峰流量相关关系进行补插延长。

同次洪水的峰量关系，因受洪水波展开和区间来水的影响，相关关系不甚密切时，可以考虑加入一些反映上述影响因素的参数，如比降、区间暴雨量、暴雨中心位置及洪峰形状等，以改善相关关系，提高计算精度。图 5-3 为上下游站洪峰流量（Q_{mu} 和 Q_{ml}）相关图。图 5-4 为以区间站 5 日雨量（P_5）为参数的上下游洪峰流量相关图。图 5-5 为某站考虑峰型的洪峰流量（Q_m）和 7 日洪水总量（W_7）相关图。

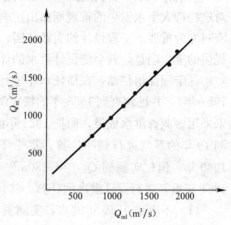

图 5-3　上下游站洪峰流量相关图

3. 利用本流域暴雨径流关系插补延长

在流域内有较长期的雨量资料时，可根据洪水缺测年份的流域最大暴雨资料，通过暴雨径流关系推算洪峰流量。或者先通过产流汇流分析求出洪水过程线，然后再选取洪峰流量。

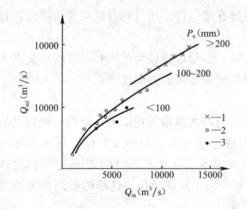

图 5-4　以雨量为参数的上下游站洪峰流量相关图

1—区间站 5 日雨量＞200mm；

2—区间站 5 日雨量为 100～200mm；

3—区间站 5 日雨量＜100mm

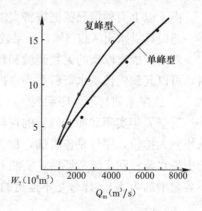

图 5-5　考虑峰型的峰量相关图

Q_m—洪峰流量

W_7—7 日洪水总量

应用以上方法插补延长洪水系列，延长资料的年数不宜过多，最多不得超过实测年数。建立相关关系至少应有 10 组以上同步观测数据，点据在坐标上的分布应比较均匀，各点据与回归线的相对误差一般应小于 20%。相关线外延的幅度一般不宜超过实际变幅的 50%。曲线相关时，其转折处要有实测点据控制。如果相关图的精度很差，则不要勉强用来插补延长资料。

5.2.3　连序系列与不连序系列

1. 特大洪水及其重要性

我国实测洪水资料的年限一般较短，还有不少中、小河流上测站稀少，缺乏观测资料，而工程要求的设计洪水往往是百年一遇或者千年一遇的非常稀遇的洪水，为了解决这一矛盾，除充分利用已有的实测资料外，还要重视并运用特大洪水资料。所谓特大洪水，是指历史上曾经发生过的，或近期观测到的，比其他一般洪水大得多的稀遇洪水。它的重现期不能仅根据实测系列的长度来确定，而需要进行调查和考证。

所谓特大洪水资料的处理，是指根据流域内外历史洪水和实测洪水的调查考证资料，对这些特大洪水发生的重现期做出正确估计，这对系列较短，统计参数在地区不甚协调的资料尤为重要。工程设计的实践证明，如能充分地应用特大洪水，尤其是历史特大洪水所提供的宝贵信息，就会使设计洪水的计算质量明显提高。

辽宁浑江恒仁站，在横任水库进行初步设计时，已有 19 年的实测洪水资料（1939～1957 年），并已调查到 1888 年的特大洪水 $Q_{1888}=19000\mathrm{m^3/s}$，由于认识上的原因，当时并未采用该调查洪水成果，而把 1935 年的 $Q_{1935}=11000\mathrm{m^3/s}$ 作为 1889 年以来的第一位与实测 19 年的系列进行频率计算，得千年一遇设计洪水值 $Q_{0.1\%}=15700\mathrm{m^3/s}$。事隔三年的 1960 年，恒仁实测到 $Q_{1960}=9380\mathrm{m^3/s}$ 的大洪水，使人们对历史洪水的认识有了变化，1961 年重新进行设计洪水的计算，其计算分为两种情况：

（1）不考虑 1960 年洪水，实测资料 21 年（1939～1959 年），这次把 Q_{1888} 作为 1888 年以来的第一位洪水，频率计算结果；

（2）计入 1960 年洪水，实测资料 22 年（1939～1960 年），其他同以上情况，计算结果 $Q_{0.1\%}=24200\mathrm{m^3/s}$。

由于以上两种情况都把按特大洪水处理并排在第一位，所以两种成果甚为接近，其千年一遇设计洪水出入仅 8%，成果较为合理。

新中国成立以来的无数经验和教训充分说明，尽量取得较为久远和可靠的历史洪水资料，可以起到延长洪水资料系列，提高频率分析成果精度的重要作用。

2. 连序系列与不连序系列

对于 n 年实测和插补延长的资料系列，若没有特大洪水需提出另外处理，则将其值按从小到大排位，序号是连贯的，称为连序系列或连序样本，如图 5-6（a）所示。如通过历史洪水调查和文献考证后，实测和调查的特大洪水需在更长的时期 N 内进行排位（样本容量增加为 N），序号是不连贯的，其中有不少属于漏缺项位，这样的系列称为不连序

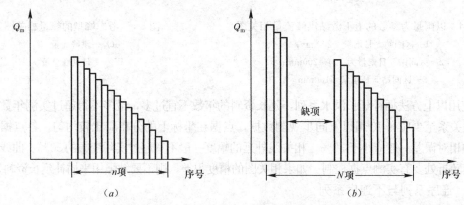

图 5-6　连序系列与不连序系列示意图

（a）连序系列；（b）不连序系列

系列或不连序样本，如图 5-6 (b) 所示。此处"连序"与"不连序"的含意，不是指日历年的连续与否，而是只在每年选取一个最大洪峰流量组成的样本容量组成的样本系列中，各流量值按从大到小排位时，其中又没有明显的空缺。不连序系列的样本容量 N 是通过历史洪水的调查和考证而确定的。不连序系列按时程的排列如图 5-7 所示通常把有连续水文观测的记录的年份称为实测期，把实测期之前到调查取得历史洪水较远年份的这一段时期称为调查期，把有历史文献可以考证的最远时期称为文献考证期。在实际工程中，也可能没有文献考证期；或者一实测期有一段时间为断续的观测时，它也可能与调查期有部分重叠，图 5-7 所示为一具有代表性的调查考证情况。

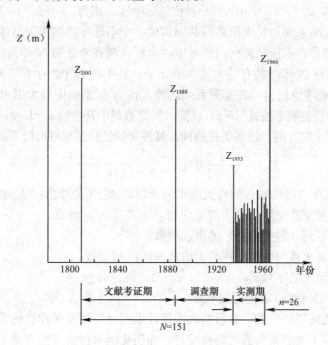

图 5-7 某河历史洪水调查考证情况

3. 经验频率计算

（1）不连序 N 年系列中前 a 项特大洪水的经验频率，按数学期望公式计算：

$$P_M = \frac{M}{N+1} \qquad (5-2)$$

式中　P_M——不连序 N 年系列第 M 项的经验值；

　　　M——特大洪水由大到小排位的序号，$M=1, 2, \cdots\cdots, a$；

　　　N——调查考证的年数（包括实测期）。

通常称为首项特大洪水的重现期，用下式计算：

$$N = T_2 - T_1 + 1 \qquad (5-3)$$

式中　T_1——调查或考证到的最远年份；

　　　T_2——实测连序系列最近的年份。

（2）实测 n 年系列普通洪水经验频率的计算有下列两种方法：

方法一：把实测系列和特大值系列看作是从总体中独立抽出的几个随机连序样本（如实测期样本、调查期样本、考证期样本），故各项洪水可在各个系列中分别进行排位，其中实测系列的各项经验频率也按数学期望公式计算：

$$P_m = \frac{m}{n+1} \tag{5-4}$$

式中　P_m——连序 n 年系列中第 m 项的经验频率；

　　　　m——由大到小排位的顺序号，$m=1, 2, \cdots\cdots, n$。

而调查考证期 N 年系列中前 a 项特大值的经验频率则按式（5-2）计算。

如果有实测期内有需要作特大洪水处理的洪水项为 L 个，则把此 L 个洪水加入到历史洪水行列，在 N 年中统一排位。但它们在 n 年实测系列中的原有位置空着，使系列中其他洪水的序号保持不变，此时，式（5-4）中由大到小排位的顺序号 m 则为：$m=L+1, L+2, \cdots\cdots, n$。

方法二：将实测系列和特大值系列共同组成一个不连序系列作为总体的一个样本，实测系列为其组成部分，不连序系列内的各项洪水可在调查考证期 N 年内统一排位。

设在调查考证期 N 年内共有特大洪水值 a 个，其中有 L 个发生在 n 年实测系列之内，其余 $a-L$ 个系调查考证所得，在实测系列之外。在 N 年系列中特大洪水的序号为 $M=1$，$2\cdots, a$，其各项的经验频率按式（5-2）计算，实测系列中其余的 $n-L$ 项，是在总体内小于末位特大值的条件下抽样的，故属条件抽样，其各项的经验频率可由以下条件概率公式计算

$$P_m = \frac{a}{N+1} + \left(1 - \frac{a}{N+1}\right)\frac{m-L}{n-L+1} \tag{5-5}$$

式中　a——在 N 年中连续顺位的特大洪水的个数，或末位特大洪水的序号；

　　　　N——调查考证特大洪水首项的重现期，用式（5-3）计算；

　　　　n——实测系列（包括插补）的洪水项数；

　　　　L——实测洪水系列中抽出作特大值处理的洪水个数；

　　　　m——实测洪水的序号，$m=L+1, L+2, \cdots, n$；

　　　　P_m——实测系列第 m 项的经验频率。

上述两种方法使用的公式，是目前我国设计洪水计算规范所建议的。一般说来，方法一比较简单，适用于实测系列的代表性较好，而历史洪水排位可能有错漏的情况。当调查考证期 N 年之中为首的几项历史洪水确系连序而无错漏，为避免历史洪水的经验频率与实测系列的经验频率有重叠现象，则可采用方法二。

【例 5-1】　东北某河 1960 年实测到特大洪水位 Z_{1960}，当时就调查到 1888 年的 Z_{1888}，因很多七八十岁的老人小时候都经历这次大洪水；其中还有人听他们祖父说过 1810 年大洪水水面位置，这次洪水位文献上也有记载，按水位高低排序为 $Z_{1960} > Z_{1810} > Z_{1888}$（见图 5-7）。26 年的实测系列中比 Z_{1960} 低的第二项高水位是 Z_{1935}。从当时调研的 1960 年考虑，试分析确定以上四个洪水位的经验频率。

【解】　方法一：把 n 年和 N 年两个系列都看作是从总体中独立抽取的两个随机连序样本。因此，对 N 年系列前三项的排位是它们的序号依次为 $M=1, 2, 3, \cdots\cdots, 26.$ 其各项经验频率按式（5-4）计算；对 N 年系列前三项的排位是 $Z_{1960}, Z_{1810}, Z_{1888}$，它们的顺序号依次为 $M=1, 2, 3$。首项的重现期按式（5-3）估算。

$$N = T_2 - T_1 + 1 = 1960 - 1810 + 1 = 151a$$

特大洪水经验频率按式（5-2）计算：

首项　$P_{1960} = \dfrac{M}{N+1} = \dfrac{1}{151+1} = 0.66\%$

$$第二项 \quad P_{1810} = \frac{M}{N+1} = \frac{2}{151+1} = 1.32\%$$

$$第三项 \quad P_{1888} = \frac{M}{N+1} = \frac{3}{151+1} = 1.97\%$$

实测洪水位的第一项为 Z_{1960}，它可以在两个连续系列中分别排位，但它在 N 年系列中排位的经验频率其抽样误差较小，故将其从实测系列中抽出特大洪水处理，它在实测 n 年系列中的排位 $m=1$ 便成为空位，Z_{1935} 在该系列中排位 $m=2$，当 $n=26$ 时，其经验频率按式 (5-4) 计算，有：

$$实测洪水第二项 \quad P_{1935} = \frac{m}{n+1} = \frac{2}{26+1} = 7.41\%$$

方法二：把实测系列和特大值系列共同组成一个不连续系列作为总体的一个样本，三个特大洪水的经验频率按式 (5-2) 计算，与方法一相同；而实测系列作为不连续系列的组成部分，在抽去 Z_{1960} 这一项后，其余 25 项的经验频率均按式 (5-5) 计算，排在第二位的 Z_{1935}（$m=2$）的经验频率计算如下（式中 $a=3$，$L=1$）

$$P_m = \frac{a}{N+1} + \left(1 - \frac{a}{N+1}\right)\frac{m-L}{n-L+1} = \frac{3}{151+1} + \left(1 - \frac{3}{151+1}\right)\frac{2-1}{26-1+1} = 5.74\%$$

这一结果比用方法一计算所得的经验频率要小一些，按式 (5-5) 计算 P_m 时，由于 N 年内调查洪水个数 a 的变动，以及对历史洪水重现期 N 年考证结果的变动，都将影响 P_m 的取值。

还须指出，按以上两种方法计算的经验频率并不是绝对准确和不可改动的，尤其是 n 年实测系列中为首的几项更是如此。因为这两个公式所根据的假定都是有条件的，并且用任何一个公式计算出的 P_m 值都存在着抽样误差，这种误差可正可负，其中为首几项的相对误差又较大。实际工作中，一般可先按式 (5-4) 计算 n 年实测系列的经验频率，如为首的几个洪水点据与历史洪水点据协调时，就无需进行改动。当发生重叠和脱节时，可改动前面几个点子的经验频率，直到与历史洪水相互协调为止，而不必更动实测系列中所有点据在概率格纸上的位置。

5.2.4 设计洪峰流量的推求

采用试错适线法时，首先要初算统计参数，然后在绘有经验频率点据的概率格纸上绘出理论频率曲线，目估检查曲线与经验频率点据的配合情况。若配合不好，应适当调整参数值，直到曲线与经验点据配合较好为止。这时的统计参数就是频率计算所采用的参数。设计洪峰流量（或水位）的计算过程也是如此，只不过洪峰系列常常是不连序系列，适线方法与技巧还要特别注意。

1. 不连序系列统计参数的计算

由于加入了历史洪水和实测洪水的特大值，洪峰系列就属于不连序系列，其统计参数的计算与连序系列的计算公式有所不同。如果在迄今的 N 年中已查明有 a 个特大洪水，其中有 1 个发生在 n 年实测系列之中，假定 $n-1$ 年系列的均值和均方差与扣除特大洪水后的 $N-a$ 年系列的相等，即 $\overline{X}_{n-L} = \overline{X}_{N-a}$，$S_{n-1} = S_{N-a}$，可推导出统计参数的计算公式如下：

$$\overline{X}_N = \frac{1}{N}\left(\sum_{j=1}^{a} X_{Nj} + \frac{N-a}{n-l}\sum_{i=L+1}^{n} X_i\right) \tag{5-6}$$

$$C_{vN} = \frac{1}{\overline{X}_N} \sqrt{\frac{1}{N-1} \left[\sum_{j=1}^{a} (X_{Nj} - \overline{X}_N)^2 + \frac{N-a}{n-l} \sum_{i=j+1}^{n} (X_i - \overline{X}_N)^2 \right]} \qquad (5\text{-}7)$$

$$\text{或 } C_{vN} = \sqrt{\frac{1}{N-1} \left[\sum_{j=1}^{a} (K_{Nj} - 1)^2 + \frac{N-a}{n-l} \sum_{i=j+1}^{n} (K_i - 1)^2 \right]} \qquad (5\text{-}8)$$

式中　　X_{Nj}，K_{Nj}——特大洪水值及其变率；

　　　　X_i，K_i——实测洪水值及其变率；

　　　　$\overline{X}_N$，C_{vN}——N 年不连序系列的均值和变差系数。

偏态系数用公式计算，抽样误差相当大，故一般不直接计算，而是参考相似流域分析的成果初步选定一个 C_{sN}/C_{vN} 的比值，由式（5-6），式（5-7）或式（5-8）计算 $\overline{X}_N$，C_{vN} 等参数，并目估适线，再调整参数值使理论频率曲线与经验点据配合最佳。

修改参数时，一般因均值的抽样误差很小而不必修改，用上式计算的 C_{vN} 值一般小，可以稍微加大，调整范围可用变差系数的抽样误差 $S_{C_{vN}}$ 来控制。至于 C_{sN}/C_{vN} 的比值，适线时可参考以下范围选择：在 $C_{vN} \leqslant 0.5$ 的地区，$C_{sN}/C_{vN} = 3 \sim 4$；在 $1.0 \geqslant C_{vN} > 0.5$ 的地区，$C_{sN}/C_{vN} = 2.5 \sim 3.5$；在 $C_{vN} > 1.0$ 的地区，$C_{sN}/C_{vN} = 2 \sim 3$。对于干旱与半干旱地区的中小河流，C_{sN}/C_{vN} 的比值可能比上述数值还要大些，对湿润地区和大江大河，则宜选用小值。

2. 设计洪水频率计算的适线

洪水频率计算中，采用矩法或其他方法，估计一组参数作为初值，最后仍应以选定一条与经验频率点据拟合良好的理论频率曲线为准，求得计算所需的参数。适线时应注意：①洪水点据是代表总体分布的样本，适线时应有全局观点，尽可能照顾点群的趋势，使曲线与经验点据有最佳拟合，使曲线过点群的中心，即曲线各段上下两侧的点数或总离差约略相等。②应分析经验点据的精度（包括它们的纵、横坐标），对精度不同的点据要区别对待，使曲线尽量接近或通过比较可靠的点据。③着重考虑曲线中、上部分较大洪水的点据，对于下部较小洪水的点据，可适当放宽要求。历史特大洪水，特别是为首的数个，一般精度较差，不宜使曲线机械地通过这些据点，而使频率曲线脱离点群；也不能因照顾点群趋势曲线离开特大值点据过远，应在历史特大洪水的可能误差范围内进行调整。

3. 计算成果的合理性分析

洪水具有地区性的特点，因此洪水频率计算参数及各设计值在上下游站及邻近地区之间应呈现一定的地理分布规律。所谓成果的合理性分析，就是利用这些参数之间的相互关系和地理分布规律，对各单站单一项目的频率计算成果进行对比分析，以期发现错误和减少因系列过短带来的误差。

（1）从上下游及干支流洪水的关系上进行分析：结合流域上下游及干支流的地形、气候条件，分析各统计参数变化规律的合理性。如把各河流的洪峰流量的均值或 $\overline{Q_m}/F^n$，及 C_v 值点绘于水系图上，并与暴雨的均值及 C_v 值的分布进行分析比较，这是常用的检查合理性的方法。

（2）从邻近河流洪水统计参数及设计值的地区分布进行分析：在暴雨形成条件比较一致的地区，洪峰流量的均值与流域面积有密切关系，一般可用 $\overline{Q_m} = KF^n$ 表示。式中 K 为地区参数，由地区实测洪水资料综合求得；n 为指数，小流域为 $0.80 \sim 0.85$，中型流域约为 0.67，大型流域为 0.5 左右。这种关系也可用于上下游参数的对比分析上。

洪水变差系数 C_v 在地区上具有一定的变化规律。小流域比大流域的 C_v 值大；长条形羽状流域比扇状流域的 C_v 值小；而山区比平原地区的 C_v 值大。

（3）将稀遇洪水的设计值与国内河流大洪水记录进行比较：若千年、万年一遇的洪水，小于国内相应流域面积的大洪水记录的下限很多，或超过其上限很多，应对计算成果作深入检查并分析其原因。表 5-3 列出了不同流域面积实测大洪水记录，以供参考。

不同流域面积最大洪峰记录表　　　　　表 5-3

流域面积范围 （km²）	水系	河名	站名	流域面积 （km²）	最大流量 （m³/s）	年份
100～200	黄河	母花沟	贵平	148	2400	1972
200～300	淮河	澧河	孤石滩	275	6950	1896
300～400	敖江	北港	埭头	343	4400	1925
400～500	珠江	左江	那板	494	4800	1940
500～600	黄河	豪清河	垣曲	555	4420	1958
600～700	长江	浠水	英山	658	4470	1896
700～800	淮河	汝河	板桥	762	6430	1972
800～900	汉江	湍河	青山	820	8000	1919
900～1000	淮河	灌河	鲇鱼山	953	650	1931
1000～2000	飞云江	飞云河	堂口	1930	15400	1922
2000～3000	淮河	史河	梅山	2100	10750	1822
3000～4000	汉江	白河	鸭河口	3832	10000	1919
4000～5000	沂沭河	新沂河	大官庄	4350	16500	1730
5000～6000	汉江	南河	谷域	5781	15800	1853
6000～7000	辽河	太子河	参窝	6175	16900	1960
7000～8000	珠江	东江	龙川	7699	10200	1964
8000～9000	黄河	窟野河	温家川	8645	18200	1946
9000～10000	赣江	修水	柘林	9340	12100	1955
10000～20000	长江	澧水	三江口	14810	29000	1935
20000～30000	海河	漳沱河	黄壁庄	23400	25000	1794
30000～40000	钱塘江	富春江	芦茨埠	31300	29000	1595
40000～50000	汉江	汉江	安康	41400	36000	1867

以上所述的合理性分析方法，大多是从水文比拟方面考虑，仅仅依据了水文现象的某些不甚严密的规律性，在运用其作分析时，应从实际出发，不可生搬硬套。例如黄河自包头以下暴雨较大，地形较陡，所以洪峰的 C_v 值反而向下游增加，这在当地的气候和自然地理条件下是合理的，是一种特殊情况。对特殊情况应作特殊处理，不可一概而论。

【例 5-2】已知某坝址断面有 19 年的洪峰流量实测资料，见表 5-4。经洪水调查得知 1922 年曾发生过一次特大洪水，据考证，它是 1922 年以来最大的一次，$Q=2700\text{m}^3/\text{s}$，1963 年的洪水为第二特大洪水。试用试错适线法推求洪峰流量频率曲线。说明：为与前述公式中参数一致，本例求解过程中用 X 试错代表洪峰流量 Q。

年份	1954	1955	1956	1957	1958	1959	1960	1961	1962	1963
Q (m³/s)	1400	568	1490	800	400	474	956	1320	1770	2320
年份	1964	1965	1966	1967	1968	1969	1970	1971	1972	
Q (m³/s)	818	1020	464	488	334	774	610	1000	216	

【解】 （1）计算经验频率

特大洪水首项的重现期：

$$N = T_2 - T_1 + 1 = 1972 - 1922 + 1 = 51a$$

实测资料年数：$n=19a$。

特大洪水的经验频率按式（5-2）计算，结果列于表 5-5 的第 5 栏；实测系列 19 年的资料有一定的代表性，采用式（5-4）计算其经验频率，结果列在表 5-5 的第 6 栏。

某站洪峰流量经验频率计算表 表 5-5

序号 \ 项目	x_i	$x_i - \bar{x}_N$	$(x_i - \bar{x}_N)^2$	P (%)	
1	2	3	4	5	6
1	2700	1806	3261636	1.92	
2	2320	1426	2033476	3.85	
Σ	5020		5295112		
2	1770	876	767376		10
3	1490	596	355216		15
4	1400	506	256036		20
5	1320	426	181476		25
6	1020	126	15876		30
7	1000	106	11236		35
8	956	62	3844		40
9	818	−76	5776		45
10	800	−94	8836		50
11	774	−120	14400		55
12	610	−284	80656		60
13	568	−326	106276		65
14	488	−406	164836		70
15	474	−420	176400		75
16	464	−430	184900		80
17	400	−494	244036		85
18	334	−560	313600		90
19	216	−678	459684		95
Σ	14902		3350460		

（2）计算统计参数的初值

通过表 5-5 的累加，求得 $\sum_{j=1}^{2} X_{Nj} = 5020 \text{m}^3/\text{s}$；$\sum_{i=2}^{19} X_i = 14902 \text{m}^3/\text{s}$；

$$\sum_{j=1}^{2}(X_{Nj}-\overline{X}_N)^2 = 5295112; \sum_{i=2}^{19}(X_i-\overline{X}_N)^2 = 3350460$$

分别代入式（5-6）及式（5-7），求得 $\overline{X}_N$ 和 C_{vN}

$$\overline{X}_N = \frac{1}{N}\left(\sum_{j=1}^{a}X_{Nj}+\frac{N-a}{n-l}\sum_{i=l+1}^{n}X_i\right) = \frac{1}{51}\left(5020+\frac{51-2}{19-1}\times14902\right) = 894\text{m}^3/\text{s}$$

$$C_{vN} = \frac{1}{\overline{X}_N}\sqrt{\frac{1}{N-1}\left(\sum_{j=1}^{a}(X_{Nj}-\overline{X}_N)^2+\frac{N-a}{n-l}\sum_{i=l+1}^{n}(X_i-\overline{X}_N)^2\right)}$$

$$= \frac{1}{894}\sqrt{\frac{1}{51-1}\left(5295112+\frac{51-2}{19-1}\times3350460\right)} = 0.60$$

选用 $C_{sN}/C_{vN}=3$，求得 $C_{sN}=3\times0.6=1.80$

（3）试错适线

据参数初值 $\overline{X}_N=894\text{m}^3/\text{s}$，$C_{sN}=1.80$，$C_{vN}=0.60$，计算理论频率曲线的坐标并绘成曲线，如图 5-8 中的虚线所示，其上、中部与经验频率点据拟合不佳。现根据 $\overline{X}_N$ 和 C_{vN} 的误差范围选用：$\overline{X}_N=920\text{m}^3/\text{s}$，$C_{sN}=1.80$，$C_{vN}=0.65$，求得另一理论频率曲线的坐标值（见表 5-6），绘在图 5-8 上，如黑实线所示，其与经验频率点据拟合较好，故采用它作为设计频率曲线。

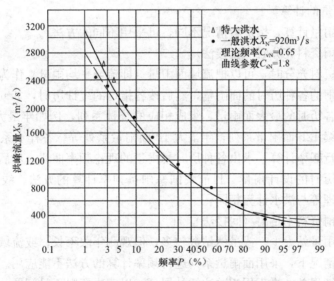

图 5-8 某坝址断面洪峰流量频率曲线（试错适线法）

某坝址断面洪峰流量频率曲线计算表　　　　　　　　　　　表 5-6

计算项目 \ P（%）	0.1	1	5	10	25	50	75	90	95	99	99.9
φ_p	5.64	3.50	1.98	1.32	0.42	−0.28	−0.72	−0.94	−0.102	−1.09	−1.11
$k_p=1+C_{vN}\varphi_p$	4.666	3.275	2.287	1.858	1.273	0.818	0.532	0.389	0.337	0.292	0.278
$x_p=k_p\overline{X}_N$	4292	3013	2104	1709	1171	753	489	358	310	269	256

5.3 由暴雨资料推求设计洪水

利用暴雨资料推求设计洪水适合下列情况：①设计流域缺乏或无实测洪水资料；②当设计流域的径流形成条件（下垫面条件）发生显著变化使得洪水资料的一致性受到破坏时；③即使洪水资料充足，亦可用暴雨资料来推求设计洪水，以多种方法论证设计成果的合理性。

由暴雨资料推求设计洪水是以降雨形成洪水的理论为基础的。按照暴雨洪水的形成过程，推求设计洪水可分三步进行：①推求设计暴雨，同频率放大法求不同历时指定频率的设计雨量及暴雨过程。②推求设计净雨，设计暴雨扣除损失就是设计净雨。③推求设计洪水，应用单位线法等流域汇流计算方法对设计净雨进行汇流计算，即得流域出口断面的设计洪水过程。

5.3.1 暴雨频率分析

关于设计暴雨，一些研究成果表明，对于比较大的洪水，大体上可以认为某一频率的暴雨将形成同一频率的洪水，例如 $p=1\%$ 的暴雨形成 $p=1\%$ 的洪水，因此，推求设计暴雨就是推求与设计洪水同频率的暴雨。

1. 设计暴雨量的计算

流域设计暴雨量计算，按资料情况不同，可采用不同的方法。

（1）流域暴雨资料充分时（直接法）

当流域暴雨资料充分时，可以把流域面雨量（即流域平均雨量）作为研究对象，先求得各年各场大暴雨的各种历时的面雨量，然后按各指定的统计历时，如 6h、12h、1d、3d等，选取每年的各历时的最大面雨量，组成相应的统计系列，例如年最大连续 6h 面雨量系列，年最大连续 12h 面雨量系列，年最大 1d 面雨量系列等。各样本系列选定后，即可按照一般程序进行频率计算，求出各种历时暴雨量的理论频率曲线。然后依设计频率，在曲线查得各统计历时的设计雨量。目前我国暴雨量频率计算的方法、线形、经验频率公式、特大暴雨处理等与洪水计算相同。

（2）流域暴雨资料不足时（间接法）

当设计流域雨量站太少；或虽然站数较多，但观测年限不长；或流域太小，根本没有雨量站。在这些情况下，采用面雨量系列进行频率计算的方法不能应用。同时，由于相邻站同次暴雨相关性很差，难于用相关法插补展延，以解决资料不足问题，此时多采用间接方法来推求设计面雨量。间接方法就是：先求出流域中心处的设计点雨量；然后再通过点雨量和面雨量之间的关系（简称暴雨点面关系），间接求得指定频率设计面雨量。

1）设计点雨量计算 如果在流域中心附近有一个具有长期雨量资料的测站，那么可以依据该站点的资料进行频率计算，求得各种历时的设计点暴雨量。点雨量频率计算中，也存在特大暴雨处理和成果合理性论证的问题，必须给予充分的注意和认真对待。特大暴雨处理与洪峰流量频率计算的方法相似，不再重述。而点暴雨频率计算成果的合理性分析，除应把各统计历时的暴雨频率曲线绘在一张图上检验，将统计参数、设计值与临近地区站的成果协调外，还需借助水文手册中的点暴雨参数等值线图、临近地区发生的特大暴雨记录以及世界点最大暴雨记录进行分析。

如果流域完全没有长系列雨量资料时，一般用各省的水文手册等文献中刊载的暴雨统计参数等值线图来解决。由等值线图可查得流域中心处各种历时暴雨的统计参数，这样就不难绘出各种历时暴雨的频率曲线，求得各种历时的设计点雨量。

2）设计面雨量的推求　当流域面积很小时，可直接把流域中心的设计点雨量作为流域的设计面雨量。对于较大面积的流域，必须研究点雨量和面雨量之间的关系（称暴雨点面关系），进而将设计点雨量转化成设计面雨量。

暴雨点面关系通常有以下两种：

（1）定点定面关系

点面关系由于其点雨量位置和流域边界历年中都是固定不变的，故称为定点定面关系。

点面折算系数 α 利用同期观测资料按下式计算：

$$\alpha = P_A / P_o \tag{5-9}$$

式中　α——固定点面折算系数；

P_A——某时段固定流域面雨量；

P_o——某时段固定点（流域中心点附近）雨量。

广东、海南、广西、福建等省区大量资料分析表明：定点定面关系的地区变化很小，可以在相当大的地区内综合和使用。

（2）动点动面关系（暴雨中心点面关系）

暴雨中心点面关系，即暴雨中心点雨量与各等雨量浅包围面积上的面雨量间的相关关系，由于点雨量的位置和面雨量的面积随各场暴雨变动，故称为动点动面关系。

计算步骤：①绘出流域各次大暴雨在某一时段内雨量等值线图；②自暴雨中心向外顺序计算各闭合等雨量线所包围的面积 F_i 以及该面积上的面平均雨量 P_i；③计算各个面平均雨量 P_i 与暴雨中心点雨量 P_0 的比值：

$$\alpha = \frac{P_i}{P_0}（点面转换系数）$$

④根据不同面上相应的 α 值和 F 值，绘 αF 的关系曲线；αF 关系曲线反映各次暴雨面平均雨量随面积增大而减小的特征，称作暴雨中心点面关系曲线。将地区各次暴雨关系曲线加以概化，取平均线或上包线。

以上作点面关系曲线，由于各场平均暴雨的中心点和等雨量线的位置即暴雨分布都是在变动的，所以常称为"动点动面关系"。

为工程设计安全计，取各场暴雨的 αF 关系平均线的上包线作为设计点暴雨量推求设计面暴雨量的依据。

$$P_{A设} = \alpha \times P_{0设}$$

式中　$P_{0设}$——单站设计暴雨量；

$P_{A设}$——流域设计面暴雨量。

计算设计面雨量时，由于大中流域点面雨量关系一般都很微弱，所以通过点面关系间接推求设计暴雨的偶然误差必然较大，在有条件的地区应尽可能采用直接法。

依据暴雨点面关系求设计面雨量是很容易的。例如在图 5-9 所代表的水文分区中的某流域，流域面积为 $500km^2$，流域中心百年一遇 1d 暴雨为 $300mm$，由图上查得点面系数 $\alpha = 0.92$，故该流域百年一遇 1d 面雨量为 $P_{1\%} = 0.92 \times 300 = 276mm$。

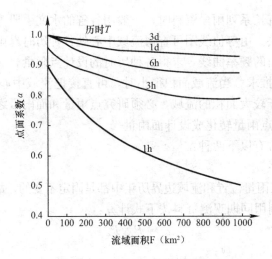

图 5-9　某水文分区定点定面暴雨点面关系曲线

2. 设计暴雨的时程分配

拟定设计暴雨过程的方法也与设计洪水过程线的确定类似。首先选定一次典型暴雨过程，然后以各历时设计雨量为控制进行缩放，即得设计暴雨过程。选择典型暴雨时，原则上应在各年的面雨量过程中选取。典型暴雨的选取原则：首先，要考虑所选典型暴雨的分配过程应是设计条件下比较容易发生的；其次，还要考虑是对工程不利的。所谓比较容易发生，首先是从量上来考虑，即应使典型暴雨的雨量接近设计暴雨的雨量；其次是要使所选典型的雨峰个数、主雨峰位置和实际降雨时数是大暴雨中常见的情况，即这种雨型在大暴雨中出现的次数较多。所谓对工程不利，主要是指两个方面：一是指雨量比较集中，例如 3d 暴雨特别集中在 1d 等；二是指主雨峰比较靠后，这样的降雨分配过程所形成的洪水洪峰较大且出现较迟，对工程安全将是不利的。为了简便，也可选择单站暴雨过程作典型。例如 1975 年 8 月在河南发生的一场特大暴雨，简称"75·8 暴雨"，历时 5d，板桥站总雨量 1451.0mm，其中 3d 为 1422.4mm，雨量大而集中，且主峰在后，曾引起两座大中型水库和不少小型水库失事。因此，该地区进行设计暴雨计算时，常选作暴雨典型。当难以选择某次合适的实际暴雨过程分配作典型时，最好取多次大暴雨进行综合，获得一个能反映大多数暴雨特性的概化综合暴雨分配作典型。

典型暴雨过程的缩放方法与设计洪水的典型过程缩放计算基本相同，一般均采用同频率放大法。即先由各历时的设计雨量和典型暴雨过程计算各段放大倍比，然后与对应的各时段典型雨量相乘，得设计暴雨在各时段的雨量，此即为推求的设计暴雨过程。具体方法见下面的算例。

【例 5-3】　某流域具有充分的雨量资料，求百年一遇设计暴雨过程。

【解】（1）计算各统计历时的设计雨量　对本流域面雨量资料系列进行频率计算，求得百年一遇的各种历时的设计面雨量见表 5-7。

某流域各统计历时设计面雨量　　　　　　　　　表 5-7

统计历时（d）	1	3	7
设计面雨量 $P_{1\%}$（mm）	108	182	270

（2）选择典型暴雨　对流域中某测站的特大暴雨过程资料进行分析比较后，选定暴雨核心部分出现较迟的 1955 年的一场大暴雨作为典型，其暴雨过程如表 5-8 所示。

（3）按同频率放大暴雨过程　根据典型暴雨过程，算得典型连续 1d、3d、7d 的最大暴雨量及其出现位置分别为：1d 最大（在第 6d 的）$P_{典1d}$＝63.2mm，3d 最大（在第 5～7d 的）$P_{典3d}$＝108.1mm；7d 最大（在第 1～7d 的）$P_{典7d}$＝148.6mm。然后结合各种历时设计面量求各段放大倍比为：最大 1d 的 K_1＝1.71，最大 3d 中其余 2 天的 K_{1-3}＝1.63，最大 7d 中其余 4d 的 K_{3-7}＝2.20，将这些倍比值填在表 5-8 中各相应的位置，用以乘当日的典型雨量，既得该表中最末一栏所列的设计暴雨过程。

某流域设计暴雨计算过程计算表　　　　表 5-8

时间（d）	1	2	3	4	5	6	7	合计
典型暴雨过程（mm）	13.8	6.1	20.0	0.2	0.9	63.2	44.4	148.6
放大倍数 K	2.20	2.20	2.20	2.20	1.63	1.71	1.63	
设计暴雨过程（mm）	30.3	13.3	44.0	0.4	1.6	108.1	72.4	270

5.3.2　设计净雨

设计暴雨扣除相应的损失，即得设计净雨。其计算方法一般有径流系数法、暴雨径流相关图法、蓄满产流模型法和初损后损法，可根据实际情况选用。本书主要介绍径流系数法和初损后损法。

1. 径流系数法

它把各种损失综合反映在径流系数中。对于某次暴雨洪水，求得流域平均雨量 P（mm）和地面径流深 R（mm）以后，即可求得这次暴雨的径流系数为 $\alpha=R/P$。根据若干次暴雨洪水的 α 值，加以平均，或为安全起见，选取多次 α 值中的较大或最大者，作为设计应用值。各地水文手册均载有暴雨径流系数值，可供参考使用。

径流系数往往随着暴雨强度的增大而增大，因此根据大暴雨资料求得的径流系数，可根据变化趋势修正，用于设计条件。

影响降雨损失的因素很多，一定流域的 α 值变化也是很大的。径流系数法没有考虑这些因素的影响，所以是一种粗估的方法，精度较低。

2. 初损后损法

（1）暴雨损失及分类

暴雨损失指降雨过程中由于植物截留、蒸发、填洼和下渗而损失的水量。暴雨量扣除损失量即得净雨量，也就是地表径流量，这就是推求暴雨损失的意义。

降雨发生后，部分雨水首先被植物的叶茎拦截，称植物截留。其截留量对一次降雨影响不大，即使在草类茂密、灌木丛生的地区，一次较大降雨中的截留损失也很难超过 10mm。降雨期间的蒸发量是指本次降雨落到地面然后蒸发或在洼地蓄水体表面上蒸发的那部分水量。由于降雨时空气湿度大，这部分蒸发损失很小，可以忽略不计，雨水被地面凹坑或洼地拦蓄的现象叫填挖，在一般地形下，一次降雨约损失 3～5mm，但如果地形特殊或有大量的人工蓄水工程（塘堰、小水库、梯田、稻田、蓄水等），填洼量则将大为增加，必须另行考虑。雨水从地面渗入土壤的现象叫作下渗，一次降雨的损失，主要表现为下渗损失。

（2）下渗

下渗不仅直接决定地面径流量的大小，同时也影响土壤水分的增长，以及地下水与地下径流的形成，是径流形成的一个重要影响因素。

1）下渗的物理过程：当降雨持续不断地降落在干燥土层表面上，雨水渗入土壤，渗入土中的水分，在分子力、毛细管力和重力的作用下发生运动。按水分所受的力和运动特征，下渗可分为3个阶段：①渗润阶段——下渗的水分主要受分子力的作用，被土壤颗粒吸收。若土壤十分干燥，这一阶段十分明显。当土壤含水量达到最大分子持水量时，分子力不再起作用，这一阶段结束。②渗漏阶段——下渗水分主要在毛管力、重力作用下，沿土壤孔隙向下作不稳定流动，并逐步充填土壤孔隙直至饱和，此时毛管力消失。③渗透阶段——当土壤水孔隙充满水达到饱和时，水分在重力作用下呈稳定流动。一般将前两个阶段统称渗漏阶段。渗漏属于非饱和水流运动，而渗透则属于饱和水流的稳定运动。在实际下渗过程中，这两个阶段并无明显分界，各阶段是相互交错运动的。

2）下渗曲线与下渗量累积曲线：单位时间内渗入单位面积土壤中的水量称为下渗率或下渗强度，记为 f，以 mm/min 或 mm/h 计。在一定垫面条件下，有充分供水时的下渗率则称为下渗能力。通常用下渗率或下渗能力随时间的变化过程来定量描述土壤下渗规律，如图 5-10 所示。下渗能力随时间的变化过程线简称下渗曲线，该曲线上 f_0 为初始下渗率。下渗最初阶段，下渗的水分被土壤颗粒吸收以及充填土壤孔隙，下渗率很大。随着时间的增长，下渗水量越来越多，土壤含水量也逐渐增大，下渗率逐渐降低。当土壤孔隙充满水，下渗趋于稳定，此时的下渗率称为稳渗率，记为 f_c。图 5-10 中的实线表示在充分供水的条件下两种不同粒径土壤的下渗曲线（称下渗率过程线，也叫下渗容量曲线），从图中可以看出土壤下渗率由大到小的变化过程。在充分供水的试验条件下，初始的下渗率 f_0 和土质有关，也与土壤的干湿状况有关。对于干燥土壤，f_0 一般可以达到 70～80mm/h 以上。稳渗率 f_c 只与土质有关，与降雨开始时的土壤含水量无关，如黄黏土的 f_c = 1.0～1.3mm/h，而细砂则可达到 7～8mm/h。

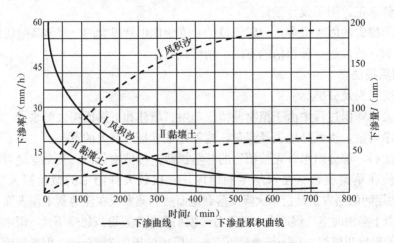

图 5-10　土壤的下渗曲线与下渗量累积曲线

上述的下渗规律可用数学模式来描述，如 R. E. 霍顿公式：

$$f = f_c + (f_0 - f_c)e^{\beta t}$$

式中 f——t 时刻的下渗能力，mm/min 或 mm/h；

　　　f_0——初始下渗率，mm/min 或 mm/h；

　　　f_c——稳定率，mm/min 或 mm/h；

　　　β——递减指数。

实际工作中，只需通过实验定出上述 f_0、f_c、β 的值，便可按公式求得某处的下渗能力曲线。但必须指出：流域各处的下渗能力将随着土壤地质条件和土壤含水量的不同而有较大的变化。为反映这一实际，可用实测降雨径流资料反推流域平均下渗能力曲线来近似代表，或用下渗能力地区分布函数描述。

除下渗曲线外，还可用下渗量累积曲线来表示下渗量在降雨过程中的变化。此曲线的纵坐标为自降雨开始至时刻 t 为止的这一时段内的下渗总量（mm），它随时间而递增，如图 5-10 中的虚线所示。下渗曲线和下渗量累积曲线之间是微分和积分的关系。下渗量累积曲线上任一点的切线斜率表示该时刻的下渗率，t 时段内下渗曲线下面所包围的面积则表示该时刻内的下渗量。

（3）设计净雨量的推求

由前述可知，暴雨降落地面后，由于土壤入渗、洼地填蓄、植物截留及蒸发等因素，损失了一部分雨量，而未损失的部分，即为净雨量。设计净雨量由设计暴雨推求，通常将该过程称为产流计算。推求设计净雨量的方法有：径流系数法、相关法、水量平衡和分阶段扣除损失法。不同流域可根据所具有的资料和条件采用相应的计算方法。这里只对常用的分阶段扣除损失法作简单介绍。

分阶段扣除损失法也称初损后损法，是下渗曲线法的一种简化方法。它把实际的下渗过程简化为初期损失和后期损失两个阶段，如图 5-11 所示。产流以前的总损失水量称为初损量，记为 I_0，包括蒸发、填洼、植物截留及产流前下渗的水量；后损量是流域产流以后下渗的水量；后损阶段的下渗率为平均下渗率 $\bar{f}$，后损历时以 t_c 表示，二者乘积即为后损量。暴雨扣除损失后的流域净雨总量与流域出口断面的地面径流总量是相等的，于是一次暴雨经过扣除损失后的设计净雨量以净雨深 R（mm）表示，按水量平衡方程可用下式计算：

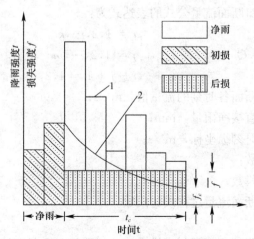

图 5-11 一次降雨过程初期损失、后期损失示意图

1—降雨过程；2—损失过程；

$\bar{f}$—后损的平均下渗率，mm/h；f_c—稳渗率，mm/h

$$R = P - I_0 - \bar{f} t_c \tag{5-11}$$

式中　P——一次暴雨的总降雨量，mm；

　　　I_0——初损量，mm；

　　　$\bar{f}$——后损的平均下渗率，mm/h；

　　　t_c——净雨历时或产流历时，s，h（或 min）。

5.3.3　设计洪水

设计净雨解决后，进一步的工作就是通过流域汇流计算，将设计净雨转化为流域出口的设计洪水过程。汇流计算，按净雨向流域出口汇集的路径和特性不同，分为地面径流和地下径流。由地面净雨进行地面汇流计算，求得出口的地面径流过程；由地下净雨进行地下汇流计算，求得出口的地下径流过程。二者叠加，即得推求的设计洪水过程。对于设计洪水而言，地面径流是主体，因此，主要论述地面汇流的计算方法，地下径流相对很小，常常按经验取大洪水的基流作为设计洪水的地下径流，无需再做复杂的计算。

目前流域汇流计算的方法很多，如经验单位线法、瞬时单位线法、等流时线法等，其中经验单位线法在我国应用较广泛，以下论述其计算原理和方法。

1. 单位线的基本概念

单位线是一种特定的地面洪水过程线，意义是在一个单位时段内、流域上均匀分布的一个单位净雨深所产生的流域出口断面洪水过程线。单位净雨深常取 10mm。单位时段可取 1h、3h、6h、12h 等，依流域大小而定。

采用单位线法进行汇流计算基于以下假定：

（1）倍比假定

如果单位时段内的净雨不是一个单位而是 k 个单位，则形成的流量过程是单位线纵坐标的 k 倍。

（2）叠加假定

如果净雨不是一个时段而是 m 个时段，则形成的流量过程是各时段净雨形成的部分流量过程错开时段叠加。

根据以上假定，出口断面流量公式的表达式为：

$$Q_i = \sum_{j=1}^{m} \frac{R_j}{10} q_{i-j+1} \begin{cases} i = 1, 2, \cdots, k \\ j = 1, 2, \cdots, m \\ i - j + 1 = 1, 2, \cdots, n \end{cases}$$

式中　Q_i——流域出口断面各时刻的流量值，m^3/s；

　　　R_j——各时段的直接净雨量，mm；

　q_{i-j+1}——单位线各时刻纵坐标，m^3/s；

　　　m——净雨时段数；

　　　n——单位线时段数；

　　　k——流域出口断面流量过程线时段数。

2. 单位线的推求

单位线利用实测的降雨径流资料来推求，一般选择时空分布较均匀、历时较短的降雨形成的单峰洪水来分析。根据地面净雨过程及对应的地面径流流量过程线，推算单位线的常用方法有直接分析法和试错优选法等。

（1）直接分析法

①从实测资料中选降雨、洪水过程，要求降雨时空分布较均匀，雨型和洪水呈单峰，洪水起涨流量小，过程线光滑；②推算净雨过程和分割直接径流，要求直接净雨等于直接径流深；③解线性代数方程组求不同时刻单位线的纵坐标。

$$q_i = \frac{Q_i - \sum\limits_{j=2}^{m} \dfrac{R_j}{10} q_{i-j+k}}{\dfrac{R_1}{10}} \begin{cases} i = 1,2,\cdots,n \\ j = 1,2,\cdots,m \end{cases} \tag{5-12}$$

【例 5-4】 某流域实测流量资料、分割地下径流后的地面径流过程以及推算出的地面净雨过程见表 5-9，试分析单位线。

【解】 本例净雨时段数 $m=2$，地面流量过程时段数 $k=20$，计算时段 $\Delta t = 12h$。由式（5-12）可得：

$$q_1 = \frac{Q_1}{h_1/10} = \frac{120}{15.7/10} = 76.4 \text{m}^3/\text{s}$$

$$q_2 = \frac{Q_2 - \dfrac{h_2}{10} q_1}{h_1/10} = \frac{275 - \dfrac{5.9}{10} 76.4}{15.7/10} = 146 \text{m}^3/\text{s}$$

$$q_3 = \frac{Q_3 - \dfrac{h_2}{10} q_2}{h_1/10} = \frac{737 - \dfrac{5.9}{10} 76.4}{15.7/10} = 415 \text{m}^3/\text{s}$$

即可推出单位线纵标，见表 5.9。

某河某站 1965 年 7 月一次洪水的单位线计算　　　　表 5-9

时间		实测流量	地下径流	地面径流	流域降雨	地面净雨 R_s	各时段净雨的地面径流（m³/s）		计算的单位线 $q_计$	修正后的单位线 q	用单位线还原的地面径流 $Q_还原$
（月.日.时）	时段（Δt）	（m³/s）	（m³/s）	（m³/s）	（mm）	（mm）	12.4mm	5.9mm	（m³/s）	（m³/s）	（m³/s）
(1)	(2)	(3)	(4)	(5)	(6)	(7)	(8)	(9)	(10)	(11)	(12)
7.21.06	0	80	80	0			0		0	0	0
12	1	110	81	29	32.2	12.4	29	0	23	23	29
18	2	1860	82	1778	15.7	5.9	1764	14	1423	1423	1779
22.0	3	1120	83	1037			198	839	160	338	1259
06	4	682	84	598			504	94	407	215	466
12	5	464	85	379			139	240	112	157	322
18	6	335	86	249			183	66	148	110	229
23.0	7	258	87	171			84	87	68	78	162
06	8	194	88	106			66	40	53	50	100
12	9	148	89	59			28	31	23	25	61
18	10	122	90	32			19	13	15	13	37
24.0	11	105	91	14			5	9	4	0	8
06	12	92	92	0				2			0
合计				4452（合 18.3mm）	47.9	18.3			2436（合 10.0mm）	2431（合 10.0mm）	4460（合 18.3mm）

实际上，流域汇流并非严格遵循倍比和叠加假定，实测资料及推算的净雨量也具有一定的误差，所以，分析法求出的单位线纵标有时会呈现锯齿状，甚至出现负值。此时可从后向前逆时序推算，或对推算出的单位线作光滑修正，但应保持单位线的总量为10mm。

该流域 $F=10048\mathrm{km}^2$，修正前单位线径流深为：

$$h = \frac{1}{F}\Sigma q\Delta t = \frac{1000}{10048\times 1000^2}\times 2271\times 12\times 3600 = 9.8\mathrm{mm}$$

修正后单位线见表5-9，径流深为：

$$h = \frac{1}{F}\Sigma q\Delta t = \frac{1000}{10048\times 1000^2}\times 2326\times 12\times 3600 = 10\mathrm{mm}$$

（2）试错优选法

用分析法推求单位线常因计算过程中误差累积太快，使解算工作难以进行到底，这种情况下比较有效的办法是采用试错优选法。

试错优选法是先假定一条单位线，按倍比假定计算各时段净雨的地面径流过程，然后将各时段净雨的地面径流过程按时程叠加，得到计算的总地面径流过程；若能与实测的地面径流过程较好地吻合，则所设单位线即为所求，否则，对原设单位线予以调整，重新试算，直至吻合较好为止。

3. 单位线的时段转换

分析单位线时使用的时段，有时不一定符合要求。例如降雨记录只有四段制的，即每6h观测一次，由此可分析得6h单位线，但实用上则需3h的单位线，这就是单位线的时段转换问题，视情况不同而采用不同的方法，其中最常用的是S曲线法。

所谓S曲线法，就是流域上保持一个强度恒为10mm/t的地面净雨，在流域出口形成的地面径流过程线$S(t)$，如图5-12所示，其形状很像英文字母S，故称S曲线。

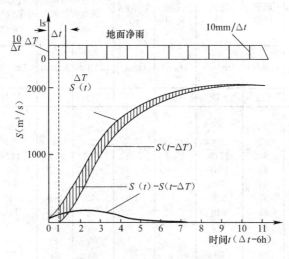

图5-12 单位线时段转换

S曲线就是单位线各时段累积流量和时间的关系曲线。由一系列单位线加在一起而构成，每一条单位线比前一条单位线滞后Δt。因时段净雨量连续不断，则地面径流量不断累积，至某一时刻，全流域净雨量参加汇流以后，径流量就成了不变的常数，其形状如S，如图5-12所示。

将已知时段为 Δt_0 的单位线 $q(\Delta t_0, t)$ 转换成时段为 Δt 的单位线 $q(\Delta t, t)$ 的步骤如下：

（1）根据时段为 Δt_0 的单位线 $q(\Delta t_0, t)$ 得到时段为 Δt_0 的 S 曲线 $S(t)$。

$$S(t) = \sum_{i=0}^{m} q_i(\Delta t, t)$$

（2）将两条时段为 Δt_0 的 S 曲线绘在同一张图上，并错开欲求单位线的时段长 Δt，如图 5-12 所示。两条 S 曲线同时刻纵坐标的差 $S(t) - S(t - \Delta t)$，就是 Δt 时段内强度为 $10/\Delta t_0$ 的净雨所形成的流量过程线，其总量等于 $10 \Delta t/\Delta t_0$。

（3）由于单位线应保持总径流量为 10mm，所以将各纵坐标差 $S(t) - S(t - \Delta t)$ 分别乘以 $\Delta t_0/\Delta t$，就得时段为 Δt 的单位线，用数学公式表示为：

$$q(\Delta t, t) = \Delta t_0/\Delta t [S(t) - S(t - \Delta t)]$$

最后得到的曲线就是时段为 Δt 的单位线 $q(\Delta t, t)$，其总量为 10mm。

【例 5-5】 试将表 5-10 中时段为 6h 的单位线转换为 3h 的单位线。

不同时段单位线转换计算表（$\Delta t = 6h$，$\Delta t = 3h$）（单位：m^3/s）　　　　表 5-10

时段 ($\Delta t = 6h$)	原 6h 单位线 q ($\Delta t, t$)	$S(t)$	$S(t-3)$	$S(t) - S(t-3)$	3h 单位线 $q(\Delta t, t)$
(1)	(2)	(3)	(4)	(5)	(6)
0	0	0	0	0	0
		(185)	0	185	370
1	430	430	185	245	490
		(765)	430	335	670
2	630	1060	765	295	590
		(1280)	1060	220	440
3	400	1460	1280	180	360
		(1600)	1460	140	280
4	270	1730	1600	130	260
		(1830)	1730	100	200
5	180	1910	1830	80	160
		(1980)	1910	70	140
6	118	2028	1980	48	96
		(2070)	2028	42	84
7	70	2098	2070	28	56
		(2120)	2098	22	44
8	40	2138	2120	18	36
		(2147)	2138	9	18
9	16	2154	2147	7	14
		(2154)	2154	0	0
10	0	2154	2154		
		(2154)	2154		

【解】 表 5-10 中第（1）、（2）栏为 $\Delta t = 6h$ 的单位线 $q(\Delta t, t)$，计算过程如下：从原单位线的 $S(t)$ 曲线上读取的数值，得第（3）栏；将 $S(t)$ 曲线向后平移 3h，得第（4）栏的 $S(t-3)$；将 $S(t) - S(t-3)$ 得第（5）栏，它是 3h 净雨 5mm 形成的地面径流过程；将 $S(t) - S(t-3)$ 乘以 $\Delta t_0/\Delta t = 2$，即得第（6）栏要推求的 3h 单位线。

4. 单位线法存在的问题及处理方法

单位线的两个假定不完全符合实际，一个流域上各次洪水分析的单位线常常有些不同，有时差别还比较大。在洪水预报或推求设计洪水时，必须分析单位线存在差别的原因并采取妥善的处理办法。

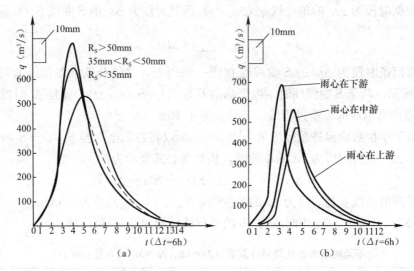

图 5-13　单位线受地面净雨强度及暴雨中心位置的影响
(a) 受地面净雨强度影响；(b) 受暴雨中心位置影响

(1) 净雨强度对单位线的影响及处理方法

在其他条件相同的情况下，净雨强度越大，流域汇流速度越快，由此洪水分析出来的单位线的洪峰比较高，峰现时间也提前；反之，由净雨强度小的中小洪水分析单位线，洪峰低，峰现时间也要滞后，如图 5-13 (a) 所示。

针对这一问题，目前的处理方法是：分析出不同净雨强度的单位线，并研究单位线与净雨强度的关系。进行预报或推求设计洪水时，可根据具体的净雨强度选用相应的单位线。

但必须指出，净雨强度对单位线的影响是有限度的，当净雨强度超过一定界限后，汇流速度将趋于稳定，单位线的洪峰将不再随净雨强度的增加而增加。

(2) 净雨地区分布不均匀的影响及处理方法

同一流域，净雨在流域上的平均强度相同，但当暴雨中心靠近下游时，汇流途径短，河网对洪水的调蓄作用减少，从而使单位线的峰偏高，出现时间提前；相反，暴雨中心在上游时，大多数的雨水要经过各级河道的调蓄才流到出口，这样使单位线的峰较低，出现时间推迟，如图 5-13 (b) 所示。

针对这种情况，应当分析出不同暴雨中心位置的单位线，以便洪水预报和推求设计洪水时，根据暴雨中心的位置选用相应的单位线。

当一个流域的净雨强度和暴雨中心位置对单位线都有明显影响时，则要对每一暴雨中心位置分析出不同净雨强度的单位线，以便将来使用时能同时考虑这两方面的影响。

5. 应用单位线推求设计洪水过程

【例 5-6】：试利用表 5-11 所给资料，采用单位线法计算洪水过程。

计算步骤如下：

【解】　根据表 5-11 第 (2) 栏流域降雨用初损后损法推算地面净雨过程，列于该表第

（3）栏。

根据该次降雨和净雨的情况选择相应的单位线，列于表5-11第（4）栏。

按照倍比假定，用单位线求各时段净雨的地面径流过程，结果列于表5-11第（5）、（6）栏。

按假定2将表5-11（5）、（6）栏同时刻流量叠加，得总的地面径流过程，列于第（7）栏。

该站的地面径流比较稳定，且量不大，近似取较大洪水的基流流量为$70m^3/s$，作为设计洪水期间的地下径流，列于表5-11第（8）栏。将（7）、（8）栏的地面、地下径流过程叠加，得第（9）栏要推求的设计洪水过程。

某河某站用单位线法由降雨推求洪水过程（$F=5253km^2$）　　　　表5-11

| 时段 $\Delta t=6h$ | 设计暴雨 P (mm) | 设计地面净雨 $R_{s,t}$ (mm) | 选用单位线 q (m^3/s) | 各时段净雨的地面径流过程（m^3/s） | | 总的地面径流过程 Q_s (m^3/s) | 地下径流过程 Q_g (m^3/s) | 设计洪水过程 Q (m^3/s) |
				37.0mm 的	10.3mm 的			
(1)	(2)	(3)	(4)	(5)	(6)	(7)	(8)	(9)
0	43.6	37.0	0	0		0	70	70
1	13.3	10.3	23	85	0	85	70	155
2	2.8	0	1423	5265	24	5289	70	5359
3			338	1251	1466	2717	70	2787
4			215	796	348	1144	70	1214
5			157	581	221	802	70	872
6			110	407	162	569	70	639
7			78	289	113	402	70	472
8			50	185	80	265	70	335
9			25	93	52	145	70	215
10			13	48	26	74	70	144
11			0	0	13	13	70	83
12					0	0	70	70
合计	59.7	47.3	2432	9000	2505	11505	910	12415

5.4　小流域设计洪水

5.4.1　小流域设计洪水的特点

小流域面积上的排水建筑物，有城市厂矿中排除雨水的管渠；厂矿周围地区的排洪渠道；铁路和公路的桥梁和涵洞；立体交叉道路的排水管渠；广大农村中众多的小型水库的溢洪道等。在设计时，需要求得该排水面积上一定暴雨所产生的相应于设计频率的最大流量，以便按照这个流量确定管渠或桥涵的大小。因此，水文学上常常作为一个专门的问题进行研究。

小流域面积的范围，当地形平坦时，可以大至$300\sim500km^2$；当地形复杂时，有时限制在$10\sim30km^2$以内。这主要取决于计算公式在推求过程中所依据的条件，在使用时需要特别注意。

与大、中流域相比，小流域设计洪水的计算具有以下特点：

（1）在小流域上修建的工程数量很多，而水文站很少，往往缺乏暴雨和流量资料，特别是流量资料。

(2) 小流域面积小，自然地理条件趋于单一，拟定计算方法时，允许作适当的简化，即允许作出一些概化的假定。例如假定短历时的设计暴雨时空分布均匀。

(3) 小型工程的数量较多，分布面广，计算方法应力求简便，使广大基层水文工作者易于掌握和应用。

新中国成立以来，由于建设事业蓬勃发展的需要，推算小流域暴雨洪峰流量的方法得到了不断完善，并取得了许多可喜的成果。目前我国各地区对计算小流域暴雨洪水的公式有：推理公式法、经验公式法、综合单位线法及水文模型等方法。本章主要介绍推理公式法和经验公式法。

(1) 推理公式。也称半理论半经验公式，着重推求设计洪峰流量，也兼顾时段洪量及洪水过程线的推求。它以暴雨形成洪水的成因分析为基础，考虑影响洪峰流量的主要因素，建立理论模式，并利用实测资料求得公式中的参数。其计算成果具有较好的精度，是国内外使用最广泛的一种方法。

(2) 地区经验公式。此法只推求设计洪峰流量，它是建立在某地区和邻近地区的实测洪水和调查洪水资料的基础之上，探求地区暴雨洪水经验性的规律，在使用时有一定的局限性。

在具体应用中采用哪一种方法应根据工程规模与当地条件决定。若有可能，多用几种方法计算，并通过综合分析比较，最后确定出设计洪峰流量。

5.4.2 小流域设计暴雨

1. 暴雨洪水形成过程

暴雨洪水的形成过程与径流形成过程是一样的，现用图 5-14 所示流域上一点 C 记录到的雨强变化过程。说明如下：在这次降雨过程中，当降雨强度扣除截留等损失后，其强度小于当时当地的土壤下渗率时，全部降雨都消耗于损失，此时尚未产生地面径流，这种情况一直延续到 t_3' 以后。当降雨强度逐渐增加，土壤由于雨水不断下渗，其下渗率逐渐降低，到 t_3' 时，降雨强度恰等于当时当地的下渗率。从强度方面看，地面应该开始产生径流。但由于此时尚未满足土壤的总吸水量，因此实际产生径流的时刻不是 t_3' 而是稍后的时刻 t_3。此后，在广大流域面积上普遍开始产生径流，其水量不断增加，逐渐汇入河网。同时，主河槽不断汇集各地的径流及沿途补充的降雨，并且水量由于沿途下渗与蒸发不断损失，最后流经出口断面，形成图 5-14 (b) 中的地面（洪水）径流过程。

在这次降雨趋于停止时，降雨强度逐渐减少到稳渗率的程度，地面径流逐渐消失，此即净雨终止的时刻 t_2。但河槽集流过程并未停止，它包括雨水由坡面汇入河网，直到全部流经出口断面时为止的整个过程，它的延续时间最长，比净雨历时和坡地漫流历时都要长得多，一直到 t_4 时刻为止，由这次暴雨产生的洪水过程才算终止。由 t_2 到 t_4 这段时间称为流域最大汇流时间，以 τ 表示，即流域最远点 A 的净雨流到出口断面 B 所经历的时间，如图 5-14 (b) 和图 5-14 (c) 所示。

上述由净雨过程演变为出口断面的洪水流量过程，属于水力学中复杂的明渠不稳定流计算范畴，目前在水文分析计算中均经过适当的简化，采用近似方法求解。常用方法有等流时线法、单位线法、瞬时单位线法和地貌单位线法等。下面介绍的暴雨洪峰流量的推理公式，是对流域汇流采用等流时线原理加以处理的。

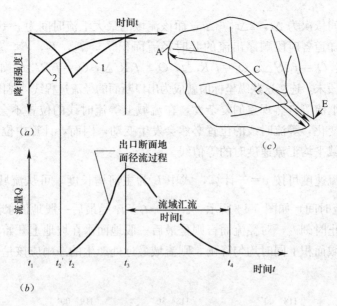

图 5-14　流域径流形成过程示意

(a) 暴雨扣损过程；(b) 洪水径流过程；(c) 流域平面图

1—降雨过程；2—下渗过程；t_1—降雨开始；t_2—净雨终止；

t_3—径流开始；t_4—径流终止

2. 等流时线原理

地面径流的汇集过程，包括坡地漫流和河槽集流两个相继发生的阶段，在分析计算时常常作为一个整体来处理，统称为流域汇流过程。

设某流域在单位时间 Δt 内有均匀净降雨量 R（mm），它向出口断面汇集的情况如下（见图 5-15）：最靠近出口断面处面积 f_1 上的净降雨总量 f_1R 最先流到，其次是稍远面积 f_2 上的 f_2R 流到，然后依次上溯到距离出口断面最远、汇流时间最长、靠近流域末端面积 f_4 上的水量 f_4R 最后流到。

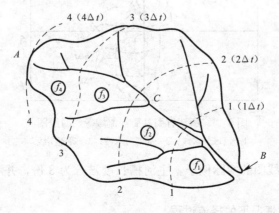

图 5-15　流域等流时线示意图

设想划分这些面积的界线具有这样的特性，即落在线上的净降雨通过坡地和河槽流到出口断面所需的汇流时间都相等，并称之为等流时线。由等流时线与流域分水线所构成的面积叫作等流时面积，亦称共时径流面积，以 f_1 表示，如图 5-15 所示。各等流时线到出口断面的汇流时间依次为 Δt，$2\Delta t$，$3\Delta t$，而该流域的最大汇流时间为 $\tau=4\Delta t$。

因此，只要知道各时段顺序出流的共时径流面积 f_1，f_2，f_3，f_4，就能计算出口断面处的流量过程：$Q_1=f_1R/\Delta t$，$Q_2=f_2R/\Delta t$，$Q_3=f_3R/\Delta t$，$Q_4=f_4R/\Delta t$，如将求得的各个流量点绘于各 Δt 时段末，连接这些纵坐标值就成为出口断面的径流过程线 [见图 5-10 (a)]。

由于降雨、汇流等自然现象的复杂性，在流域上等流时线的位置不会是固定不变的。随着汇流速度的变化，等流时线的位置必然会发生变动，因而，计算中位置不变的等流时线只是相当于流域平均汇流速度时的等值线。

流域平均汇流速度可按 $v=\dfrac{L}{\tau}$ 计算，式中 L 为主河槽长度，可从流域地形图上量得；τ 为流域最大汇流时间，如图 5-14 所示，$\tau=t_4-t_2$。t_4 是最后一股地面水流到出口断面的时刻，而净雨终止时刻 t_2，对径流而言则是最后一股地面水在坡地上开始向出口断面流出的时刻。如全流域面积上同时均匀降雨，则流域最远处产生的净雨应该是最后流出出口断面的那一股水。

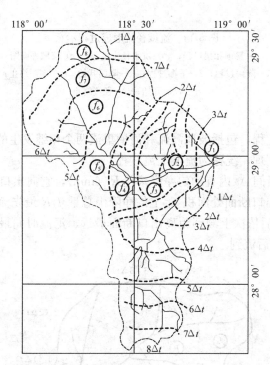

图 5-16 浙江省衢县衢江流域等六时线图
1—流域分水线；2—局部分水岭；3—等流实线

图 5-16 是等流时线图的实际例子，主河槽长度被分为 8 份，并考虑了流域内局部分水岭的影响。

5.4.3 不同净雨历时情况下的径流过程

如图 5-15 所示的流域，其地面径流过程，根据净雨历时 t_c 与流域汇流时间 τ 的相互关系，可分为以下三种情况。

（1）净雨历时小于流域汇流时间（$t_c<\tau$）

设一次均匀降雨的历时 $t_c=\Delta t$（h）；净雨深为 R（mm）；净雨强度 $i=R/\Delta t$（mm/

88

h)。它在出口断面 B 形成的地面径流，按上述等流时线原理可绘成如图 5-17（a）所示的地面径流过程线。Q_3 是洪峰流量，它是由最大共时径流面积 f_3 上全部净降雨汇集而成，为部分汇流形成的洪峰流量，即：

$$Q_3 = K \cdot \frac{R}{\Delta t} \cdot f_3 = K i f_3$$

式中，K——单位换算系数，当流量 Q 以 m^3/s 计，R 以 mm 计，f 以 km^2 计，如 Δt 以 h 计时，则 $K=0.278$；如 Δt 以 min 计时，则 $K=16.7$。

（2）净雨历时等于流域汇流时间（$t_c = \tau$）

设图 5-15 所示的流域上有一次非均匀降雨，如把降雨历时分成 4 个相等的时段，即 $t_c = 4\Delta t$，$\tau = 4\Delta t$，净雨量依次为 R_1，R_2，R_3 和 R_4，则出口断面的地面径流过程如表 5-12 所示。

$t_c = \tau$ 时出口断面的径流过程 表 5-12

净雨过程	流域出口断面径流出现的时序	流量过程线的横坐标 t	流量过程线的纵坐标 Q	产生径流的流域部位及其流量值			
				f_1	f_2	f_3	f_4
	第一时段开始	0	0	0			
R_1	第一时段末	Δt	Q_1	$K\dfrac{R_1 f_1}{\Delta t}$	0		
R_2	第二时段末	$2\Delta t$	Q_2	$K\dfrac{R_2 f_1}{\Delta t}$	$K\dfrac{R_1 f_2}{\Delta t}$	0	
R_3	第三时段末	$3\Delta t$	Q_3	$K\dfrac{R_3 f_1}{\Delta t}$	$K\dfrac{R_2 f_2}{\Delta t}$	$K\dfrac{R_1 f_3}{\Delta t}$	0
R_4	第四时段末	$4\Delta t$	Q_4	$K\dfrac{R_4 f_1}{\Delta t}$	$K\dfrac{R_3 f_2}{\Delta t}$	$K\dfrac{R_2 f_3}{\Delta t}$	$K\dfrac{R_1 f_4}{\Delta t}$
0	第五时段末	$5\Delta t$	Q_5	0	$K\dfrac{R_4 f_2}{\Delta t}$	$K\dfrac{R_3 f_3}{\Delta t}$	$K\dfrac{R_2 f_4}{\Delta t}$
	第六时段末	$6\Delta t$	Q_6		0	$K\dfrac{R_4 f_3}{\Delta t}$	$K\dfrac{R_3 f_4}{\Delta t}$
	第七时段末	$7\Delta t$	Q_7			0	$K\dfrac{R_4 f_4}{\Delta t}$
	第八时段末	$8\Delta t$	Q_8				0

洪峰流量出现于第四时段末（$t_c = 4\Delta t$），由全部流域面积 F 上的部分净降雨汇集而成，为全面汇流产生的洪峰流量 Q_m：

$$Q_m = Q_4 = K \cdot \left(\frac{R_4 f_1}{\Delta t} + \frac{R_3 f_2}{\Delta t} + \frac{R_2 f_3}{\Delta t} + \frac{R_1 f_4}{\Delta t} \right)$$

若全流域自始至终均匀净降雨，即 $R_1 = R_2 = R_3 = R_4 = R$，且 $F = f_1 + f_2 + f_3 + f_4$，则上式可改写为：

$$Q_m = K \cdot \frac{R}{\Delta t} \cdot F = K i F$$

按均匀净降雨绘制其过程线如图 5-17（b）所示。

（3）降雨历时大于流域汇流时间（$t_c > \tau$）

设一次均匀净降雨历时 $t_c = 5\Delta t$，洪峰流量 Q_m 由全部流域面积 F 上的部分净降雨汇集而成，Q_m 的数值与 $t_c = \tau$ 时求得的洪峰流量相同，只是它多延续了一个 $t_c - \tau = \Delta t$ 的时刻，因而使图 5-17（c）的过程线呈梯形形状。

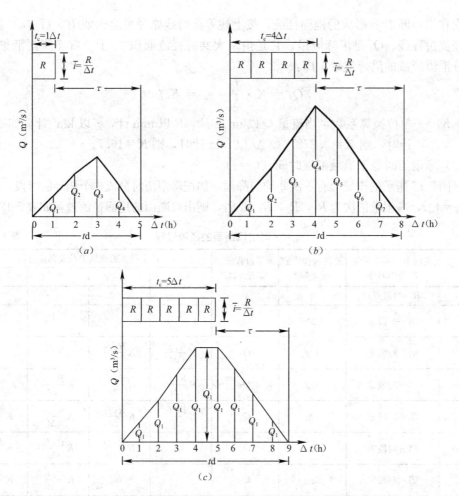

图 5-17　不同净雨历时情况下的径流过程

(a) $t_c < \tau$ 的部分汇流情况；(b) $t_c = \tau$ 的全面汇流情况；(c) $t_c > \tau$ 的全面汇流情况

按上述不同历时求得的径流过程线，往往与地面径流实测过程线不尽相符，这是由于用等流时线原理计算汇流过程的假定引起的，其主要假定是用不随时间地点而变的平均汇流速度 v 来代替因时因地而变的实际汇流速度。此外，它也没有考虑坡地漫流与河槽调蓄等问题。因此，苏联学者 A·B·奥几叶夫基建议用实测径流过程线对按等流时线原理推得的过程线进行一次综合的误差改正，以达到提高计算精度的目的。

（4）暴雨洪峰流量公式

从以上不同净雨历时推得的地面径流过程可以得出两个重要的结论：第一，当 $t_c < \tau$ 时，属于部分汇流产生洪峰流量，其值应为：

$$Q_m = K\bar{i}f_m \tag{5-13}$$

式中，f_m 为最大共时径流面积。因此，在部分汇流情况下，最大洪峰流量的大小与出现时间都与流域形状有密切关系。第二，当 $t_c \geqslant \tau$ 时，属于全面汇流产生洪峰流量，洪峰流量值为：

$$Q_m = K\bar{i}F \tag{5-14}$$

此外，总的地面径流历时 t_d，则不论是哪种情况，都等于净雨历时与流域汇流时间之和，即：

$$t_d = t_c + \tau$$

5.4.4 推理公式法

推理公式又称"合理化"公式。用推理公式求小流域设计洪峰流量是全世界各地区广泛采用的一种方法，发展至今已有 100 多年的历史。它是一种由暴雨推求洪水流量的方法。这类方法认为流域出口断面处形成的最大流量，是降落在流域上的暴雨经过产流与汇流两个阶段演变的结果。由于对暴雨、产流、汇流的处理方式不同，形成了不同形式的推理公式。但归纳起来，不外乎是净雨强度和汇流面积的乘积形式，见式（5-13）和式（5-14）这一点已在理论推导与实验中得到证明。随着生产实践的不断发展和科研工作的逐渐深入，现行推理公式在理论上和计算精度上都有了很大的提高。

1958 年水利水电科学研究院水文研究所提出的推理公式（以下简称水科院水文所公式），作为我国自己的一种计算方法，受到广泛的重视，公式的一般形式为：

$$Q_m = 0.278 \frac{\varphi A}{\tau^n} F \quad (\text{m}^3/\text{s}) \tag{5-15}$$

式中 φ——造峰暴雨的径流系数；

其他符号意义见后。

此法把洪峰流量的形成分为两种情况（$t_c < \tau$ 与 $t_c \geqslant \tau$），这是对推理公式理论的一个发展。在计算参数时采用了实测资料的综合分析成果，使该公式有一定的实用价值。

随着生产的不断发展，在水利和铁路以及一些科学研究部门对小流域洪峰流量的研究逐渐深入。1970 年由铁道部第一勘察设计院、中国科学院地理研究所、铁道部研究院西南研究所三单位合作成立的小流域暴雨径流研究组，进一步考虑了洪峰流量形成中汇流面积的分配和流域的调蓄作用，提出了计算洪峰流量的简化公式（以下简称铁一院两所公式），表达式如下：

$$Q_m = \left[\frac{k_1 \varphi P}{(x P_1)^n} \right]^{\frac{1}{1-ny}} = (C_1 C_2)^Z \tag{5-16}$$

式中 C_1——产流因素，$C_1 = K_1 \varphi$；

C_2——汇流因素，$C_2 = \dfrac{P}{(x P_1)^n}$；

Z——暴雨衰减系数（n）和汇流指数（y）的函数 $Z = \dfrac{1}{1-ny}$；

其他符号意义见后。

此公式计算比较简单，使用方便。

1. 水科院水文所公式

（1）洪峰流量 Q_m 的基本计算公式

如图 5-14 （c）所示，净雨沿 L 从 A 汇流到 B 的时间为 τ （h），当净雨历时 $t_c = \tau$ 时，按等流实线原理，可得洪峰流量：

$$Q_m = K \bar{i} F \tag{5-17}$$

式中，$\bar{i}$ 为净雨平均强度，按 τ 时段内最大的平均暴雨强度考虑，用洪峰径流系数扣除损失则有：

$$\bar{i} = \varphi i_\tau \qquad (5\text{-}18)$$

式中，i_τ 为历时 τ 的暴雨平均强度，引入暴雨公式，且 $K = 0.278$，则式（5-15）可写为：

$$Q_{\mathrm{m}} = 0.278\varphi\frac{A}{\tau^n}F \quad (\mathrm{m^3/s}) \qquad (5\text{-}19)$$

式中　A——设计频率暴雨雨力，mm/h；

　　　τ——流域汇流时间，h；

　　　n——暴雨强度衰减指数；

　　　φ——洪峰流量径流系数；

　　　F——流域面积，$\mathrm{km^2}$。

这就是在水科院水文所推求设计频率洪峰流量的基本算式。适用的流域范围：在多雨地区，视地形条件一般为 $300 \sim 500\mathrm{km^2}$ 以下；在干旱地区为 $100 \sim 200\mathrm{km^2}$ 以下，但不能应用于岩溶、泥石流及各种人为措施影响严重的地区。

（2）洪峰流量公式中参数的定量方法

1）φ 值的计算

由于影响因素复杂和地区不同，直接求洪峰流量径流系数 φ 值，不容易得到满意的结果。目前都采用间接的方法，即用扣除平均损失强度（平均下渗强度）的方法解决。平均下渗强度指产流期间损失强度的平均值，这里用 $\bar{f}$ 表示。水文所根据暴雨公式 $i = \dfrac{A}{t^n}$ 的数学性质把设计暴雨强度变化过程概化成图 5-18 的形式，并认为当瞬时暴雨强度 $i = f$ 时，是产生与不产生净雨的分界点，由此，可决定最大产流历时 t_{c}。

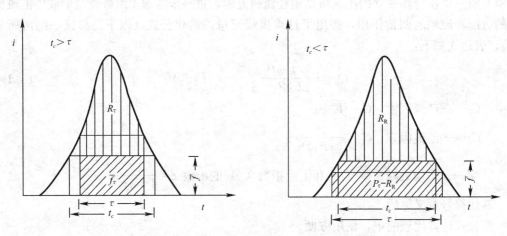

图 5-18　设计暴雨过程及最大产流历时 t_{c} 示意图

因历时为 t 的暴雨平均强度为：

$$\bar{i}_{\mathrm{t}} = \frac{A}{t^n} = At^{-n} \qquad (5\text{-}20)$$

则时段 t 内的总降雨量为：

$$P_{\mathrm{t}} = \bar{i}_{\mathrm{t}} t = At^{1-n} \qquad (5\text{-}21)$$

而历时为 t 的瞬时暴雨强度，可对上式微分求得：

$$i = \frac{\mathrm{d}P_t}{\mathrm{d}t} = \frac{\mathrm{d}}{\mathrm{d}t}(At^{1-n}) = (1-n)At^{-n} = (1-n)\overline{i_t}$$

参看图 5-18，当 $i=\overline{f}$ 时，$t=t_c$（产流历时），上式成为：

$$\overline{f} = (1-n)At^{-n} \tag{5-22}$$

$$\text{或} \quad \overline{f} = (1-n)\overline{i_{t_c}} \tag{5-23}$$

将式（5-22）移项后得：

$$t_c = \left[(1-n)\frac{A}{\overline{f}}\right]^{\frac{1}{n}} \tag{5-24}$$

在图 5-18 中，R_τ、R_R 分别表示不同历时情况产生洪峰的总净雨量。

当 $t_c > \tau$ 时，属于全流域面积汇流情况。此时，τ 时段的总降雨量 $P_\tau = A\tau^{1-n}$，而损失量则为 $\overline{f}\tau$，于是 τ 时段内的总净雨量 $R_\tau = P_\tau - \overline{f}\tau$，则：

$$\psi = \frac{R_\tau}{P_\tau} = \frac{P_\tau - \overline{f}\tau}{P_\tau} = 1 - \frac{\overline{f}\tau}{A\tau^{1-n}} = 1 - \frac{\overline{f}}{A}\tau^n \tag{5-25}$$

当 $t_c < \tau$ 时，属于部分流域面积汇流情况。此时，τ 时段的总降雨量仍为 P_τ，而损失量则为 $P_\tau - R_R$，其中 R_R 是本次降雨 $t=t_c$ 时所产生的总净雨量，即：

$$R_R = P_{t_c} - \overline{f}t_c = \overline{i_{t_c}}t_c - \overline{f}t_c = (\overline{i_{t_c}} - \overline{f})t_c$$

将式（5-23）带入得：

$$R_R = [\overline{i_{t_c}} - (1-n)\overline{i_{t_c}}] \cdot t_c = n\overline{i_{t_c}} \cdot t_c$$

将式（5-20）代入，此时，$t=t_c$，$\overline{i_t} = \overline{f_{t_c}}$

$$R_R = nAt_c^{-n}t_c = nAt_c^{1-n} \tag{5-26}$$

$$\text{于是} \quad \varphi = \frac{R_R}{P_\tau} = \frac{nAt_c^{1-n}}{A\tau^{1-n}} = n\left(\frac{t_c}{\tau}\right)^{1-n} \tag{5-27}$$

式（5-25）及式（5-27）表示径流系数 φ 与集流时间 τ，以及与 n、A、$\overline{f}$ 等的关系，反映了气象、地质与地形等因素的影响，表明了不同自然条件下各流域 φ 值随 τ 值得变化规律。

2）$\overline{f}$ 值的计算

用式（5-24）求 t_c 及用式（5-25）求 φ，都需要先定出损失参数 $\overline{f}$ 值。$\overline{f}$ 在推理公式中是综合反映流域产流过程中损失的参数。它不仅与土壤的透水性能、地区的植被情况和前期土壤含水量有关，而且与降雨的大小和时程分配的特征有关。因此，不同地区其数值不同，且变化较大。

由于 $\overline{f}$ 值不易确定，水文所主张利用当地暴雨洪水实测资料进行分析，如无实测资料，可查有关图表。

将式（5-24）代入式（5-25）得：

$$R_R = nA\left[(1-n)\frac{A}{\overline{f}}\right]^{\frac{1-n}{n}}$$

移项化简后可得 $\quad \overline{f} = (1-n)n^{\frac{n}{1-n}}\left(\frac{A}{R_R^n}\right)^{\frac{1}{1-n}} \tag{5-28}$

其中，R_R 为主雨峰产生的净雨量（见图 5-18）。推求 R_R 可通过设计暴雨量与地区的单峰暴雨洪水的暴雨径流相关关系确定。例如《湖南省小型水库水文手册》在利用式（5-28）确定 $\overline{f}$ 时，R_R 就是利用 24h 设计暴雨量，从 24h 综合暴雨径流相关图中查得的。

为了简化计算步骤和提高成果的精度，各省水文总站在综合分析了大量的暴雨洪水资料以后，都提出了确定值 $\overline{f}$ 的简便方法。如福建省在综合时，认为全省各地的 $\overline{f_{设}}$ 都相差不多，建议全省采用相同的 $\overline{f_{设}}=3.5\text{mm/h}$。江西省在进行综合时，把全省分为 4 个区，每区采用一个相同的 $\overline{f_{设}}$，全省 $\overline{f_{设}}$ 的范围为 $1.0\sim2.0\text{mm/h}$。

在未进行参数综合分析的地区，水文所根据我国的暴雨情况，以 24h 暴雨量 P_{24} 近似地代表一次单峰降雨过程进行分析，给出了各区的 24h 径流系数值 α（见表 5-13），资料来自湖南、浙江、辽宁等地区，因而式（5-28）中的 R_{R} 在无资料地区可按下式决定。

$$R_{R}=(1-\alpha)\frac{P_{24}}{24} \tag{5-29}$$

降雨历时等于 24h 的径流系数值 α　　　　　　表 5-13

地区	P_{24}	土壤		
		黏土类	壤土类	沙壤土类
山区	100～200	0.65～0.8	0.55～0.7	0.4～0.6
	200～300	0.8～0.85	0.7～0.75	0.6～0.7
	300～400	0.85～0.9	0.75～0.8	0.7～0.75
	400～500	0.9～0.95	0.8～0.85	0.75～0.8
	500 以上	0.95 以上	0.85 以上	0.8 以上
丘陵区	100～200	0.6～0.75	0.3～0.55	0.15～0.35
	200～300	0.75～0.8	0.55～0.65	0.35～0.5
	300～400	0.8～0.85	0.65～0.7	0.5～0.6
	400～500	0.85～0.9	0.7～0.75	0.6～0.7
	500 以上	0.9 以上	0.75 以上	0.7 以上

为应用方便，已将式（5-28）制成计算图，$\overline{f}$ 值一般根据 $\dfrac{A}{R_{R}^{n}}$ 及 n 值由图查得，如图 5-19 所示。

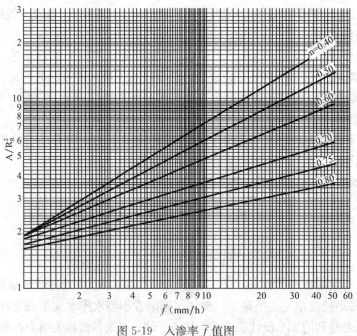

图 5-19　入渗率 $\overline{f}$ 值图

在产流历时 $t_c>24h$ 的情况下，$\overline{f}$ 值无须用图 5-19 查算，而按下式确定。

$$\overline{f} = (1-\alpha)\frac{P_{24}}{24} \tag{5-30}$$

3）τ 值的计算

最大流量计算公式（5-16）中的流域汇流时间 τ，不但与流域最远流程的汇流长度 L 有关，而且与沿流程的水力条件（如流量大小及流域比降等）有关，情况极为复杂。水文所采用平均流域汇流速度 v 来概括描述径流在坡面和河槽内的运动，则 τ 可表示为：

$$\tau = 0.278\frac{L}{v} \tag{5-31}$$

式中　τ——流域汇流时间，h；

　　　v——流域平均汇流速度，m/s；

　　　L——流域汇流长度，km；

　0.278——单位换算系数。

关于流域平均汇流速度 v，目前多采用下列近似的半经验公式表达：

$$v = mS^{\sigma}Q_{m}^{\lambda} \tag{5-32}$$

式中　m——汇流参数；

　　　S——沿最远流程的河道平均比降；

　　　Q_{m}——待定的洪峰流量，m³/s；

　　　σ,λ——经验指数。

σ 和 λ 与出口断面形状有关，如为抛物线形断面，则 $\sigma=\frac{1}{3}$，$\lambda=\frac{1}{3}$；如为矩形断面，则 $\sigma=\frac{1}{3}$，$\lambda=\frac{2}{5}$。对于一般山区性河道，都把出口断面近似地概化为三角形，采用 $\sigma=\frac{1}{3}$，$\lambda=\frac{1}{4}$，连同式（5-32）一起代入式（5-31）得：

$$\tau = \frac{0.278L}{mS^{1/3}Q_{m}^{1/4}} \tag{5-33}$$

再将上式代入式（5-16），即联立求解 Q_{m} 得：

$$Q_{m} = \left[(0.278)^{1-n}\varphi AF\left(\frac{mS^{1/3}}{L}\right)^{n}\right]^{\frac{4}{4-n}} \tag{5-34}$$

代入式（5-33）可得：

$$\tau = \frac{0.278^{\frac{3}{4-n}}}{\left(\frac{mS^{1/3}}{L}\right)^{\frac{4}{4-n}}(\varphi AF)^{\frac{1}{4-n}}} \tag{5-35}$$

若令　$\tau = \frac{0.278^{\frac{3}{4-n}}}{\left(\frac{mS^{1/3}}{L}\right)^{\frac{4}{4-n}}(AF)^{\frac{1}{4-n}}}$ \tag{5-36}

则流域汇流时间

$$\tau = \tau_{0}\varphi^{\frac{1}{4-n}} \tag{5-37}$$

从计算洪峰流量的基本公式和上述推导中，可以看出 φ 和 τ 是求解 Q_m 时需要确定的两个未知数，其中 φ 还是 τ 的函数，因此可用式（5-37）、式（5-25）和式（5-27）联立求解。

$$\text{当}\ \tau < t_c\ \text{时} \quad \left.\begin{array}{l} \varphi = 1 - \dfrac{\overline{f}}{A}\tau^n \\[2mm] \tau = \tau_0 \varphi^{\frac{1}{4-n}} \end{array}\right\} \tag{a}$$

$$\text{当}\ \tau > t_c\ \text{时} \quad \left.\begin{array}{l} \varphi = n\left(\dfrac{t_c}{\tau}\right)^{1-n} \\[2mm] \tau = \tau_0 \varphi^{\frac{1}{4-n}} \end{array}\right\} \tag{b}$$

当已知流域地形、土壤和气象资料时，即可用上述式（a）或式（b）求解 φ 和 τ。其中联立方程组（b）可以直接化为将已知量与未知量分开的计算式，即：

$$\varphi = \left[n\left(\frac{t_c}{\tau_0}\right)^{1-n} \right]^{\frac{4-n}{3}} \tag{5-38}$$

将上式代入式（5-15）即得 $\tau > t_c$ 时的洪峰流量计算公式：

$$Q_m = 0.278AF\left[\frac{nt_c^{1-n}}{\tau_0^{\frac{4-n}{4}}} \right]^{\frac{4}{3}} \tag{5-39}$$

t_c 可按式（5-24）求解，当径流系数 $\varphi = 1$ 时的洪峰流量汇流时间 τ_0。一般由式（5-36）计算或根据 AF，$\dfrac{mS^{1/3}}{L}$ 及 n 值，由图 5-20 查得。

但联立方程组（a）不能化为已知量与未知量分开计算的计算式。在实际计算时，由于洪峰流量及汇流时间都是未知量，无法事先直接判别它是属于全面汇流还是部分汇流情况，即不能事先确定应使用方程组（a）还是方程组（b）。因此，水文所将式（5-25）与式（5-27）绘制在同一张计算图上（见图 5-21），这样在使用时就不必事先判明 t_c 与 τ 何者为大，而由图 5-20 及图 5-21 直接求出所需的 φ 和 τ 值。

4）m 值的计算

式（5-31）中的汇流参数 m，相当于单位流量和比降为 1 时的流域汇流速度，由式（5-29）可得出：

$$m = \frac{0.278L}{S^{1/3}Q_m^{1/4}\tau} \tag{5-40}$$

它与山坡及河槽的糙率及流域的长度和比降有关，可以利用实测暴雨洪水对应观测资料求得。

因流域汇流时间 τ 不同，利用暴雨资料确定 m 值时，必须区分为全面汇流或部分汇流两种情况。

① $\tau > t_c$ 时为部分汇流。此时，将式（5-27）代入最大洪峰流量公式（5-15），即得：

$$\tau = 0.278\frac{R_R F}{Q_m} \tag{5-41}$$

因式中等号右方都可以由实测洪量与洪峰资料中获得，故可直接算出 τ 值。

② $\tau \leqslant t_c$ 时为全面径流。此时，将式（5-25）代入式（5-14）即得：

$$\tau = 0.278\frac{R_\tau F}{Q_m} \tag{5-42}$$

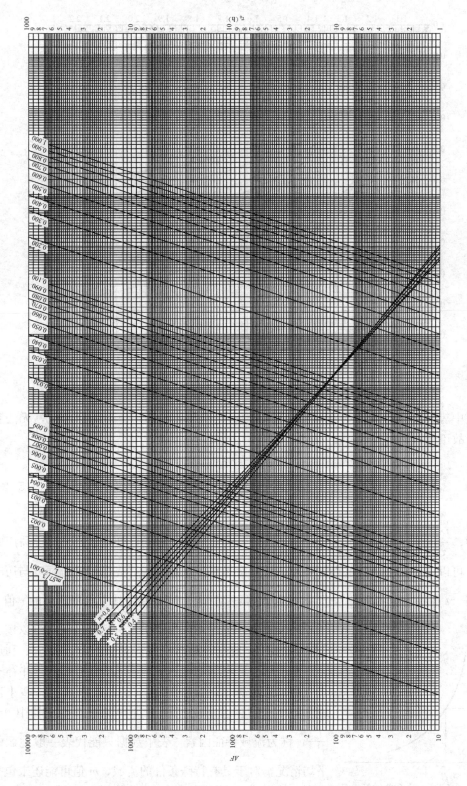

图 5-20 汇流时间 τ_0 图

97

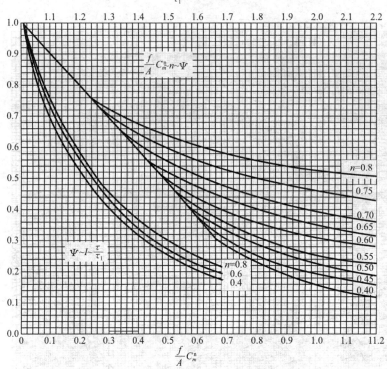

图 5-21　ψ、τ 曲线图

因式中等号右方的 R_τ 为 τ 的函数，是降雨历时等于汇流历时 τ 时的净雨量，无法直接测得，故不能直接由式（5-42）求 τ，需进行适当转换。

$$\begin{cases} \dfrac{R_\tau}{\tau} = \dfrac{Q_m}{0.278F} \\ \dfrac{R_\tau}{t} = f(t) \end{cases} \tag{5-43}$$

其中，$\dfrac{R_\tau}{\tau}$ 为 τ 历时的产流强度，而 Q_m 及 F 为实测资料中的已知量。产流强度与历时的关系，可以通过实测暴雨过程资料和分析这次暴雨洪水的损失，先求得产流强度与历时的关系 $\dfrac{R_t}{t}$—t 曲线（见图 5-22），然后根据式（5-43）求出 $\dfrac{R_t}{\tau}$，在曲线上查取相应的 τ 值。

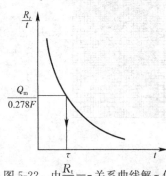

图 5-22　由 $\dfrac{R_t}{t}$—τ 关系曲线解 τ 值

当没有条件进行地区暴雨洪水资料分析时，可以按表 5-14 给出的 m 值进行估算。此表是按照上述方法，利用对广东、山西、湖南等地区资料所分析的 m 值，并补充了浙江、山东等 11 省区面积在 100km^2 以下的一些小流域和特小流域的参数分析值，进行综合而得，其中 $\theta = \dfrac{L}{S^{1/3}}$，称为流域特征因素。表中数据只能代表一般地区的平均情况，对于具有特殊条件的流域，m 值可能还未包括在表中；径流较小的干旱地区，m 值还会略有增加。

类别	雨洪特征、河道特性、土壤植被	流域特征因素 θ		
		1～10	10～30	30～90
Ⅰ	雨量丰沛、湿润的山区，植被条件优良，森林覆盖度可高达 70%以上，多为深山原始森林区，枯枝落叶层厚、壤中流较丰富，河床呈山区形大卵石、大砾石河槽、有跌水，洪水多呈缓落型	0.20～0.30	0.30～0.35	0.35～0.40
Ⅱ	南方、东北湿润山丘，植被条件良好，以灌木林、竹林为主的石山区，或森林覆盖度达 40%～50%，或流域内以水稻田或优良的草皮为主，河床多砾石、卵石，两岸滩地杂草丛生，大洪水多为尖瘦型，中小洪水多为矮胖型	0.30～0.40	0.40～0.50	0.50～0.60
Ⅲ	南、北方地理景观过渡区，植被条件一般，以稀疏林、针叶林、幼林为主的土石山区或流域内耕地较多	0.60～0.70	0.70～0.80	0.80～0.95
Ⅳ	北方半干旱地区，植被条件差，以荒草坡、梯田或少量的稀疏林为主的土石山区，旱作物较多，河道呈宽浅型，间歇性水流，洪水陡涨陡落	1.0～1.3	1.3～1.6	1.6～1.8

湖南省根据该省 16 个小面积测站 76 次洪水分析资料中的 m 值，综合出流域面积 F 与 m 的关系，如表 5-15 所示，供该省无资料地区选用。

流域面积 F（km²）	<1	1～20	20～100	100～150
汇流参数 m	0.4	0.6	0.8	1.1

在用推理公式推求小流域设计洪水时，应该使用本地区所建立的这种 m 值的定量关系。

5）流域特征参数 F，L，S 的确定

F 代表出口断面以上的流域面积。利用 1/50000～1/100000 的地形图或其他适当比例尺的地形图直接量取。如地形图精度不高或分水线不清楚时，要进行现场查勘及测量，以确定分水线的确切位置，流域面积的单位以 km² 计。

S 为沿 L 的坡地和河槽平均比降。可在地形图上量取自分水岭至出口断面的河槽纵断面图。如无地形图时，可直接沿河槽作高程测量，取得河槽纵断面图。根据纵断面图中沿程比降变化的特征点高程，用下式计算：

$$S = \frac{(Z_0 + Z_1)L_1 + (Z_1 + Z_2)L_2 + \cdots + (Z_{n-1} + Z_n)L_n - 2Z_0L}{L^2} \quad (5\text{-}44)$$

式中　Z_0，Z_1，$\cdots$，Z_n——自出口断面起沿流程各特征地面点高程；

L_1，L_2，$\cdots$，L_n——各特征点间的距离，参看图 5-23。

（3）设计洪峰流量 Q_m 的计算

应用水科院水文所方法计算 Q_m，需要具备下列几项基本资料：流域地形图和流域情况说明，作为确定流域特征值和选用参数时的参考；流域暴雨统计资料，或暴雨参数等值线图及频率查算表，用以确定暴雨参数。本地区对参数

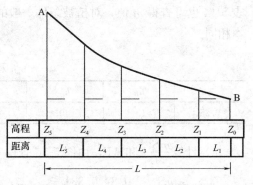

图 5-23　沿 L 长度的河槽纵断面图
（A 为分水岭，B 为出口断面）

m、$\bar{f}$进行综合分析的成果。如果缺少这部分资料而工程要求的精度允许时，可以利用表 5-13 和表 5-14 查算径流系数 α 和汇流参数 m 值。

具体计算以湖南省某水库推求百年一遇设计流量为例，说明其步骤及所用格式如下。

1) 确定流域特征值 F，L，S。由 1/50000 地形图算得，列入表 5-16。

流域特征值计算表　　　　表 5-16

F（km^2）	L（km）	S	$S^{1/2}$
34.6	9.25	0.0362	0.331

2) 由暴雨资料确定 $\overline{P_{24}}$、C_{v24}、n_1、n_2 等，并计算设计频率 $P=1\%$ 的最大雨力 A。由该暴雨等值线图查得 $\overline{P_{24}}$、C_{v24}，并设 $\tau>1h$，取 $n=n_2$ 列入表 5-17。

参数表　　　　表 5-17

$\overline{P_{24}}$	C_{v24}	K_p	$P_{24.1\%}$（mm）	n	A（mm/h）
100	0.4	2.31	231	0.70	89.2

表中：

按式（5-35）计算：

$$P_{24,1\%} = k_p \cdot \overline{P_{24}} = 2.31 \times 100 = 231\text{mm}$$

A 按式（5-36）计算：

$$A = \frac{P_{24,1\%}}{24^{1-n}} = \frac{231}{24^{1-0.7}} = 89.2\text{mm/h}$$

3) 根据流域条件确定 $\bar{f}$ 及 m，应用已知的 A 和 n_2，由地区综合的暴雨径流关系图确定 R_R。湖南省有湘水流域的 $P-P_a-t_{24}-R_R$ 相关图，并适用于该省各地，由该图查得 $=$ 197mm。当没有地区综合的暴雨径流关系时，可由表 5-13 确定 α 值，再用式（5-29）计算得 R_R。对于山区黏土类地表情况及 $P_{24}=231$mm 时，α 可选为 0.85。则 $R_R=\alpha P_{24}=231\times0.85=196.7$mm，与由地区相关图查得的结果十分接近。由图 5-14 可查得 $\bar{f}=1.90$mm/h，计算结果列入表 5-18。同理，汇流参数 m 值可应用湖南省的地区综合成果（见表 5-14），由流域面积 34.6km^2 查得 $m=0.8$。此外，因 $\theta=\dfrac{L}{S^{1/3}}=\dfrac{9.25}{0.33}\approx28$，则利用表 5-14 也可查得 m 值，对植被条件一般的土石地区（Ⅲ类地区），$m=0.7\sim0.8$。两者基本相同。

$\bar{f}$ 及 m 计算表　　　　表 5-18

α	h_R	h_R^n	A/h_R^n	$\bar{f}$（mm/h）	θ	m
0.85	197	40	2.23	1.90	28	0.8

4) 计算 $\dfrac{mS^{1/3}}{L}$ 和 AF，由图 5-16 查得 τ_0 值，也可以用式（5-36）计算。

先计算 $\dfrac{mS^{1/3}}{L}=\dfrac{0.8\times0.331}{9.25}=0.0286$ 及 $AF=89.2\times34.6=3086$

再据式（5-36）计算 τ_0 得：

$$\tau_0 = \frac{0.278^{\frac{3}{4-0.7}}}{0.286^{\frac{4}{4-0.7}} \times 3086^{\frac{1}{4-0.7}}} = 2.03\text{h}$$

与图 5-20 查出的十分接近。

5) 计算 $\dfrac{\overline{f}}{A}\tau_0^n$，由图 5-21 查 φ 及 $\dfrac{\tau}{\tau_0}$ 值，并计算 τ 值，见表 5-19，$\tau = 2.05\text{h}$，即 $\tau > 1\text{h}$，故设 $n = n_2$ 是正确的。

6) 将已算得的 τ 和 φ 代入式（5-16）计算洪峰流量 Q_m，以上三项计算列入表 5-19。

$\dfrac{\overline{f}}{A}\tau_0^n$ 计算表　　　　　　　　　　　表 5-19

$\dfrac{mS^{1/2}}{L}$	AF	τ_0 (mm)	τ_0^n	$\dfrac{\overline{f}}{A}\tau_0^n$	φ	τ/τ_0	τ (h)	τ^n	Q_m (m³/s)
0.0286	3086	2.03	1.64	0.0349	0.97	1.01	2.05	1.65	504

依据表 5-19 的数据，由式（5-15）得 Q_m：

$$Q_m = 0.278\,\frac{\varphi A}{\tau^n}F = 0.278 \times \frac{0.97 \times 89.2}{1.65} \times 34.6 = 504\text{m}^3/\text{s}$$

τ_0 和 τ 的指数 n 在一般情况下首先用 $n = n_2$ 计算，若求出的 $\tau < 1\text{h}$，再改用 $n = n_1$ 计算最大流量。但对特小流域（如 F 仅为几个 km²），也可以一开始就令 $n = n_1$ 来计算，此时若计算出的 $\tau > 1\text{h}$，再改用 $n = n_2$ 计算。

5.4.5　铁一院两所公式

（1）洪峰流量的物理模型和计算公式

铁一院两所（铁道部第一勘测设计院、中国科学院地理研究所、铁道部科学研究院西南研究所）研究组通过多次水文模型的专用试验表明：即使是规则的矩形流域，其共时径流面积与汇流时间之间也并非线性关系，共时径流面积增长速率并非常数。同时，净雨强度也随时间而变。通过理论分析和实验证明，洪峰流量发生的规律是：净雨强度和最大共时径流面积的乘积为最大时才能形成洪峰。可用图 5-24（a）的曲线表示净雨强度 i_1 随时间变化的关系，是一非线性的减函数。图 5-24（b）的曲线表示流域最大共时径流面积 f 随时间变化的关系，是一非线性的增函数。图 5-24（c）表示各对应时刻净雨与共时径流面积相乘形成流量的规律（该曲线不是流量过程线）。各时刻净雨和共时径流面积对应乘积所表示的流量 $i_1 f$，它沿时间坐标由小到大，到某时刻出现了流量的最大值。它的出现并不是 $t = \tau$ 时（即不在 $f = F$ 时），而是在某一特定时间，这个时间称为形成洪峰时间，或称造峰历时，并用 t_Q 表示。与其相应的（在 $f-t$ 曲线上的）共时径流面积，就是形成洪峰最大共时径流面积，或称造峰面积。因此，洪峰流量的基本计算模式应表示如下：

$$Q_m = [i_1 f]_{max} = [i_1 f]_t = t_Q \tag{5-45}$$

式中　i_1，f——均为时间 t 的函数。

据此原理推导，得洪峰流量 Q_m 的计算公式为：

$$\begin{cases} Q_m = 0.278\,\dfrac{\varphi A}{t_Q^n}PF \\ t_Q = P_1\tau \end{cases} \tag{5-46}$$

令
$$k_1 = 0.278AF \qquad (5\text{-}47)$$

则
$$\begin{cases} Q_m = k_1 \varphi P t_Q^{-n} \\ t_Q = P_1 \tau \end{cases} \qquad (5\text{-}48)$$

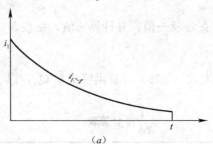

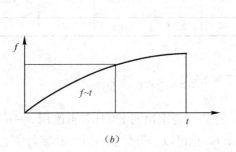 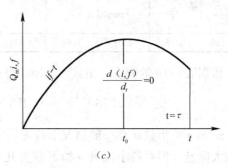

图 5-24　最大流量形成示意图

式中　φ——洪峰流量径流系数；

　　　P——造峰面积系数；

　　　t_Q——造峰历时，λ；

　　　P_1——造峰历时系数；

A，F，n，τ 同式（5-15）。

这就是铁一院两所的暴雨洪峰流量计算公式。适用于西北地区各省、区以及流域面积小于 100km^2 的小流域。

（2）洪峰流量公式中参数的定量方法

1）暴雨点面（雨量）折减系数 η

暴雨公式 $i = A/t^n$，是雨量站所在地点的暴雨强度，应用于较大流域（$F > 10\text{km}^2$）时，特别在西北地区暴雨笼罩面积甚小且不均匀分布程度较大的情况下，暴雨洪峰流量计算必须采用流域面积平均暴雨强度，还可以通过雨量折减系数把点雨量换算成面雨量来达到。折减系数 η 按下式计算：

$$\eta = \frac{\overline{P_F}}{P_0} \qquad (5\text{-}49)$$

式中　$\overline{P_F}$——面平均降雨量，mm；

　　　P_0——点最大暴雨量，mm。

经用等雨量线法对实际暴雨进行点面关系的分析后，得出一般地区小流域的点面雨量折减系数公式如下：

$$\eta = \frac{1}{1 + 0.016F^{0.6}} \qquad (5\text{-}50)$$

按照上式计算的值见表 5-20。

F (km²)	3	5	7	10	15	20	30	40	50	60	70	80	90	100
η	0.97	0.96	0.95	0.94	0.92	0.91	0.89	0.87	0.86	0.84	0.83	0.82	0.81	0.80

注：1. 当 F 为中间值时，η 可内插求出；
    2. 本表适用范围为 10~300km² 的流域。对新疆、青海境内部分干旱地区，对台风雨及黄梅雨的情况，η 值
       应予调整。

2）暴雨损失

考虑到暴雨损失不仅受流域土壤、地质、植被等条件及土壤前期含水量的影响，还受暴雨强度大小的影响，在产流期间，暴雨强度 i 大的损失强度 $\bar{f}$ 也大，它们之间存在如下关系：

$$\bar{f} = R\bar{I}^{r_1} \tag{5-51}$$

式中　$\bar{f}$ ——流域产流期内平均损失强度，不包括初期损失量，mm/h；

　　　$\bar{I}$ ——流域产流期内平均暴雨强度，mm/h；

　　　r_1 ——损失指数；

　　　R ——损失系数。

净雨量为暴雨量扣除损失以后的余水值，其强度即净雨强度 i_1 为：

$$i_1 = \bar{i} - \bar{f} \tag{5-52}$$

式中各种强度的时间单位均以 h 计。径流系数 φ 为净雨强度与暴雨强度的比值。

$$\varphi = \frac{i_1}{\bar{i}} = 1 - \frac{\bar{f}}{\bar{i}} \tag{5-53}$$

将式（5-51）代入得：

$$\varphi = 1 - \frac{R\bar{i}^{r_1}}{\bar{i}} = 1 - R\bar{i}^{r_1-1} \tag{5-54}$$

代入暴雨公式（5-21）中，则：

$$\varphi = 1 - RA^{r_1-1} t^{n(1-r_1)} \tag{5-55}$$

上式反映了径流系数的有关影响因素，其中只有暴雨历时 t 是变数。设计条件下，t 应为形成洪峰的汇流时间 t_Q，而 t_Q 与流域面积 F 有密切的关系。因此，利用上式将其中的 t 按土壤类别、地形等级和汇水面积的不同情况确定一个数值，并将 n 值固定制成径流系数 φ 值（见表 5-21），以供查用（其中土壤类别见表 5-22）。

3）河槽汇流因子 K_1 与山坡汇流因子 K_2

流域汇流过程，按其水力特性不同，可分为坡面汇流和河槽汇流两个阶段。在小流域汇流过程中，坡面汇流所占的比重较大，是一个不可忽视的因素。因此，坡面和河槽两部分的汇流应分别计算。

由水文模型试验可知：流域汇流时间 τ 基本上等于河槽汇流时间 τ_1 和坡面汇流时间 τ_2 的代数和：

$$\tau = \tau_1 + \tau_2 \tag{5-56}$$

河槽汇流速度 v_1 按以下半经验公式计算

$$v_1 = A_1 S_1^{0.35} Q_m^{0.30} \tag{5-57}$$

经流系数值 φ 表（φ＝1－$RA^{r_1-1}t^{n(1-r_2)}$）

表 5-21

土类	前期土壤水分	R	r_1	t(h)	F (km²) 高低山	F (km²) 丘陵	F (km²) 平坦	n=0.4（用于0.25~0.55）A (mm/h)					n=0.7（0.55~0.85）A (mm/h)					前期土壤水分对φ值改正数	
								20	40	70	100	200	20	40	70	100	200	湿润	干旱
II	中等	0.93	0.63	0.1	0.01~1.0	0.01~1.0	0.01~1.0	0.78	0.83	0.86	0.88	0.91	0.87	0.87	0.90	0.91	0.93	1.08	0.92
				0.2	1.01~5.0	1.01~5.0	1.01~5.0	0.76	0.81	0.85	0.87	0.90	0.80	0.84	0.87	0.89	0.91		
				0.4	5.01~20	5.01~20	5.01~20	0.73	0.79	0.83	0.85	0.89	0.76	0.81	0.85	0.87	0.90		
				0.6	20.01~50	20.02~50	20.01~50	0.72	0.78	0.82	0.84	0.88	0.73	0.79	0.83	0.85	0.89		
				0.8	50.01~100	50.01~100	50.01~100	0.70	0.77	0.81	0.83	0.87	0.71	0.78	0.82	0.84	0.88		
				1.0				0.69	0.76	0.81	0.83	0.87	0.69	0.76	0.81	0.83	0.87		
				2.5				0.65	0.73	0.78	0.81	0.85	0.61	0.70	0.76	0.79	0.83		
III	中等	1.02	0.69	0.1	0.01~1.0	0.01~1.0	0.01~1.0	0.70	0.76	0.80	0.82	0.85	0.76	0.80	0.83	0.88	0.88	1.12	0.87
				0.2	1.01~5.0	1.01~5.0	1.01~5.0	0.67	0.73	0.78	0.80	0.84	0.72	0.77	0.81	0.86	0.86		
				0.4	5.01~20	5.01~20	5.01~20	0.64	0.71	0.76	0.78	0.82	0.67	0.73	0.78	0.84	0.84		
				0.8	20.01~50	20.01~50	20.01~50	0.61	0.68	0.73	0.76	0.81	0.62	0.69	0.74	0.81	0.81		
				1.0	50.01~100	50.01~100	50.01~100	0.60	0.67	0.73	0.76	0.80	0.60	0.68	0.73	0.80	0.80		
				1.5				0.58	0.66	0.71	0.74	0.79	0.56	0.65	0.70	0.78	0.78		
				3.0				0.54	0.63	0.69	0.72	0.77	0.49	0.59	0.65	0.75	0.75		
IV	中等	1.10	0.76	0.1	0.01~1.0	0.01~1.0	0.01~1.0	0.57	0.64	0.68	0.71	0.75	0.64	0.69	0.73	0.75	0.79	1.25	0.87
				0.2	1.01~5.0	1.01~5.0	1.01~5.0	0.54	0.61	0.66	0.69	0.74	0.59	0.65	0.70	0.72	0.77		
				0.4	5.01~20	5.01~20	5.01~20	0.51	0.58	0.64	0.67	0.72	0.54	0.61	0.66	0.69	0.74		
				0.8	20.01~50	20.01~50	20.01~50	0.48	0.56	0.61	0.64	0.70	0.48	0.56	0.62	0.65	0.70		
				1.0	50.01~100	50.01~100	50.01~100	0.46	0.55	0.60	0.64	0.69	0.46	0.55	0.60	0.64	0.69		
				1.5				0.44	0.53	0.59	0.62	0.68	0.43	0.51	0.58	0.61	0.67		
				3.0				0.40	0.50	0.56	0.60	0.66	0.36	0.45	0.52	0.56	0.63		

续表

土类	前期土壤水分	R	r_1	t(h)	F (km²) 高低山	F (km²) 丘陵	F (km²) 平坦	n=0.4 (用于 0.25~0.55) A (mm/h) 20	40	70	100	200	n=0.7 (0.55~0.85) A (mm/h) 20	40	70	100	200	前期土壤水分对φ值改正数 湿润	干旱
V	中等	1.18	0.83	0.1	0.01~1.0	0.01~1.0	0.01~1.0	0.39	0.46	0.51	0.54	0.59	0.46	0.52	0.56	0.59	0.64	1.4	0.7
				0.2	1.01~5.0	1.01~5.0	1.01~5.0	0.36	0.44	0.49	0.52	0.57	0.41	0.48	053	0.56	0.60		
				0.4	5.01~20	5.01~20	5.01~20	0.33	0.41	0.46	0.49	0.55	0.36	0.44	0.49	0.52	0.57		
				0.8	20.01~50	20.01~50	20.01~50	0.30	0.38	0.44	0.47	0.53	0.31	0.39	0.44	0.48	0.53		
				1.0	50.01~100	50.01~100	50.01~100	0.29	0.37	0.43	0.46	0.52	0.29	0.37	0.43	0.46	0.52		
				2.0				0.26	0.34	0.40	0.44	0.50	0.23	0.32	0.38	0.41	0.48		
				3.5				0.23	0.31	0.38	0.41	0.48	0.18	0.27	0.34	0.37	0.44		
VI	中等	1.25	0.9	0.1	0.01~1.0	0.01~1.0	0.01~1.0	0.16	0.21	0.26	0.28	0.33	0.21	0.26	0.30	0.33	0.37	1.60	0.60
				0.2	1.01~5.0	1.01~5.0	1.01~5.0	0.13	0.19	0.23	0.26	0.31	0.17	0.23	0.27	0.30	0.34		
				0.4	5.01~20	5.01~20	5.01~20	0.11	0.17	0.21	0.24	0.29	0.13	0.19	0.23	0.26	0.31		
				0.8	20.01~50	20.01~50	20.01~50	0.08	0.14	0.19	0.22	0.27	0.09	0.15	0.20	0.22	0.28		
				1.5	50.01~100	50.01~100	50.01~100	0.06	0.12	0.17	0.20	0.25	0.05	0.11	0.16	0.19	0.24		
				3.0				0.03	0.10	0.15	0.18	0.23	①	0.06	0.12	0.15	0.21		
				4.0				0.02	0.09	0.14	0.17	0.22	①	0.05	0.10	0.13	0.19		

① 为不产流。

105

土壤类别表 表 5-22

土壤	II	III	IV	V	VI
特征	黏土地下水位较高（0.3~0.5m）盐碱土地面；土壤瘠薄的岩石地区；植被差、轻微风化的岩石地区	植被差的砂质黏土地面；戈壁滩；土层较薄的土石山区；植被中等、风化中等的山区；北方地区坡度不大的山间草地	植被差的黏质砂土地面；风化严重的土石山区；草滩较密的山丘区或草地；人工幼林或土层较薄、中等密度的林区；水土流失中等的黄土原地区	植被差的一般沙土地面；土层较厚的森林茂密的区；有大面积水土保持措施、治理较好的土质山区	无植被松散的沙土地面；茂密并有枯枝落叶层的原始森林
地区举例	燕山、太行山区、秦岭北坡山区	陕北黄土高原丘陵山区，峨眉径流站丘陵区及山东崂山等地	峨眉径流站高山区；湖南龙潭及短陂桥径流站；广州径流站	广东北江部分地区；土层较厚郁闭度在70%以上的森林地区	东北原始森林区及西北沙漠边缘地区

$$\tau_1 = 0.278 \frac{L_1}{v_1} = \frac{0.278 L_1}{A_1 S_1^{0.35} Q_m^{0.30}} \tag{5-58}$$

式中 τ_1——主河槽内洪水汇流时间，h；

L_1——主河槽长度，km；

v_1——河槽内洪水平均汇流速度，m/s；

S_1——流域出口断面附近河槽平均坡度，‰；

Q_m——需要计算的设计洪峰流量，m^3/s；

0.278——单位换算系数；

A_1——主河槽流速系数，按表 5-23 查取，若 m_1 或 α 超过表列数值范围时，可按式（5-59）计算。

$$A_1 = 0.0526 m_1^{0.705} \frac{\alpha^{0.175}}{(\alpha + 0.5)^{0.47}} \tag{5-59}$$

式中 m_1——河槽糙率系数，计算流速时，取沿程平均糙率；

α——河槽扩散系数，是计算河段水深等于 1m 时的河槽宽度的一半。

坡面汇流速度 v_2 按以下经验公式计算：

$$v_2 = A_2 S_2^{1/3} L_2^{1/2} Q_m^{1/2} F^{-1/2} \tag{5-60}$$

河槽流速系数 A_1 值表 表 5-23

m_1 \ A_1	α											主河槽形态特征
	1	2	3	4	5	7	10	15	20	30	50	
5	0.135	0.120	0.110	0.102	0.097	0.089	0.081	0.072	0.067	0.059	0.05	丛林郁闭度占75%以上的河沟，有大量漂石堵塞的山区型弯曲大的河床；草丛密生的河滩
7	0.172	0.152	0.140	0.131	0.124	0.113	0.103	0.092	0.085	0.076	0.065	丛林郁闭度占60%以上的河沟，有较多漂石堵塞的山区型弯曲大的河床；又杂草、死水的沼泽型河沟；平坦地区的梯田漫滩地

A_1 \ m_1	α											主河槽形态特征
	1	2	3	4	5	7	10	15	20	30	50	
10	0.220	0.195	.180	0.167	0.158	0.145	0.132	0.118	0.109	0.097	0.084	植物覆盖度 50% 以上，有漂石堵塞的河床；河床弯曲有漂石及跌水的山区型河槽，山丘型冲田滩地
15	0.293	0.259	0.239	0.222	0.210	0.193	0.175	0.157	0.145	0.129	0.112	植物覆盖度 50% 以下，有少量堵塞物的河床
20	0.358	0.318	0.292	0.272	0.257	0.236	0.214	0.192	0.177	0.158	0.137	弯曲或生长杂草的河床
25	0.420	0.372	0.342	0.318	0.301	0.276	0.251	0.225	0.207	0.185	0.166	杂草稀疏，较为平坦、顺直的河床
30	0.479	0.424	0.390	0.363	0.344	0.315	0.286	0.257	0.236	0.211	0.181	平坦通畅顺直的河床

而

$$\tau_2 = 0.278 \frac{L_2}{v_2} = \frac{0.278 L_2^{0.5} F^{0.5}}{A_2 S_2^{1/3} Q_{\mathrm{m}}^{0.5}} \tag{5-61}$$

式中　τ_2——坡面平均汇流时间，h；

　　　L_2——坡面平均长度，km；

　　　v_2——坡面平均汇流速度，m/s；

　　　F——流域面积，km²；

　　　S_2——坡面平均坡度，‰；

　　　A_2——坡面流速系数，主要反映坡面糙率对流速的影响，根据实际情况由表 5-24 查得。

坡度流速系数 A_2 值表　　　　　　　　　　表 5-24

类别	地表特征	举例	变化范围	一般情况
路面	平整夯实的土、石质路面	沥青或混凝土路面	0.05～0.08	0.07
光坡	无草的土、石质路面；水土流失严重造成许多冲沟的坡地	陕北黄土高原水土流失严重地区	0.035～0.05	0.045
疏草地	种有旱作物，植被较差的坡地；稀疏草地、戈壁滩。对于坡地平顺，植被较差、水土流失明显的坡地，卵石较少的戈壁滩，取较大值；对土层薄有大片基岩外露，植被覆盖差、有些小坑洼的坡面取较小值	新疆戈壁滩；青海胶结砾沙土地区；植被较差的北方坡地及疏草地，山西太原径流站	0.02～0.035	0.025
荒草坡、疏林地、梯田	覆盖度为 50% 的中等密草地；郁闭度为 30% 左右的稀疏林地。对无树木的北方旱作物坡耕地取较大值；对疏林内有中密草丛、带田埂的梯田或水田者取较小值	拉萨、林周地区，秦岭北坡山区、四川峨眉径流站保宁丘陵区；山东发成站，湖北小川站，浙江南燕站，福建造水站等	0.005～0.01	0.007
一般树林及平坦区水田	树林郁闭度为 50% 左右，林下有中密草丛；灌木丛生较密的草丛；地形较平坦、治理较好的大片水田流域。对中等密度的幼林，丘陵（水）田取较大值。树林郁闭度为 50% 以上的成林，地形平坦、简易蓄水工程（如冬水田、小堰等）较多的水田地区取较小值	陕西黄龙森林区，四川峨眉径流站伏虎山区和十里山平坦区，浙江白溪站，湖南宝盖洞及龙潭站，山东崂山站，广州广东站和新政站，湖北铁炉坳等	0.005～0.01	0.007

类别	地表特征	举例	变化范围	一般情况
森林密草	树林郁闭度 70% 以上，林下并有草被或落叶层；茂密的草灌丛林。对原始森林及林下有大量枯枝落叶层者取较小值	东北原始森林，海南茂密草灌丛林地区等	0.003～0.005	0.004

将式 (5-58) 和式 (5-61) 代入式 (5-56)，即得流域汇流时间 τ 的计算式：

$$\tau = 0.278 \left(\frac{L_1}{A_1 J_1 Q_m^{0.30}} + \frac{L_2 F^{0.5}}{A_2 J_2^{1/3} Q_m^{0.5}} \right) \tag{5-62}$$

若令

$$K_1 = 0.278 \frac{L_1}{A_1 S_1^{0.35}} \tag{5-63a}$$

$$K_2 = 0.278 \frac{L_2 F^{0.5}}{A_2 S_2^{1/3}} \tag{5-63b}$$

则流域汇流时间为：

$$\tau = \frac{K_1}{Q_m^{0.30}} + \frac{K_2}{Q_m^{0.50}} \tag{5-63}$$

式中　K_1，K_2——河槽汇流因子和山坡汇流因子。

K_1，K_2 反映了流域河槽和坡面的水流运动条件（如调蓄能力及流域形状等）对流域汇流的影响。

4）造峰历时系数与造峰面积系数 P

流域共时径流面积 f 的分配和相应汇流时间 t 的分配，经过理论推演与大型水文模型室内试验证明，它们之间的关系是一种抛物线形的关系，其方程如下：

$$1 - \frac{f}{F} = \left(1 - \frac{t}{\tau} \right)^r \tag{5-64}$$

对于洪峰流量的形成而言，上式就是最大共时径流面积分配曲线的方程式，其中 r 是一个综合性指数，它反映流域汇流运动的条件，其中包括流域形状与调蓄作用等的影响，对各种不同自然情况下的小流域实测资料进行分析后得出。

$$r = 2.1(K_1 + K_2)^{-0.06} \tag{5-65}$$

式中　K_1 及 K_2——汇流特征值，用式 [5-63a、b] 计算，r 的平均值一般在 15～25 之间。

将式 (5-65) 移项，得：

$$\frac{f}{F} = 1 - \left(1 - \frac{t}{\tau} \right)^r$$

在形成洪峰的条件下，汇流时间 $t = t_Q$，相应共时径流面积 $f = f_Q$，则上式成为：

$$\frac{F_Q}{F} = 1 - \left(1 - \frac{t_Q}{\tau} \right) \tag{5-66}$$

式中　$\dfrac{F_Q}{F}$——形成洪峰共时径流面积与流域面积的比值，称为形成洪峰共时径流面积系数，简称造峰面积系数，用 P 表示：

$$P = \frac{F_Q}{F} \tag{5-67}$$

$\dfrac{t_Q}{\tau}$——形成洪峰汇流时间与流域汇流时间的比值，称为形成洪峰历时系数，简称造峰历时
系数，用 P_1 表示：

$$P_1 = \frac{t_Q}{\tau} \tag{5-68}$$

据此，式（5-68）可化为：

$$P = 1 - (1 - P_1)^r \tag{5-69}$$

按照 $Q_m = [i_1 f]_{max}$ 的条件，经过推演，可以得出 P_1 与暴雨衰减指数 n 和流域综合性
指数 r 值具有下列函数关系：

$$nC_n = \frac{rP_1(1-P_1)^{r-1}}{1-(1-P_1)r} \tag{5-70}$$

令

$$nC_n = n' \tag{5-71}$$

其中

$$C_n = \frac{1 - r_1 k_2}{1 - k_2} \tag{5-72}$$

而

$$k_2 = RA^{r_1 - 1} \tag{5-73}$$

式中　r_1——损失指数；

R——损失系数。

不同 r_1 及时的 C_n 值可由表 5-25 查得。为了计算方便，已将式（5-70）制成曲线图以
供使用。用图 5-25 可直接由 n' 于 r 值查出 P_1 值。已知 P_1 值，可由式（5-69）计算 P 值，
或由图 5-26 查出 P 值。

C_n 值表　　表 5-25

k_2 \ r_2	0.60	0.65	0.70	0.75	0.80	0.85	0.90
0.10	1.04	1.04	1.03	1.03	1.02	1.02	1.01
0.12	1.05	1.05	1.04	1.03	1.03	1.02	1.01
0.14	1.07	1.06	1.05	1.04	1.03	1.03	1.02
0.16	1.08	1.07	1.06	1.05	1.04	1.03	1.02
0.18	1.09	1.08	1.07	1.06	1.04	1.03	1.02
0.20	1.10	1.09	1.08	1.06	1.05	1.04	1.03
0.22	1.11	1.10	1.09	1.07	1.06	1.04	1.03
0.24	1.13	1.11	1.10	1.08	1.06	1.05	1.03
0.26	1.14	1.12	1.11	1.09	1.07	1.05	1.04
0.28	1.16	1.14	1.12	1.10	1.08	1.06	1.04
0.30	1.17	1.15	1.13	1.11	1.09	1.06	4.04
0.32	1.19	1.17	1.14	1.12	1.09	1.07	1.05
0.34	1.21	1.18	1.16	1.13	1.10	1.08	1.05
0.36	1.23	1.20	1.17	1.14	1.11	1.08	1.06
0.38	1.25	1.21	1.18	1.15	1.12	1.09	1.06
0.40	1.27	1.23	1.20	1.17	1.13	1.10	1.07
0.42	1.29	1.25	1.22	1.18	1.14	1.11	1.07
0.44	1.31	1.27	1.24	1.20	1.16	1.12	1.08
0.46	1.34	1.30	1.26	1.21	1.17	1.13	1.08
0.48	1.37	1.32	1.28	1.23	1.18	1.14	1.09
0.50	1.40	1.35	1.30	1.25	1.20	1.15	1.10

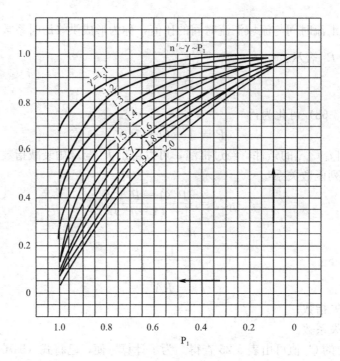

图 5-25 P_1 值

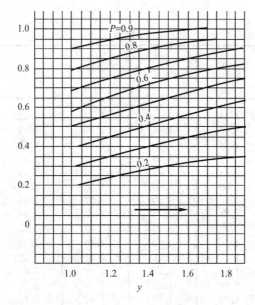

图 5-26 P 值, $P = 1 - (1 - P_1)r$

(3) 设计洪峰流量计算的简化方法

计算设计洪峰流量的基本公式为:

$$\begin{cases} Q_m = 0.278\varphi \dfrac{A}{t_Q^n} PF \\ t_Q = P_1\tau \end{cases}$$

把式（5-63）代入式（5-47）得：

$$t_Q = P_1\tau = P_1\left[\frac{K_1}{Q_m^{0.30}} + \frac{K_2}{Q_m^{0.50}}\right] \tag{5-74}$$

上式括号内的流域汇流时间 τ，可以用下面的近似公式代替：

$$\frac{K_1}{Q_m^{0.30}} + \frac{K_2}{Q_m^{0.50}} = \frac{x}{Q_m^y} \tag{5-75}$$

用 $Q_m = 3$ 及 300 代入上式并联立解出 x，y 值为：

$$x \approx K_1 + 0.95K_2 \tag{5-76}$$

$$y = 0.5 - 0.5\lg\frac{3.129\dfrac{K_1}{K_2}+1}{1.246\dfrac{K_1}{K_2}+1} \tag{5-77}$$

式（5-77）比较复杂，制成表 5-26 后，就可直接由 $\dfrac{K_1}{K_2}$ 查出 y 值来。

将式（5-75）代入式（5-74）得：

$$t_Q = P_1\frac{x}{Q_m^y} \tag{5-78}$$

y 值表 表 5-26

$\frac{K_1}{K_2}$	0.16	0.07	0.08	0.09	0.10	0.12	0.14	0.16	0.18	0.20	0.22	0.24	0.26	0.28
y	0.479	0.475	0.472	0.469	0.466	0.461	4.456	0.452	0.447	0.443	0.439	0.436	0.432	0.429
$\frac{K_1}{K_2}$	0.30	0.32	0.34	0.36	0.38	0.40	0.42	0.44	0.46	0.48	0.50	0.52	0.54	0.56
y	0.426	0.423	0.420	0.417	0.414	0.412	0.410	0.407	0.405	0.403	0.401	0.399	0.397	0.396
$\frac{K_1}{K_2}$	0.58	0.60	0.62	0.64	0.66	0.68	0.70	0.72	0.74	0.76	0.78	0.80	0.82	0.84
y	0.394	0.392	0.391	0.389	0.388	0.386	0.385	0.383	0.382	0.381	0.380	0.378	0.377	0.376
$\frac{K_1}{K_2}$	1.14	1.16	1.18	1.20	1.25	1.30	1.35	1.40	1.45	1.50	1.55	1.60	1.65	1.70
y	0.363	0.362	0.361	0.360	0.359	0.357	0.356	0.354	0.353	0.352	0.351	0.350	0.348	0.347

联立求解方程（5-46）和方程（5-79），便可得到化简后的洪峰流量公式：

$$Q_m = \left[\frac{0.278\varphi APF}{(xP_1)^n}\right]^{\frac{1}{1-ny}} \tag{5-79a}$$

$$\text{或 } Q_m = \left[\frac{k_1\varphi P}{(xP_1)^n}\right]^{\frac{1}{1-ny}} \tag{5-79b}$$

$$\text{或 } Q_m = [C_1C_2]^z \tag{5-79}$$

式中　C_1——产流因素，$C_1 = k_1 \varphi = 0.278 \varphi A F$；

　　　　C_2——汇流因素，$C_2 = \dfrac{P}{(xP_1)^n}$；

　　　　Z——由暴雨与汇流因素决定的一个指数，一般在 $1.1 \sim 1.5$ 之间变化。

用式 (5-79) 计算流量时，因为暴雨强度公式中的 n 值分为 n_1 与 n_2，而 t_0 的分界一般固定为 1.0h，所以代入流量公式中的 n_1 或 n_2 应与计算时间 t_Q 相适应。是否如此，可用式 (5-78) 来检验，即：

$$t_Q = P_1 x Q_{\mathrm{m}}^{-y} \tag{5-80}$$

在实际计算中，对于较小流域一般先用短历时的 n_1，较大流域则先用长历时的 n_2。

综上所述，整个计算只要有流域地形图及现场踏勘资料，利用编制好的各个参数图表便可进行。所以特别适用于研究不够或基本没有进行过研究的地区。现举例说明用其推求小流域设计洪峰流量的步骤。

【例 5-7】　我国西北地区某小河，流域面积 $F = 10\mathrm{km}^2$，主河槽长度 $L_1 = 6.36\mathrm{km}$，其平均坡度 $S_1 = 28.3‰$，山坡平均长度 $L_2 = 0.628\mathrm{km}$，其平均坡度 $S_2 = 315‰$，河槽流速系数 $A_1 = 0.222$（$m_1 = 15$，$\alpha = 4$），山坡流速系数 $A_2 = 0.03$，土壤类别为 Ⅲ 类，$R = 1.02$，$r_1 = 0.69$，暴雨公式采用 $i = A/t^n$ 形式，频率为 1‰ 的点雨力为 $A_{点} = 69\mathrm{mm/h}$，$n_1 = 0.60$，$n_2 = 0.75$，$t_0 = 1.0\mathrm{h}$。要求计算其百年一遇的设计洪峰流量。

【解】

对于较小流域，首先假设 $t_Q < t_0$，应用 $n = n_1 = 0.60$ 计算洪峰流量。

(1) 计算暴雨雨力 $A = \eta A_{点}$，查表 5-27，由 $F = 10\mathrm{km}^2$ 得 $\eta = 0.94$。

$$A = 0.94 \times 69 = 65\mathrm{mm/h}$$

(2) 计算 K_1，K_2 与 x，y，r 值

$$K_1 = \frac{0.278 L_1}{A_1 S_1^{0.35}} = \frac{0.278 \times 6.36}{0.222 \times 28.3^{0.35}} = 2.47$$

$$K_2 = \frac{0.278 L_2^{0.5} F^{0.5}}{A_2 S_2^{1/3}} = \frac{0.278 \times 0.628^{0.5} \times 10^{0.5}}{0.03 \times 315^{1/3}} = 3.41$$

由 $\dfrac{K_1}{K_2} = \dfrac{2.47}{3.41} = 0.72$，查表 5-27 得 $y = 0.383$。按式 (5-76) 得：

$$x = K_1 + 0.95 K_2 = 2.47 + 0.95 \times 3.41 = 5.71$$

由式 (5-65) 得：

$$r = 2.1(K_1 + K_2)^{-0.06} = 2.1 \times (2.47 + 3.41)^{-0.06} = 1.89$$

(3) 计算 k_1 及 k_2

由式 (5-47) 及 (5-73) 求 k_1 及 k_2：

$$k_1 = 0.278 A F = 0.278 \times 65 \times 10 = 181$$

$$k_2 = R A^{r_1 - 1} = 1.02 \times 65^{0.69 - 1} = 0.28$$

(4) 由表 5-26 查得 $C_{\mathrm{n}} = 1.12$，按式 (5-71) 得：

$$n' = n C_{\mathrm{n}} = 0.6 \times 1.12 = 0.672$$

(5) 据 $n' = 0.672$，$r = 1.89$，查图 5-24 求出 $P_1 = 0.53$，按式 (5-69) 得：

$$P = 1 - (1 - P_1)^r = 1 - (1 - 0.53)^{1.89} = 0.76$$

(6) 根据流域面积 $F = 10\mathrm{km}^2$，暴雨雨力 $A = 65\mathrm{mm/h}$ 和地形等级（低山），$n = 0.60$，

由表 5-21 查得径流系数 $\varphi=0.78$。

(7) 按式 (5-79b) 计算 Q_m

$$Q_m = \left[\frac{k_1 \varphi P}{(xP_1)^n}\right]^{\frac{1}{1-ny}} = \left[\frac{181 \times 0.78 \times 0.76}{(5.71 \times 0.53)^{0.6}}\right]^{\frac{1}{1-0.6 \times 0.383}} = 183 m^3/s$$

(8) 按式 (5-77) 计算造峰历时 t_Q

$$t_Q = P_1 x Q_m^{-y} = 0.53 \times 5.71 \times 183^{-0.383} = 0.412h$$

$t_Q < t_0$，与假设相符，且与径流系数 φ 表中 $t_Q=0.4$ 相接近，$Q_m=183 m^3/s$ 即为所求。

第6章 地下水的储存及分布

地球上的水以气态、液态及固态三种形式存在于大气圈、水圈和岩石圈中。大气圈中的水降落到地面称为大气降水；地表上的江、河、湖、海中的水称之为地表水；埋藏在地表以下岩石孔隙、裂隙、溶隙中的水称之为地下水。三者之间遵循一定规律相互转化，并构成统一的动态平衡系统。由于赋存空间和介质的差异性，地下水与地表水在性质上与动力学条件上存在显著差别。地壳中的岩石是地下水储存、运动的重要介质，而构成地壳岩石的三大类型—沉积岩、岩浆岩、变质岩，程度不同地存在有一定的空隙，这就为地下水的形成、储存与循环提供了必要的空间条件。因此，研究地下水储存空间的分布及其特征就成为研究地下水行为特征的重要基础。

6.1 岩石的空隙及水文地质性质

6.1.1 岩土中的空隙与水

1. 岩石的空隙性

自然界中构成地壳的岩石，无论是松散堆积物还是坚硬基岩，都具有多少不等、形状各异的空隙，甚至十分致密坚硬的花岗岩的裂隙率也达 $0.02\% \sim 1.9\%$。由于岩石性质和受力作用的不同，空隙的形状、多少及其连通与分布具有很大的差别，如图 6-1 所示。通常把岩石的这些特征统称为岩石的空隙性。

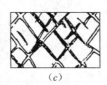

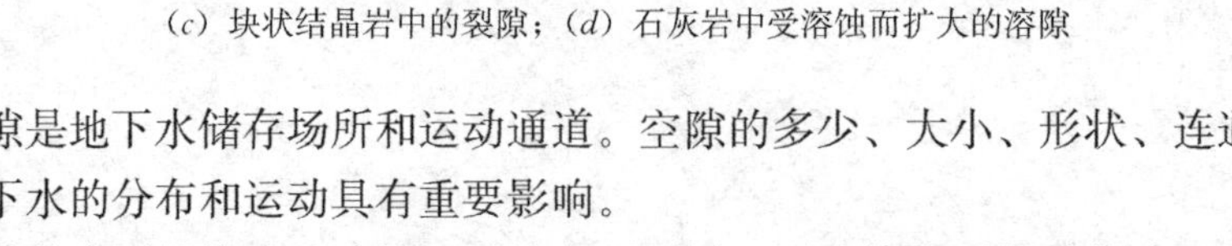

(a)　　　　　　(b)　　　　　　(c)　　　　　　(d)

图 6-1 岩石的各种空隙

(a) 分选及浑圆度良好的砾石；(b) 砾石中填充砂粒；
(c) 块状结晶岩中的裂隙；(d) 石灰岩中受溶蚀而扩大的溶隙

岩石空隙是地下水储存场所和运动通道。空隙的多少、大小、形状、连通情况和分布规律，对地下水的分布和运动具有重要影响。

鉴于空隙的成因是构成孔隙性差异的主要原因，因此将岩石空隙作为地下水储存场所和运动通道研究时，按照成因可把空隙分为三类，即：松散岩石中的孔隙、坚硬岩石中的裂隙和溶岩石中的溶隙。

（1）孔隙

松散岩石是由大小不等的颗粒组成的。颗粒或颗粒集合体之间的空隙，称为孔隙，如图 6-1 (a) 和图 6-1 (b) 所示。

岩石中孔隙体积的多少是影响其储容地下水能力大小的重要因素。孔隙体积的多少可用孔隙度表示。孔隙度是指某一体积岩土（包括孔隙在内）中孔隙体积所占总体积的比例，可表示为：

$$孔隙度(n) = \frac{孔隙的体积}{松散岩石的总体积} \times 100\% \tag{6-1}$$

孔隙度的大小与下列几个因素有关：

1) 岩石的密实程度：岩石的密实程度直接影响松散介质的孔隙度。由几何学可知，等球状颗粒组成的松散岩石，孔隙度与颗粒大小无关，与颗粒的排列方式有关。当颗粒呈立方体形式排列时，如图 6-2（a）所示，其孔隙度为 47.64%；成四面体形式排列（又称最密实排列）时，如图 6-2（b）所示，其孔隙度显著减少，只有 25.95%。自然界中均匀颗粒的普遍排列方式是介于二者之间，即孔隙度平均值应为 37%。实际上自然界一般较均匀的松散岩石，其孔隙度大都在 30%～35% 之间，基本上接近理论平均值。

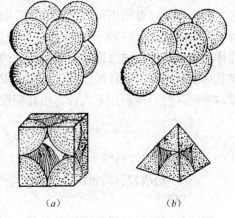

图 6-2　颗粒的排列形式
（a）立方体排列（松散状态）；
（b）四面体排列（密实状态）

此外，岩石的压密作用，往往促使松散岩石中的颗粒进行重新排列，并逐渐趋于稳定的四面体排列方式。因此，堆积较早或埋深较大的松散岩石的孔隙度相对较小。

2) 颗粒的均匀性：颗粒的均匀性常常是影响孔隙的主要因素，颗粒大小越不均一，其孔隙度就越小，这是由于大的孔隙被小的颗粒所填充的结果，参见图 6-1（b），此时其孔隙度为两种颗粒孔隙度的乘积，即 $n = n_1 \times n_2$。例如较均匀的砾石孔隙度可达 35%～40%；而砾石和砂石混合后，其孔隙度减少到 25%～30%；当砂砾中还混有黏土时，其孔隙率尚不足 20%。

松散岩石的均匀性分析，在水文地质工作中常用粒度机械分析法，对于砂质岩石一般采用筛分分析法的不均匀系数 f 进行量化评价，f 值越大，组成松散岩石的颗粒越不均匀。$f = d_{60}/d_{10}$，d_{60} 与 d_{10} 分别为颗粒累计含量的 60% 与 10% 处的粒径。d_{10} 称有效粒径，根据试验确定的不均匀岩石的渗透系数相当于其有效粒径 d_{10} 等粒径的渗透系数。

3) 颗粒的形状：一般松散岩石颗粒的浑圆度越好，孔隙度越小。例如黏土颗粒多为棱角状，其孔隙度可达 40%～50%，而颗粒近圆形的砂，其孔隙度一般为 30%～35%。

4) 颗粒的胶结程度：当松散岩石被泥质或其他物质胶结时，其孔隙度就大大降低。

综合上述，松散岩石孔隙度是受多种因素影响的，只有当岩石越松散、分选越好、浑圆度和胶结程度越差时，孔隙度才越大；反之孔隙度就越小。

黏土的孔隙度往往可以超过上述理论上最大孔隙度值。这是因为黏土颗粒表面常带有电荷，在沉积过程中黏粒聚合，可以形成直径比颗粒还大的结构孔隙。此外，黏性土中往往还发育有虫孔、根孔、干裂缝等次生空隙。

显然，对于黏性土，决定孔隙大小的不仅仅是颗粒大小及排列，结构孔隙及次生孔隙的影响也是不可忽视的。

表 6-1 中列出自然界中主要松散岩石孔隙度的参考数值。

松散岩石孔隙度参考数值（据 R. A. Freeze）　　　　表 6-1

岩石名称	砾石	砂	粉砂	黏土
孔隙度变化区间	25%～40%	25%～50%	35%～50%	40%～70%

孔隙度的测定有各种各样的方法。为了概略地了解砂类土（砾石、粗砂、中砂及细砂等）的孔隙度，可采用最简便的方法：取一量筒，装入所要测定的烘干的砂样（如用专门取样器取原状土更好），测定出砂样体积后向量筒中注水，当水面刚覆盖砂面时，说明砂样体的全部孔隙已被水饱和，此时注入的水量可认为是孔隙的体积。测得了孔隙体积和砂样总体积便可算出砂样的孔隙度。当要求得孔隙度的准确值时，可先测定岩石的干重力密度与密度，然后再利用下式计算出孔隙度：

$$n = 1 - \frac{\delta}{\gamma} \times 100\% \tag{6-2}$$

式中　δ——松散岩石的干重力密度；

γ——松散岩石的密度。

（2）裂隙

固结的坚硬岩石受地壳运动及其他内外地质应力作用下岩石破裂变形产生的空隙称之为裂隙。裂隙的基本特征与其成因密切相关，可分为成岩裂隙、构造裂隙和风化裂隙。

1）成岩裂隙

是指岩石在成岩过程中形成的原生空隙。快速冷凝（岩浆岩）或压实脱水（沉积岩）的成岩环境，是成岩裂隙发育的基本条件。成岩裂隙主要存在于岩浆岩中，其中以玄武岩中的柱状节理最有意义。此外，浅成侵入岩的边缘部分，成岩裂隙也较发育。反之，中酸性火山岩、深成侵入岩、沉积岩中的成岩裂隙均不发育，且多闭合。

2）构造裂隙

指构造变动中岩石由应力而产生的破裂和错位形成的劈理、节理裂隙与断位，统称构造裂隙，其中劈理和节理裂隙按一定的化学规律，在一定的岩性中呈区域性分布，其宽度和延伸有限，具层控型，称区域构造裂隙；断层则呈带状定向分布，延伸长，宽度大，两盘岩层常发生错位，并形成一定宽度的断层破碎带，为局部性构造裂隙。

影响构造裂隙发育因素有：①岩石的力学性质与厚度：常见在同一构造应力条件下，裂层坚硬岩石裂隙不发育；塑性岩石以形变释放应力；脆性岩石因抗剪强度大于抗拉强度，引裂隙发育。②岩石的埋深和所处构造部位：因岩压的作用，使构造裂隙的发育随埋深的增加而减弱、消失；同时，在相同埋深条件下，背斜和向斜轴部等应力集中部位的裂隙相对发育。③构造运动的性质与频率：一般来说，构造运动越强烈，越频繁的地区，构造裂隙也越发育。

3）风化裂隙

是在风化作用下形成的岩石空隙，风化裂隙分布较均匀，常在岩石风化壳形成互相连通的网状裂隙带。它随埋深而递减，内部多填充，发育深度一般为 10～50m，在构造裂隙发育的局部地区可达百米以下。

风化裂隙的发育受诸多因素影响：①岩性：单一稳定矿物组成的岩石（如石英岩）不

易风化；流质岩等软弱岩石，风化后大多呈土状或充填的小裂隙；最易风化的是多种深层侵入岩。②气候：气候可以改变岩石的抗风化能力，如砂岩在以化学风化为主的湿热条件下，表现相对稳定；但在干旱寒冷以物理风化为主的环境下，抗风化能力变弱。物理风化产生张性裂隙，而化学风化等岩石的矿物成分发生变化，易产生黏性土充填裂隙，透水性差。③地形：一些地形陡峭的山区，尤其是山脊的两侧，因重力作用造成岩石稳定性下降，抗风化能力变弱，裂隙发育，但不易保存，风化壳薄；反之，地形平缓的地区丘陵区，岩石较稳定，抗风化能力强，裂隙发育相对较差，但风化壳易保存，厚度大。

岩石的裂隙一般呈裂缝状，其长度、宽度、数量、分布及连通性等空间上差异很大，与空隙相比，裂隙具有明显的不均匀性。裂隙岩石的空隙性在数值上用裂隙率（K_T）来表示，其表达式为：

$$裂隙率(K_T) = \frac{裂隙的体积}{岩石的总体积} \times 100\% \tag{6-3}$$

裂隙率的测定多在岩石露头处或坑道中进行。测定岩石露头的面积 F，逐一测量该面积上的裂隙长度 L 与平均宽度 b，便可按下式计算其裂隙度（面裂隙率）：

$$K_T = \frac{\sum L \cdot b}{F} \times 100\% \tag{6-4}$$

常见岩石裂隙率的经验值 表 6-2

岩石名称	裂隙率（%）	岩石名称	裂隙率（%）
各种砂岩	3.2～15.2	正长岩	0.5～2.8
石英岩	0.008～3.4	辉长岩	0.6～2.0
各种片岩	0.5～1.0	玢岩	0.4～6.7
片麻岩	0～2.4	玄武岩	0.6～1.3
花岗岩	0.02～1.9	玄武岩流	4.4～5.6

表 6-2 所列各值是指岩石的平均值，对于局部岩石来说裂隙发育可能有很大的差别。例如同一种岩石，有的部位裂隙率可能小于1%，有的部位则可达到百分之几十。因此，裂隙率的统计要重视其代表性，应考虑岩性的变化和构造部位的不同。

（3）溶隙：可溶岩（石灰岩、白云岩、石膏）中的各种裂隙，被水流溶蚀扩大成为各种形态的溶隙，甚至形成巨大的溶洞，这种现象又称岩溶或喀斯特。岩溶形成的具备条件为透水的可溶岩和具有溶蚀能力的水流。此类岩石的空隙性在数量上常用岩溶率 K_K 来表示，即：

$$岩溶率(K_K) = \frac{溶隙的体积}{可溶岩石的体积} \times 100\% \tag{6-5}$$

在地下水的长期作用下，溶蚀裂隙可发展为溶洞、暗河、竖井、落水洞等多种形式。由此可见，溶隙与裂隙相比在形状、大小等方面显得更加千变万化。细小的溶蚀裂隙常和体积达数百乃至数十万立方米的巨大地下水库或暗河纵横交错在一起，它们有的互相穿插、连通性好；有的互相隔离，各自"孤立"。溶隙的另一个特点是岩溶率的变化范围很大，由小于1‰到百分之几十。常常在相邻很近处岩溶的发育程度却完全不同，而且在同一地点的不同深度上亦有极大变化。

岩溶率的测定，一般可根据钻孔中取出的岩芯来计算，其方法是顺着钻进的方向在岩芯上选择能代表溶隙发育程度的 3 条线，然后逐一量得各线段上各个溶隙岩芯方向上的长度 d，如每条线上的溶隙的总厚度分别为 Σd_1、Σd_2、Σd_3，则溶隙的平均总厚度为：

$$\Sigma d = \frac{1}{3} \times (\Sigma d_1 + \Sigma d_2 + \Sigma d_3)$$

若计算段总钻进长度为 L，则岩溶率 K_K 为：

$$K_K = \frac{\Sigma d}{L} \times 100\% \tag{6-6}$$

用上式求得的岩溶率只是线性比值，而不是体积比值，其精度不高。为了测得体积比值，可选取有代表性的岩样，放入有水的量筒之中，记录水量的增加值，该增加值就是不包括溶隙在内的岩样体积 V_1；然后用蜡将溶隙填满封闭，再放入量筒中观测水量的增加值，这时就可得到包括溶隙在内的岩样总体积 V_2，则可较准确地计算出岩溶率为：

$$K_K = \frac{V_2 - V_1}{V_2} \times 100\% = (1 - \frac{V_1}{V_2}) \times 100\% \tag{6-7}$$

自然界岩石中空隙的发育状况与空间分布状态要复杂得多。松散岩石固然以孔隙为主，但某些黏土干缩后可产生裂隙，对地下水的储蓄与运动的作用，超过其原有的孔隙。固结程度不高的沉积岩，往往既有孔隙，又有裂隙。可溶岩石，由于溶蚀不均一，有的部分发育成溶洞，而有的部分则成为裂隙，有些则可保留原生的孔隙和裂缝。在实际工作中要注意有关资料的收集与分析，注意观察，确切掌握岩石空隙的发育与空间分布规律。

岩石中的空隙，必须以一定方式连接起来构成空隙网络，才能成为地下水有效的储容空间和运移通道。自然界中，松散岩石、坚硬岩石和可溶岩中的空隙网络具有不同的特点。

松散岩石中的孔隙分布于颗粒之间，连通良好，分布均匀，在不同方向上，孔隙通道的大小和多少均很接近。赋存于其中的地下水分布与流动均比较均匀。

坚硬岩石的裂隙宽窄不等，长度有限的线状裂隙，往往具有一定的方向性。只有当不同方向的裂隙相互穿插、相互切割、相互连通时，才在某一范围内构成彼此连通的裂隙网络。裂隙的连通性远较孔隙差。因此，储存在裂隙基岩中的地下水相互联系较差。分布和流动往往是不均匀的。

可溶岩石的溶隙是一部分原有裂隙与原生孔隙溶蚀扩大而成的，空隙大小悬殊，分布极不均匀。因此赋存于可溶岩中的地下水分布与流动极不均匀。

6.1.2 岩石的水文地质性质

岩石的水理性质是指当空隙的大小和数量不同时，岩石在水作用过程中所表现出的容纳、保持、给出、透过水的能力，它平衡不同岩石地下水储存和运移性能。其中尤以空隙大小最具决定意义，空隙越大，重力水在含水孔隙中所占比例越大；反之，结合水的比例就越大。当空隙直径小于空隙壁结合水厚度的两倍时，重力水将无法进入空隙中，因此，黏土中的微孔隙或基岩的闭合裂隙，几乎全被结合水所充满；而砂砾石或宽大的裂隙或溶隙中，则重力水占据主要比例。

1. 溶水性

岩石的溶水性是指岩石能容纳一定水量的性能，在数量上用容水度来表示。容水度 (W_n) 是岩石中所容纳水的体积 (V_n) 与岩石总体积 (V) 之比，即：

$$W_n = \frac{V_n}{V} \times 100\% \tag{6-8}$$

一般来说容水度在空隙水被完全饱和时在数值上与孔隙度（裂隙率、岩溶率）相当。

但实践中常会遇到岩石的容水度小于或大于孔隙度的情况。例如当岩石的某些空隙不连通，或因空隙太小在充滞液态水时无法排气，而使这些空隙不能容纳水，因此岩石的容水度值就会小于孔隙度值；对于具有膨胀性的黏土来说，由于冲水后会发生膨胀，容水度便会大于原来的孔隙度。

2. 持水性

在重力作用下，岩石依靠分子引力和毛细力在其空隙中能保持一定水量的性能。持水性在水量上以持水度（W_m）表示，即在重力作用下岩石空隙中所能保持的水体积（W_r）与岩石总体积（V）之比，即：

$$W_m = \frac{V_r}{V} \times 100\%$$ (6-9)

根据保持水的形式不同，持水度可分为毛细持水度和分子持水度。

毛细持水度是毛细管孔隙被水充满时，岩石所保持的水量与岩石体积之比。

分子持水度是岩石所能保持的最大结合水量与岩石体积之比。

结合水是因岩石颗粒表面吸引力而保持的，因此，颗粒的总表面积越大，结合水量便越大。可见分子持水度受岩石颗粒大小的影响，岩石颗粒越细小，分子持水度就越大，其关系见表 6-3。

分子持水度与颗粒直径关系 表 6-3

颗粒直径（mm）	持水度（%）	颗粒直径（mm）	持水度（%）
<0.005	44.85	0.1～0.25	2.73
0.005～0.05	10.18	0.25～0.5	1.6
0.05～0.1	4.75	0.5～1	1.57

具有裂隙水或溶隙的基岩，由于空隙的表面积很小，所以分子持水度也极小。

3. 给水性

各种岩石饱水后在重力作用下能自由排出一定水量的性能称为岩石的给水性。给水性在数值上以给水度（μ）来表示，即饱水岩石在重力作用下流出水的体积（V_g）与岩石总体积（V）之比，其表达式为：

$$\mu = \frac{V_g}{V} \times 100\%$$ (6-10)

另外，给水度的最大值也就等于岩石的容水度减去持水度，即：

$$\mu_{最大} = W_n - W_m$$ (6-11)

给水度是很重要的参数，几种常见的松散岩石的给水度见表 6-4。

常见松散岩石的给水度 μ 表 6-4

岩石名称	给水度（%）	岩石名称	给水度（%）
黏土	0	中砂	20～25
粉质黏土	近于 0	粗砂	25～30
粉土	8～14	砾石	20～35
粉砂	10～15	砂砾石	20～30
细砂	15～20	卵砾石	20～30

由表 6-4 可知，松散岩石的给水度与其粒径大小有明显关系，颗粒越粗，给水度越大，有些粗颗粒岩石的给水度甚至与容水度相接近。这就表明粗颗粒孔隙中的水，大都呈重力水的形式，可以取出来利用。细颗粒岩石其容水度并不小，但给水度很小，说明孔隙中的水大都呈结合水和毛细管水的形式存在，不能开采利用。

裂隙和溶洞中的地下水，因结合水及毛细管水所占的比例非常小，因而岩石的给水度可看做分别等于它们的容水度。

4. 透水性

岩石允许水流通过的能力称为透水性。岩石之所以能透水是由于具有相互连通的空隙，成为渗流的通道。自然界中各种不同的岩石具有不同的透水性能，例如卵砾石的透水性较好，而黏土（粉质黏土、粉土等）的透水性则很弱。

岩石透水性的强弱首先取决于岩石空隙的大小，其次是孔隙的多少及其形状等。水流在细小的空隙中运动时，岩石空隙表面对水流会产生很大阻力，此外，空隙越小，空隙的容积大部分都被结合水所占据，因此透水性也就越弱，甚至完全可以不透水。相反，当水在大的空隙中流动时，所受到的阻力将大大减小，水流很容易通过，岩石就表现出较强的透水性。例如黏土的孔隙率可达 50%，但它具有的微细孔隙都被结合水所充斥，稍大的孔隙亦被毛细管水所占据，因此水在黏土中运动时受到的阻力极大，一般情况下都认为黏土是不透水的隔水层。砾石、砂的孔隙率虽一般只有 30% 左右，但由于其孔隙大，通常都是良好的透水层。松散岩石的透水性亦与颗粒的分选程度有关，颗粒越大、分选性越好、透水性就愈强；反之，透水性就差。

衡量透水性能强弱的参数是渗透系数 K，K 值是含水层最重要的水文地质参数之一。

按透水性能可把岩石分为：透水岩石—砂、砾石、卵石及裂隙或溶隙发育的坚硬岩石；半透水岩石—粉质黏土、粉土、黄土、裂隙与岩溶不太发育的坚硬岩石；不透水岩石—黏土、淤泥、裂隙与岩溶不发育的坚硬岩石。

应当指出：透水性的好坏都是相对而言的。如在透水性良好的粗砂或砾石层中间夹有一层透水性很弱的粉质黏土或粉土，相比之下粉质黏土或粉土的弱透水性常可忽略不计，可将它们当作不透水层。如果在基本不透水的黏土层中夹有一层粉土，那么这种情况下粉土亦是可以变化的，遭到强烈风化的卵石层或是在卵石的空隙中有大量的黏性土填充时，则都可使得卵石层的透水性变得很小。在北方的某些山前低区常可见到此种情况。

不仅不同岩石的透水性不同，有时即使同一岩层在不同的方向或不同部位透水性亦有很大差别。透水性的各向异性往往见于层状的坚硬岩石中，因为某些层状岩石常常发育顺层裂隙，故顺层方向上岩石可表现出一定的透水性能，而垂直层面的方向透水性却很差；透水性的非均匀性是坚硬岩石普遍具有的特点。

6.2　水在岩石中的存在形式

岩土空隙中的水按形态分为三类：

（1）液态水。

（2）固态水——冰；当岩土温度低于 0℃时，岩土空隙中的液态水即冻结为固态水，此时赋存地下水的岩土称为冻土。

（3）气态水——系指以水蒸气状态存在于非饱和含水岩土空隙中的水，即水汽；其特点：可随空气移动；可自身从绝对湿度（水气压）大向绝对湿度小的地方迁移；在一定温、压条件下可与液态水相互转化，保持动平衡。

对于供水而言，岩石空隙中的水是供水水文地质的重点研究内容。

6.2.1 液态水

液态水根据水分子受力状况，分为结合水、重力水和毛细水。

1. 结合水

松散岩石颗粒表面或坚硬岩石空隙壁面常带有电荷，而水分子又是一种偶极体，在静电引力或分子力作用下，空隙水中的水被颗粒表面吸附，如图6-3所示，形成不受重力支配的水膜。按照库仑定律，电场强度与距离的平方成反比，即离固态越近，所受的引力越大，水分子自身的重力影响相对越小；反之，引力越弱，水分子受自身重力影响越显著。故把固相表面的引力大于水分子自身的重力的那部分水，称为结合水。

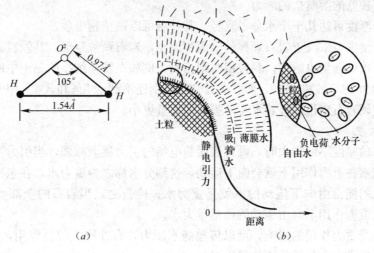

图 6-3　颗粒表面的水分子示意图
(a) 极性水分子示意图；(b) 颗粒表面的结合水膜

结合水是一种水分子排列紧密、密度大的非牛顿流体，其性质介于固相与液相之间，无法在自身的重力支配下运动，具有抗剪性强，只有当外力克服其抗剪强度才会流动，外力越大，流动的水层厚度越大。

结合水水膜由内向外，随着所受引力的减弱，其物理性质发生变化，在内层形成强结合水，称吸着水；外层则属弱结合水，称薄膜水。

1）吸着水：由于分子引力及静电力的作用，岩石的颗粒表面具有表面能。而水分是偶极体，如图6-3（a）所示，因而水分子能被牢固地吸附在颗粒表面，并在颗粒周围形成极薄的一层水膜，称为吸着水。这种水在颗粒表面结合得非常紧密，其吸附力达10000大气压，因此，亦称其为强结合水，如图6-3（b）所示。在一般情况下很难用机械方法把它与颗粒分开，只有当空气中的饱和差很大或温度高达105℃时，蒸发时的分子扩散力才可使吸着水离开颗粒表面。

由于吸着水在颗粒表面吸附得很牢固，使它不同于一般的液态水而近于固态水，其特征可归纳为：不受重力支配，只有当它变为水蒸气时才能移动；冰点降低至 $-78℃$ 以下；不能溶解盐类、无导电性、不能传递静水压力；具有极大的黏滞性和弹性；密度很大，平均值为 $2.0g/cm^3$。

当岩石空隙中空气的湿度相当大时（相对湿度高达 90%），则颗粒表面全部吸满水分子，达到最大吸着量。吸着水在颗粒周围所包围的厚度仅相当于几个水分子直径，约千万分之一厘米。其水量很小，不能取出亦不能为植物所吸收。

2）薄膜水：在紧紧包围颗粒表面的吸着水层的外面，还有很多水分子亦受到颗粒静电引力的影响，吸附着的第二层水膜，这个水膜就称为薄膜水。随着吸附水层加厚，水分子距离颗粒表面渐远，使吸引力大大减弱，因而薄膜水又称为弱结合水。这种水可以当空气的相对湿度达到饱和状态时形成，亦可以由滴状液态水退去后形成。薄膜水的特点是：两个质点的薄膜水可以相互移动，由薄膜厚的地方向薄处转移，这是由于引力不等而产生的；不受重力的影响；不能传递静水压力；薄膜水的密度虽和普通水差不多，但其黏滞性仍然较大；有较低的溶解盐的能力。

薄膜水的厚度可达几千个水分子直径；其外层可以被植物吸收。

结合水含量主要取决于岩石颗粒的表面积大小，岩石颗粒越细，其颗粒表面的总面积就越大，结合水的含量也越多；颗粒粗时则相反。例如在颗粒细小的黏土中所含的吸着水与薄膜水分别为 18.5% 和 45%，而砂中其含量分别还不到 0.5% 和 2%。因此，对具有裂隙和溶隙的坚硬岩石来说，吸着水与薄膜水的含量更小。

2. 重力水

当薄膜水的厚度不断增大时，颗粒表面静电场的引力逐渐减弱，当引力不能支持水的重量时，液态水在重力作用下就会向下运动，这部分水称之为重力水。在包气带的非毛细管孔隙中形成的能自由向下流动的水就是重力水；换言之，当岩石的全部空隙为水饱和时，其中能在重力作用下自由运动的都是重力水。

重力水只受重力作用的影响，可以传递静水压力，有冲刷、侵蚀作用，能溶解岩石。因此重力水是供水水文地质的主要研究对象。

3. 毛细水

毛细水储存与岩石的毛细管孔隙和细小裂隙之中，基本上不受颗粒静电引力场作用的水。这种水同时受表面张力和重力作用，所以亦称为半自由水，当两力作用达到平衡时便按一定高度停留在毛细管孔隙或裂隙中。毛细水面会随着水面的升降和蒸发作用而发生变化，但其毛细管上升高度却是不变的。这种水只能垂直运动，可以传递静水压力。

毛细水常见有三种存在形式：

支持毛细水：指依托地下水面的支持，存在于地下水面以上的包气带中毛细水。

悬挂毛细水：见于地下水位变幅较大，地质剖面上粗细相间的松散岩石中，枯季随着地下水位由上部细粒层降至下部粗粒层，在上部细粒层下毛细孔隙中形成上下弯液面的毛细作用，出现悬挂毛细水。

孔隙毛细水：指包气带颗粒间接触桌上悬面的毛细水。即使是具有大孔隙的卵砾石，在颗粒接触点上也可以达到毛细管径程度，形成孔角悬面毛细水，也称触点毛细水。

毛细水的上升高度（毛细上升高度）与毛细管直径呈反比，所以颗粒细的岩石，最大毛细上升高度也大，见表6-5。

岩石的最大毛细上升高度（据西林-别克丘林，1958）				表 6-5
岩石名称	最大毛细上升高度（cm）	岩石名称	最大毛细上升高度（cm）	
粗砂	2～5	粉砂	70～150	
中砂	12～35	黏性土	>200～400	
细沙	35～70			

6.2.2 固态水

当岩石的温度低于水的冰点时，储存于岩石空隙中的水便冻结成冰，而成为固态水。大多数情况下，固态水是一种暂时现象。

除上述各种储蓄于岩石空隙中的水之外，尚有存在于组成岩石矿物之中的水，这种水本身就是矿物的成分，如沸石水、结晶水，这些水统称为矿物水。

上述各种形态的水在地壳中呈现规律性分布。在重力水面以上，岩石的空隙未被水饱和，通常称为包气带，以下则称为饱水带。毛细管带实际上为两者的过渡带，如图6-4所示。

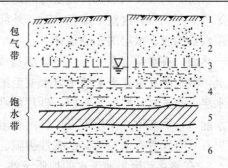

图 6-4 各种状态的水在岩石层中的分布
1—湿度不足带：分布有气态水、吸着水；
2—中间带：分布有气态水、吸着水、薄膜水；
3—毛细管带；4—无压重力水带；5—黏土层；
6—有压重力水带

6.2.3 气态水

气态水呈水蒸气状态储存和运动于未饱和的岩石空隙之中，它可以是地表大气中的水汽移入的，也可是岩石中其他水分蒸发而成的。岩石空隙中的气态水和大气中含的水汽一样，且相互联系紧密，可以随空气的流动而运动，即便是空气不运动时，气态水本身亦可发生迁移，由绝对湿度大的地方向绝对湿度小的地方迁移。当岩石空隙内水汽增多而达到饱和时，或是当周围温度降低而达到露点时，水汽开始凝结成液态水而补给地下水。由于气态水的凝结不一定在蒸发地点进行，因此也会影响地下水的重新分布，但气态水本身不能直接开采利用，亦不能被植物吸收。

6.3 含水层及隔水层

饱水带岩层按其透过和给出水的能力，可划分为含水层和隔水层。

含水层是指能够透过并给出相当数量水的岩层。隔水层则是不能透过并给出水，或透过和给出水的数量微不足道的岩层。划分含水层与隔水层的标志并不在于岩层是否含水。因为，自然界中完全不含水的岩层实际上是不存在的，关键在于含水的性质。空隙细小的岩层（如致密黏土、裂隙闭合的页岩），含的几乎全部是结合水，这类岩层实际上起着阻隔水透过的作用，所以是隔水层。而空隙较大的岩层（如砂砾石、发育溶隙的可溶岩），主要含有重力水，在重力作用下，能透过和给出水，在某种程度上就构成了含水层。

含水层和隔水层的划分是相对的，并不存在截然的界限或绝对的定量标志。从某种意义上讲，含水层和隔水层是相比较而存在的。例如，粗砂层中的泥质粉砂夹层，由于粗砂的透水和给水能力比泥质粉砂强得多，相对来说，后者就可视为隔水层。同样的泥质粉砂岩夹在黏土层中，由于其透水和给水能力均比黏土强，就应视为含水层了。由此可见，同一岩层在不同的条件下具有不同的水文地质意义。显然对于供水而言，含水层的研究就显得尤为重要。

含水层的构成是由多种因素决定的，概括起来应具备下列条件：

1. 岩层要具有能容纳重力水的空隙

岩层要构成含水层，首先要有能储存地下水的空间，也就是说应当具有孔隙、裂隙或溶隙等空间。当有这些空隙存在时，外部的水才有可能进入岩层形成含水层，可见岩层的空隙性是构成含水层的先决条件。

然而，有空隙存在并不一定就能构成含水层，如前所述的黏土层其孔隙度可达 50% 以上，但它的孔隙几乎全被结合水或毛细水所占据，重力水很少，所以它仍然是不透水的隔水层。而透水性好的砾石层、砂层的孔隙度不足 35%，但因其空隙具有良好的储存与透水能力，水在重力作用下可以自由地出入，所以往往形成储存重力水的含水层。至于坚硬岩石只有发育有未被填充的张性裂隙、张扭性裂隙和溶隙时，才可能构成含水层。

2. 有储存和聚集地下水的地质条件

含水层的构成还必须具有一定的地质条件，才能是具有空隙的岩层含水，并把地下水储存起来。如图 6-5 所示，具有相同空隙性的石灰岩地层，在不同的地质构造中，一个是透水层，而另一个属于良好的含水层。

图 6-5（a）为溶隙发育、岩层倾角较大的单斜岩层构造，大气降水沿石灰石的溶隙下渗到底部后，会很快顺着下伏页岩的层面流向河谷方向，地下水在石灰岩中无法长期储存。这种不利于地下水聚集和埋藏的单斜岩层，只能是透水层而不能构成含水层。

图 6-5（b）所示的方向为向斜构造，地下水在石灰岩的深部可以大量聚集，并能保持一定的地下水位，石灰岩就构成了埋藏有丰富地下水的含水层。

上述两种情况中，虽然都是溶隙发育的石灰岩下附有不透水的页岩，但由于地质构造不同，而使地下水的储存条件完全两样。

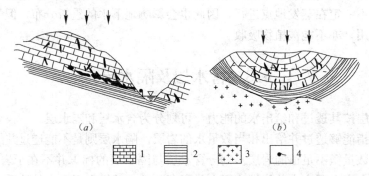

图 6-5　地质构造影响岩层储水条件示意
1—溶隙发育的石灰岩；2—页岩；3—侵入岩体；4—泉

有利于储存和聚集地下水的地质条件虽然有各种不同形式，但概括起来不外乎是：空隙岩层下伏有隔水层，使水不能向下漏失；水平方向有隔水层阻挡，以免水全部流空。只有这样才能使运动在岩层空隙中的地下水长期储存下来并充满岩层空隙而形成含水层。如果岩石层只具有空隙而无有利于储存地下水的构造条件，这样的岩层就只能作为过水的通道，而构成透水层。如湖北某地大面积出露可溶岩类，在一般地区基本是不含水的透水层，但在向斜的翼部和转折端部位下伏有不透水层，致使地下水大量富集而构成含水层。

3. 具有充足的补给来源

当岩层空隙性好，并且具有有利于地下水储存的地质条件时，还必须要有充足的补给来源，才能使岩层充满重力水而构成含水层。

地下水补给量的变化，可以使含水层与透水层相互间发生转化。在补给来源不足、而消耗量又很大的枯水季节里，地下水在含水层的空隙又被地下水所充满，重新构成含水层。由此可见，补给来源不仅是形成含水层的一个重要条件，而且是决定含水层水量多少和保证程度的一个主要因素。

综合上述，只有当岩层具有地下水自由出入的空间、有适当的地质构造和充足的补给来源时才能构成含水层，这三个条件缺一不可。没有岩石的空隙性，自然界就不存在地下水；没有储存地下水的地质构造，含水层仅仅是一个透水层，其径流量难以利用；没有充足的补给来源，地下水不具有可恢复性，不具有可持续的开发利用条件。

根据生产实际的具体要求，从不同的角度，把含水层划分成各种类型，见表6-6。

含水层类型 表6-6

划分依据	含水层类型	特征
空隙类型	孔隙含水层	地下水储存在松散孔隙介质中
	裂隙含水层	介质为坚硬岩石，储水空间为各种成因的裂隙
	岩溶含水层	介质为可溶岩层，储水空间为各种规模的溶隙
埋藏条件	潜水含水层	含水层上面不存在隔水层，直接与包气带相接
	承压含水层	含水层上面存在稳定隔水层，含水层中的水具承压性
渗透性能空间变化	均质含水层	含水层中各个部位及不同方向上渗透性相同
	非均质含水层	含水层的渗透性随空间位置和方向的不同而变化

6.4 不同埋藏条件下的地下水

地下水存在于各种自然条件下，其聚集、运动过程各不相同，因而在埋藏条件、分布规律、水动力特征、物理性质、化学成分、动态变化等方面都具有不同特点。

当进行供水或疏干地下水的工作时，对具有不同特点的地下水，不但采用的勘探方法不同，地下水水量评价方法、生产中采取的措施也有区别。所以对地下水进行合理的分类是水文地质学中一个重要组成部分。

目前采用较多的一种分类方法是按地下水的埋藏条件把地下水分为三大类：上层滞水、潜水、承压水。若根据含水层的空隙性质又把地下水分为另外三大类：孔隙水、裂隙水、岩溶水。因而把上述两种分类组合起来就可得到九种复合类型的地下水，每种类型都有独自的特征，见表6-7。

地下水分类表 表6-7

按埋藏条件	按含水层空隙性质		
	孔隙水	裂隙水	岩溶水
上层滞水	季节性存在于局部隔水层上的重力水	出露于地表的裂隙岩层中季节性存在的重力水	裸露岩溶化岩层中季节性存在的重力水

按埋藏条件	按含水层空隙性质		
	孔隙水	裂隙水	岩溶水
滞水	上部无连续完整隔水层存在的各种松散岩层中的水	基岩上部裂隙中的水	裸露岩溶化岩层中的水
承压水	松散岩石组成的向斜、单斜和山前平原自流斜地中的地下水	构造盆地及向斜、单斜岩层中的裂隙承压水，断层破碎带深部的局部承压水	向斜及单斜岩熔岩层中的承压水

6.4.1 上层滞水

上层滞水是包气带中局部隔水层之上具有自由水面的重力水（见图 6-6）。它是大气降水或地表水下渗时，受包气带中局部隔水层的阻托滞留聚集而成。

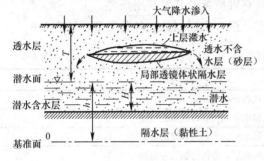

图 6-6 上层滞水及潜水

上层滞水埋藏的共同特点是在透水性较好的岩层中夹有不透水岩层。在下列条件下常常形成上层滞水：

（1）在较厚的砂层或砂砾石层中夹有黏土或粉质黏土透镜体时，降水或其他方式补给的地下水向深处渗透过程中，因受相对隔水层的阻挡而滞留或聚集于隔水层之上，便形成了上层滞水。

（2）在裂隙发育、透水性好的基岩中有顺层侵入的岩床、岩盘时，由于岩床、岩盘的裂隙发育程度差，亦起到相对隔水层的作用，则亦可形成上层滞水。

（3）在岩溶发育的岩层中夹有局部非岩溶的岩层时，如果局部非岩溶化的岩层具有相当的厚度，则可能在上下两层岩溶化岩层中各自发育一套溶隙系统，而上层的岩溶水则具有上层滞水的性质。

（4）在黄土中夹有钙质板层时，常常形成上层滞水。我国西北地区黄土高原地下水埋藏一般较深，几十米甚至 100m，但有些地区在地下不太深的地方有一层钙质板层（俗称礓石层），可成为上层滞水的局部隔水层。这种上层滞水往往是缺水的黄土高原地区的宝贵生活水源。

在寒冷地区有永冻层时，夏季地表解冻后永冻层就起到了局部隔水的作用，而在永冻层表面形成上层滞水。如在大小兴安岭等地，一些林业、铁路的中小型供水就常以此作为季节性水源。

上层滞水的形成除受岩层组合控制外，还受到岩层倾角、分布范围等因素影响。一般情况下岩层的倾角不应太大，单斜岩层倾角平缓时，隔水层才起阻水作用，使渗入水流既不漏向深处，又不从侧方流走；其次，隔水层的分布范围不能太小，要有一定的面积才利于地下水聚集。

上层滞水因完全靠大气降水或地表水体直接渗入补给，水量受季节控制特别显著，一些范围较小的上层滞水旱季往往干枯无水，当隔水层分布较广时可作为小型生活水源。这种水的矿化度一般较低，但因接近地表，水质容易被污染，作为饮用水源时必须加以注意。

6.4.2 潜水

1. 潜水的埋藏特点

饱水带中第一个具有自由表面的含水层中的水称为潜水。它的上部没有连续完整的隔水顶板，潜水的水面为自由水面，称为潜水面，如图6-6所示，潜水面至地表的距离称为潜水位埋藏深度（T），也叫潜水位埋深。潜水面至隔水底板的距离叫潜水含水层的厚度（H）。潜水面上任一点距基准面的绝对标高称为潜水位（h），亦称潜水位标高。

潜水的埋藏条件，决定了潜水具有以下特征：

（1）由于潜水面之上一般无稳定的隔水层存在，因此具有自由表面，有时潜水面上有局部的隔水层，且潜水充满两隔水层之间，在此范围内的潜水将承受静水压力，而呈现局部的承压现象。

（2）潜水在重力作用下，由潜水位较高处向潜水位较低处流动，其流动的快慢取决于含水层的渗透性能和水力坡度。潜水向排泄处流动时，其水位逐渐下降，形成曲线形表面。

（3）潜水通过包气带与地表相连通，大气降水、凝结水、地表水通过包气带的空隙通道直接渗入补给潜水，所以在一般情况下，潜水的分布区与补给区是一致的。

（4）潜水的水位、流量和化学成分都随着地区和时间的不同而变化。

潜水在自然界中分布极广，它的埋藏深度（T）和含水层厚度（H）都是经常变化的，而且变化范围较大，主要是受大气降水和地形起伏的影响，山区地形强烈切割，潜水埋藏深度较大，一般达几十米甚至百余米。平原地区地形平坦，潜水埋深一般仅几米，有些地区甚至出露地表形成沼泽。潜水含水层的埋深及厚度不仅因地而异，而且同一地区还因时而变。在雨季降水较多，补给潜水的水量增大，潜水面抬高，因而含水层厚度加大，埋藏深度变小；旱季则相反。如北京西部地区每年潜水面变化幅度在4m左右。

2. 潜水面的形状

潜水面是一个自由的表面，由于潜水埋藏条件的差异，它的形状可以是倾斜的、抛物线形的，或者在特定条件下是水平的，也可以是上述各种形状的组合。

潜水在重力作用下由高处向低处缓慢流动，称为潜水流。潜水的流动是由于潜水面一般具有倾斜的坡度，即水力坡度。潜水面的水力坡度受地形和隔水层坡度的影响较大，在地形陡峻的山区，潜水面的水力坡度可达百分之几；在地形平坦的平原区则往往只有千分之几，甚至万分之几。潜水面的区域轮廓与地形的变化基本一致，但在数值上并不相等，一般情况下潜水面的水力坡度小于地形的坡度，如图6-7所示。其次，含水层的岩性、厚度变化等对潜水面的形状也有一定的影响，如当潜水流由细颗粒的含水层进入粗颗粒的含水层后，因粗颗粒的含水层透水性较好，即阻力较小，因此水力坡度变小，潜水面变得平缓，如图6-7（a）所示。当含水层变厚时，则潜水流的过水断面突然加大，渗流速度降低，水力坡度变小，则潜水面亦会变得平缓一些，如图6-7（b）所示。

3. 潜水等水位线图

潜水面在图上的表示方法有两种：一种是以剖面图的形式表示，如图6-7所示；另一种是以平面图形式表示，即等水线图（潜水面等高线图）。

潜水等水位线图的绘法是把同一时间测得的潜水位标高相同的各点用线连起来，如图6-8所示。潜水等水位线图可以解决以下问题：

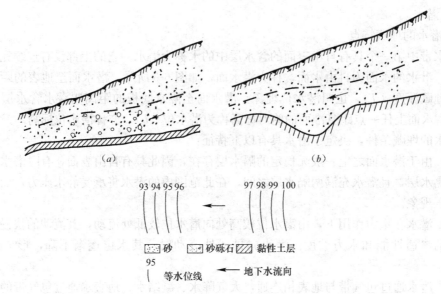

图 6-7　潜水面与含水层透水性及厚度的关系

（1）决定潜水流向：潜水总是沿着潜水面坡度最大的方向流动，垂直等水位线的方向就是潜水的流向。如图 6-8 中箭头所指方向即为流向。

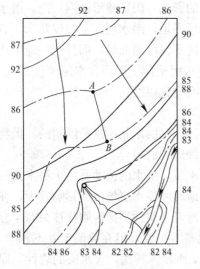

图 6-8　潜水等水位线图

1—地形等高线；2—潜水等水位线；

3—地下水流向；4—河流及流向；5—泉水

（2）求潜水的水力坡度：当潜水面的倾斜坡度不大时（千分之几），两等水位线之高差被相应的两等水位线间的距离所除，即得两等水位线间的平均水力坡度，图 6-8 中 A 至 B 的水平距离为 500m，则 A 至 B 间平均水力坡度为：

$$i = \frac{86-85}{500} = \frac{1}{500} = 0.002 = 2‰$$

（3）确定潜水的埋藏深度：往往是将地形等高线和等水位线绘于同一张图上，地形等高线与等水位线相交之点二者高差即为该点潜水的埋藏深度，并由此可进一步绘出潜水埋藏深度图。

（4）提供合理的取水位置：取水点常常在地下水流汇集的地方，取水构筑物排列的方向往往垂直地下水的流向。

（5）推断含水层岩性或厚度的变化：当地形坡度变化不大，而等水位线间距有明显的疏密不等时，一种可能是含水层岩性发生了变化；另一种可能性是岩性未变而含水层厚度有了改变。岩性结构由细变粗时，即透水性由差变好，潜水等水位线之间的距离相应变疏，反之则变密；当含水层厚度增大时，等水位线间距则加大，反之则缩小。

（6）确定地下水与地表水的相互补给关系：在邻近地表水的地段测绘潜水等水位线图，并测定地表水的标高，便可了解潜水与地表水的相互补给关系。

（7）确定泉水出露点和沼泽化的范围：在潜水等水位线和地形等高线高程相等处，是潜水面达到地表面的标志，也就是泉水出露和形成沼泽的地点。

潜水在自然界分布范围广，补给来源广，所以水量一般较丰富，特别是潜水与地表常年性河流相连通时，水量更为丰富。加之潜水埋藏深度一般不大，因而是便于开采的供水水源，但由于含水层之上无连续的隔水层分布，水体易受污染和蒸发，水质容易变坏，选作供水水源时应全面考虑。

6.4.3 承压水

1. 承压水的埋藏特点

承压水是指充满于上下两个稳定隔水层之间的含水层中的重力水，如图 6-9 所示。

承压水的主要特点是有稳定的隔水顶板存在，没有自由水面，水体承受静水压力，与有压管道中的水流相似。承压水的上部隔水层称为隔水顶板，下部隔水层称为隔水底板；两隔水层之间的含水层称为承压含水层；隔水顶板到底板的垂直距离称为含水层厚度（M）。打井时，在隔水顶板被凿穿之前见不到承压水，凿穿后水便立即自含水层中上升到隔水顶板的底面之上，最后稳定在一定的高程上。隔水顶板

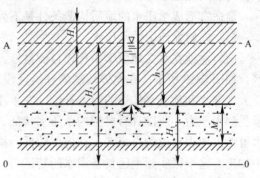

图 6-9　承压水埋藏示意图

底面的高程，即为该点承压水的初见水位（H_1），钻孔钻进到这个高程时，则可开始见到承压水。承压水沿钻孔上升最稳定的高程，即为该点的承压水位或称测压水位（H_2）。地面至承压水位的距离称为承压水位的埋深（H）。自隔水顶板底面到承压水位之间的垂直距离称为承压水头（h）。显然，对于承压井来讲，承压水位（H_2）等于初见水位（H_2）与承压水头（h）之和。在地形条件适合时，承压水位若高于地面高程，承压水就可喷出地表而成为自流水。如果用许多钻孔来揭露承压水，便可把所有钻孔中的承压水位连成一个面，这个面称为水压面。

承压水由于有稳定的隔水顶板和底板，因而与外界的联系较差，与地表的直接联系大部分被隔绝，所以它的埋藏区与补给区不一致。承压含水层在出露地表部分可以接受大气降水及地表水补给，上部潜水也可越流补给承压含水层。承压水的排泄方式更是多种多样，它可通过标高较低的含水层出露区或断裂带排泄到地表水、潜水含水层或另外的承压水层，也可直接排泄到地表成为上升泉。承压含水层的埋藏深度一般都较潜水位大，在水位、水量、水温、水质等方面受水文气象因素、人为因素及季节变化的影响较小，因此富水性好的承压含水层是理想的供水水源，虽然承压含水层的埋藏深度较大，但其稳定水位都常常接近或高于地表，这就为开采利用创造了有利条件。

2. 承压水的形成条件

承压水的形成与地层、岩性和地质构造有关，在适当的水文地质条件下，无论是孔隙水、裂隙水还是岩溶水都可以形成承压水。

下列几种岩层的组合，常可形成承压水。

（1）黏土覆盖在砂层上；

（2）页岩覆盖在砂岩上；

（3）页岩覆盖在溶蚀石灰岩上；

（4）致密不纯的石灰岩（如泥质石灰岩、硅质石灰岩等）覆盖在溶隙发育的石灰岩上；

（5）致密的岩流（喷出岩层）覆盖在裂隙发育的基岩或多孔状岩流之上。

不仅是不透水层覆盖在透水性好的岩层上面，而且透水层的下部还应有稳定的隔水底板，这样才能储存地下水。此外，上下隔水层之间的地下水必须充满整个含水层，并承受静水压力；如果没有充满整个含水层，则在水力性质上和潜水一样，这种情况埋藏的地下水称为层间无压水。

最适宜形成承压水的地质构造条件是下列两种：

（1）向斜盆地中的承压水

向斜盆地在水文地质学中称作自流盆地。盆地可分为 3 个区：补给区、承压区、排泄区，如图 6-10 所示。在地势较高的补给区没有隔水顶板，实际上是潜水区，它可直接接受大气降水和地表水体等的渗入补给，在承压区由于上部覆盖有稳定的隔水顶板，地下水承受静水压力，所以具有典型的承压水特征，在承压水位高于地表高程的范围内，则承压水可喷出地表形成的自流区。在地形较低的排泄区，承压水通过泉、河流等形式由含水层中排出，这个区实际上已具备潜水的特征。

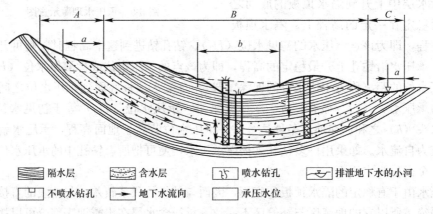

图 6-10　向斜盆地中的承压水

A—补给区；B—承压区；C—排泄区；a—潜水区；b—自流水区

我国这类盆地非常普遍，北方的淄博盆地、沁水盆地、开平盆地等就是寒武—奥陶系石灰岩上覆石炭—二叠系砂页岩及第四系堆积物而构成的承压水盆地。广东的雷州半岛以及新疆等地的许多山间盆地都属于这类向斜盆地。较为典型的大型自流盆地是四川盆地。不论在地质构造上还是在地形上四川均为盆地，盆地中部分分布侏罗—白垩系砂页岩，向四周边缘地带依次出露三叠系及古生界岩系。已知主要的含水层为侏罗系砂岩的裂隙水，三叠系嘉陵江石灰岩及二叠系长兴石灰岩和"矛口"石灰岩的岩溶水。所开采的卤水就主要取自侏罗系砂岩和三叠系嘉陵江石灰岩的承压含水层中。早在 2000 年前我国劳动人民就在四川开凿自流井取水煮盐，井最深可达几百米。

（2）单斜坡地层中的承压水

由透水岩层和隔水层互层所组成的单斜构造，在适宜的地质条件下可以形成单斜承压含水层，也称为承压斜地。一般由下列构造条件形成：

1）透水层和隔水层相间分布的承压斜地：当地层向一个方向倾斜，而且透水层和隔水层是相间分布时，地下水进入两隔水层之间的透水层，便会形成承压水。这类承压水常出现在倾斜的基岩中和第四纪松散堆积物组成的山前斜地中，如图6-11所示。

北京附近是山前斜地中形成承压水的一个例子。北京地区第四纪松散堆积物的特点是：在水平方向上由西向东层次增多，颗粒由粗变细，由砂砾石逐渐变为砂层和黏性土层；在垂直方向上隔水层和透水层相间分布；含水层和隔水层由西向东倾斜。西部的潜水流入成层的砂层中后，原来无压的潜水就转化成为承压水。

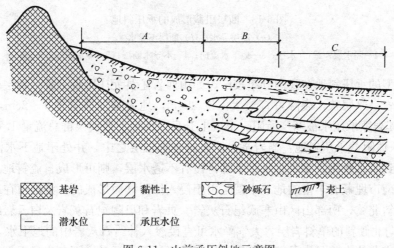

| 基岩 | 黏性土 | 砂砾石 | 表土 |

| —·— 潜水位 | ------- 承压水位 |

图6-11 山前承压斜地示意图

A—只有潜水位区；B—潜水位与承压水位重合区；C—承压水位高于潜水位区

2）含水层发生相变或尖灭形成承压斜地：含水层上部出露地表，下部在某一深度尖灭，即岩性发生变化，由透水层逐渐变为不透水层，如图6-12所示。当地下水的补给量超过含水层可容纳水量时，由于下部无排泄出路，因此只能在含水层出露地带的地势低处形成排泄区，往往有泉出现。使得含水层的补给区与排泄区相邻近，而承压区位于另一端，地下水自补给区流到排泄区并非经过承压区，这与上述的向斜盆地有极大的区别。

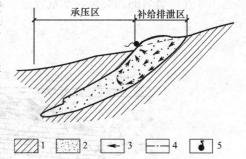

图6-12 岩层尖灭形成的承压斜地

1—黏土层；2—砂层；
3—地下水流向；4—地下水位；5—泉

3）含水层被断层所阻形成承压斜地：单斜含水层下部被断层所截断时，则上部出露地表部分就成为含水层的补给区。如果断层导水性能好，各含水层之间就发生水力联系，而断层带就起了连接各含水层的通道作用，在适当条件下，承压水可通过断层以泉水的形式排泄到地表，成为承压斜地的排泄区，如图6-13（a）所示。此时承压区位于补给区和排泄区之间，与自流盆地相似。

如果断层带不导水，那么承压斜地的补给区与排泄区位于相邻地段，如图 6-13（b）所示。

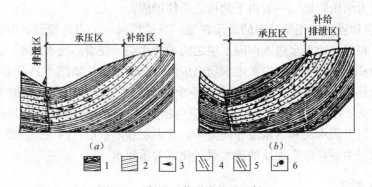

图 6-13　断层阻截形成的承压斜地

（a）断层导水；（b）断层不导水

1—隔水层；2—含水层；3—地下水流向；4—不导水断层；5—导水断层；6—泉

这种类型的承压斜地在我国分布较广，如山西省沁县元庄附近三叠系岩层由砂岩页互层组成，砂岩呈厚层状，裂隙发育最大深度 250m，地表裂隙最宽达 $1\sim2$cm，岩层倾角 $10°\sim15°$，其裂隙承压水被断层所阻，形成上升泉，历史上最大泉群总流量 1.7 万 m^3/d。

4）侵入体阻截承压斜地：当岩浆岩侵入到透水岩层之中，并处于地下水流的下游方向时，就起到阻水作用，如果含水层上部再覆有不透水层，则可形成自流斜地。

例如济南市埋藏有丰富的地下水就是由于侵入体阻截而形成的。济南市在地质构造上处于泰山背斜北翼，南部山区由寒武纪石灰岩、页岩和奥陶纪石灰岩及白云岩组成，总厚 1400m，呈向北倾斜的单斜岩层，大气降水可直接渗入补给石灰岩中的地下水，如图 6-14 所示。济南市北侧有闪长岩及辉长岩侵入体阻挡了地下水运动，石灰岩呈舌形插入到侵入体中，上覆有不透水的侵入岩及砾岩构成的隔水顶板，使岩溶水产生了较大的承压性，通过厚约 20m 的覆盖层以上升泉形式涌出地表。自古以来，济南素有"泉城"之称，泉水多达 108 处，著名的趵突泉涌水量曾达 7 万 m^3/d。

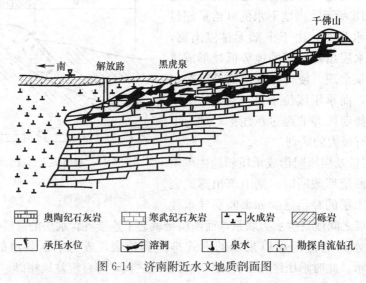

奥陶纪石灰岩	寒武纪石灰岩	火成岩	砾岩
承压水位	溶洞	泉水	勘探自流钻孔

图 6-14　济南附近水文地质剖面图

在自然界中，承压水埋藏条件是非常复杂的，无论是自流盆地还是承压斜地，承压含水层均可在不同深度有若干层同时存在。两个以上的承压含水层在同一地区并存时，各含水层承压区的稳定水位往往不一致，其稳定水位高度主要取决于补给区的地下水位，补给区水位越高，承压水位也越高。

3. 等水压线图

为了在平面图上反映承压水位的变化情况，可根据若干个井孔中承压水位的高程资料绘制出承压水等水压线图，如图 6-15 所示，制图方法与潜水等水位线图相同。

应当注意用等水压线所表示的水压面是一个理想的水面，实际上并不真存在水面。在潜水含水层中只要揭露等水位线图所示的深度，就可见到潜水面；但根据等水压线图揭露到水压面时却还见不到地下水，只有继续开凿穿透隔水顶板，承压水才可沿井孔上升到与水压相应高度。

根据等水压线图可以判断承压水的流向、含水层岩性和厚度的变化、水压面的倾斜坡度等，以确定合理的取水地段。

为了便于应用，常常把承压水等水压线图与地形等高线图、含水层顶板等高线图叠置在一起。

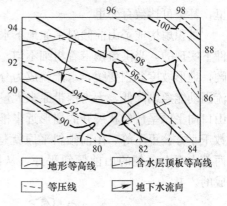

图 6-15 承压水等水压线图

对照等水压线和地形等高线就可以得知自流区和承压区的范围及承压水位的埋深，若再与顶板等高线对照，便可了解各地段压力水头及承压水含水层的埋藏深度。如果将承压水等水压线图与上覆潜水的等水位线图综合分析，初步可以分析出承压水与潜水之间的相互补给关系。

6.5 地下水的分布

地貌主要是指由于地球表面因内、外地质应力作用而产生的地形形态。地质应力作用的强度与方式及地表岩性条件是控制地貌形态的主要因素。地貌形态与岩性、构造以及孔隙类型之间的成因联系，表明不同地貌单元及地貌形态应具有与其成因相同的地质和水文地质条件。河谷平原、山前倾斜平原、滨海平原、黄土平原等一系列地貌构成了具有主要供水水文地质意义的现代地质地貌特征。不同的地貌单元及其地貌形态、岩性构造特征不同，即使同一地貌单元的不同空间部位，岩性构造差异也十分显著。岩性、构造及地貌上的差异性构成地下水基本储存空间和运移通道的空隙的类型、空间分布状态、发育程度具有极大的差别，进而制约着地下水的补给、径流和排泄等循环的深度和广度，制约着地下水含水层的类型、空间展布和富水性。

从宏观的地貌单元划分和不同地貌形态的成因入手，研究不同地区地下水的形成与分布，将有利于在水文地质调查初期掌握地下水储存运动空间和空隙类型、特征及其分布发育规律；确定水文地质单元的范围、含水层的组合与分布，以及汇水与补给条件；分析地下水的径流方向，排泄方式与排泄的位置；为不同地区地下水的找寻、勘探指引方向，为不同类型不同级别的供水水源的综合规划提供依据与基础。

6.5.1 孔隙水

1. 洪积物中的地下水

山区与平原相接的地带，常由河流流出山口形成的冲击—洪积扇和山麓的坡积—洪积裙彼此相连，形成沿山麓分布的山前倾斜平原，虽然它与平原地带没有明显的分界，但无论在地下水的形成特点和分布埋藏规律方面，还是在水质、水量的变化方向等方面都具有独特的规律。

山前倾斜平原的规模大小不等，宽有数公里甚至可达数十公里，长有数公里至数十公里，甚至可达数百公里。

洪积扇构成了山前倾斜平原地下水含水层的主体，而洪积扇的形成是在特定的地貌条件下实现的。当洪流携带着粗细不匀、大小不等的固体物质流出沟口后，由于地势突然开阔，地形坡度急剧变缓，水流就成为分散的漫流（扩散流），流速和流量也逐渐变小。水流因动能急剧降低，无力携带原来大量的泥沙和石块，大量物质在山麓地带堆积，形成由山口向平原呈放射状展开的扇形近半椎体的堆积，故称洪积扇。其面积自数十平方公里到数千平方公里不等。山前倾斜平原就是由大小不等的洪积扇相连而成。图6-16是河北省西部太行山东麓的山前倾斜平原，从图上也可以看出这一倾斜平原是由多个洪积扇组成的。

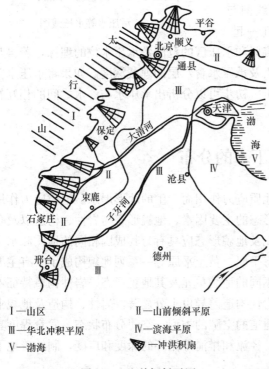

I—山区　　　　　　Ⅱ—山前倾斜平原
Ⅲ—华北冲积平原　　Ⅳ—滨海平原
Ⅴ—渤海　　　　　　▽—冲洪积扇

图 6-16　山前倾斜平原

应当注意的是：很多洪积扇的形成过程中，有经常性水流（河流）在同时作用，是暂时性水流的洪积物和经常性水流的冲积物间歇或混杂堆积，因此，很多洪积扇亦成为冲洪积扇。

洪积扇的形成是在特定的气候和地貌条件下实现的，反映了典型的洪积扇地貌特征，与其相应的洪积物分布规律之间的因果联系。当洪流携带粗细不均、大小不等的碎屑物质流出山口后，因地势突然开阔，地形坡度急剧变缓，洪流顿呈粉砂的漫流（扩散流），流速和流量骤减。其中洪流在转化为分散流的过程中，其动能急剧降低，所携卵砾石等粗粒物质首先沉积于山口附近的宽缓倾斜地带，此时洪流已由搬运作用转化为以堆积为主，随下游地势的不断趋缓和分散流的不断延伸、扩展，其动能不断衰减，堆积物的粒径越来越细，最后消能于地势更低缓的地方，没入平原。因此它与平原之间的界限不清。气候条件决定的洪积扇形成条件的典型，是典型的洪积扇，还是冲、洪积扇。

由山前分散流的水动力条件控制的洪积相堆积物，其空间分布规律：

在纵向上，沿山口到平原，堆积物呈由粗到细、分选性逐步提高的分布特征，通常可

134

分为：上部砂砾带；中、下部砂砾与黏性土交错带；边部黏性土带。

在横向上，从扇脊中轴线到扇间洼地，堆积物不断变细。

在垂向上，表现为不同年代、不同成因（洪积、冲积、坡积）、不同规模（长、宽、厚）的洪积物上下迭叠、交错。其厚度取决于基底的古地形和新构造运动的强度与方式。如基底的隆起和凹陷，使堆积物厚度变化不一。此外，山前是新构造运动活跃地带，山区的不断抬升和平原的持续下降，造成堆积物的不断沉积。升降幅度越大，山前地带的堆积物越厚，如祁连山、大青山、天山的分布砂砾带厚达数百米，但纵向延伸不大，一般仅5～10km。若山前地带以阶梯状断块构造与平原相接时，其基底呈逐渐下倾的构造形态，上部砂砾带厚度不大，却延伸较长，如大兴安岭东麓的砂砾带厚度不足20m，纵向延伸却长达60km。

洪积扇有一定的沉积规律，因此冲洪积扇中地下水的埋藏分布，在水位、水质、水量各方面都表现出相应的变化特点。

（1）上部砂砾石带：厚层砂砾中有埋藏较深的潜水，直接受地表水和大气降水渗入补给；由于含水层透水性强、厚度大、径流条件好，属于地下水的补给—径流带，水质好、水量大、单井出水量一般大于5～10L/s，如图6-17所示。

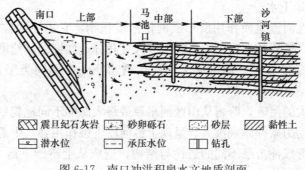

图6-17　南口冲洪积扇水文地质剖面

（2）中、下部粗细沉积交错过渡带：由于含水层粒度逐渐变细，厚度变小，使富水性降低，水力坡度也逐渐变小。水位埋藏则变浅，在扇的下部因黏性土沉积层的阻挡，水流受顶托上抬，水面逐步贴近地表，溢出成泉或形成湖泊、沼泽，此带中的潜水受到蒸发影响使总溶解固体的含量增大。在交错过渡带的潜水含水层下，被稳定的黏性土层所覆盖的砂砾层中，埋藏的为承压水，水头向边部外围方向逐渐增大，在地形低洼部位可以自流。承压含水层通道也由较厚的单层向平原方向过渡为多层薄层，沉积物粒度变小，富水性也相对减小。承压水不易受到蒸发的影响，故地下水盐度不高。因此，这一带地下水以浅部潜水溢出和深部储存承压水为特征。

（3）边部黏性土带：此带在岩性上主要为黏性土及细粉砂，地下水埋藏浅径流缓慢蒸发强烈，地下水含盐量较高，易出现土壤盐渍化。仅在有河流通过的两岸地带，出现盐含量相对较低的潜水。

我国南方冲洪积扇的水文地质条件的变化一般亦符合上述规律，只是南方雨量充沛，各带的水质变化不很明显，如四川岷、沱二江，冲洪积扇中潜水总溶解固体含量一般小于0.5g/L，仅在边缘部分有时可达0.7g/L。

山前倾斜平原是一系列冲洪积扇相互连接构成的，在需水量巨大并且集中开采的情况下，通常先要找出组成山前倾斜平原的各种洪积扇中最富水的冲洪积扇，然后在选定的冲洪积扇范围内进一步确定其富水部位。

北京位于山前倾斜平原之上，南口冲洪积扇位于北京的北面，扇宽 10km、长 20km，属中小型冲洪积扇，如图 6-16 所示。按水文地质特征分为：

上部：以砂砾卵石组成含水层，厚度在几十米以上，夹杂有少量黏性土，渗透系数在 30~50m/d，地下水属潜水类型，水位埋深在 10~60m，水力坡度在 6‰左右，渗透条件较好。水量丰富、单井出水量可达 5000m³/d。为总溶解固体含量小于 0.4g/L 的淡水。

中部：含水层已逐渐过渡为含少量砾石和黏性土互层，透水性已较上部显著减小，渗透系数为 5~10m/d。因弱透水层的出现，局部出现承压，但潜水位与承压水位相差不大；潜水埋深很小，在地形低洼处可溢出地表。水量也较上部变小，单井出水量为 3000m³/d。水力坡度减小到 2‰左右，渗透条件变差。潜水总溶解固体含量已增至 0.4~0.6g/L。

下部：岩性为粉质黏土、砂质粉土夹薄层粉细砂层。粉细砂的透水性更差，渗透系数为 2~4m/d，单井出水量仅 1000~2000m³/d。潜水位埋深为 1~3m，潜水总溶解固体含量增高到 0.8g/L 左右，水力坡度仅 1‰左右，地下水运动更加迟缓。

2. 冲积物中的地下水

冲积物指常年性河流地质作用所形成的松散堆积物。它由不同粒径冲击成因的卵砾石、砂、砂质粉土、粉质黏土和黏土组成，磨圆度和分选性好于其他堆积物，其中砂和砂砾石层，只要补给条件有利，均可成为理想的含水层。为不同类型地下水供水水源之首选。

一条流域面积大的河流，跨越从山区到平原最终入海的不同地貌单元，在新构造运动的制约下，沿程水动力条件差别极大，呈现上游河段下蚀作用强，中游为侧向侵蚀，下游河段以堆积为主，形成冲击层不同的岩性与结构，造成从上游到下游，冲积物不断增厚、变细、分选性提高等规律。

(1) 河流上中游河谷的冲积层

在河流的上游山区河谷地段，处于新构造活动的相对抬升区，地形落差大，水流速度大，故主要表现为向下侵蚀，河谷呈 V 字形。河谷与河床的界限不清，堆积作用弱，少见较厚的堆积物。只有枯水时水量、流速都变小，粗大的碎屑物质（卵砾石、粗砂）才能在河湾的凸岸和河谷的开阔河段堆积下来，其上通常缺乏细粒黏土质的覆盖层。冲积层分布不连续，以卵砾石和粗砂为主，透水性好，因漫滩与接地规模较小，含水层调控空间有限。

在河流中游的地区丘陵区，河谷加宽，呈 U 字形处于新构造活动相对稳定阶段。以侧方侵蚀作用为主，河床内横向环流冲刷凹岸，使粗大的卵砾石被搬运到凸岸一边河底沉积下来，逐渐形成滨河浅滩。在洪水期滨河浅滩淹没，沉积一些粉细砂和黏土物质，便形成了河漫滩下粗上细的二元结构，如图 6-18 所示。

(2) 河流下游平原的冲积层

江河下游地区通常是新构造运动的沉降地带，有利于河流不断地堆积形成冲积平原。大平原可宽达数百公里，与山前倾斜平原相连，可分为山前平原、中部平原和滨海平原，如图 6-19 所示。

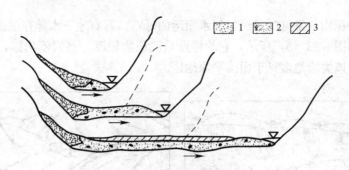

图 6-18　河漫滩及其二元结构的形成
1—堆积物；2—河床相冲积物；3—河漫滩相冲积物

在河道附近堆积的物质比较有规律，沿水平方向粗细颗粒往往呈带状分布。靠近河道的地方，包括河漫滩和一级阶地一带，沉积物是透水良好的砂层，厚度也较大，是储存地下水的良好场所。远离河道的地方含水层逐渐变薄。

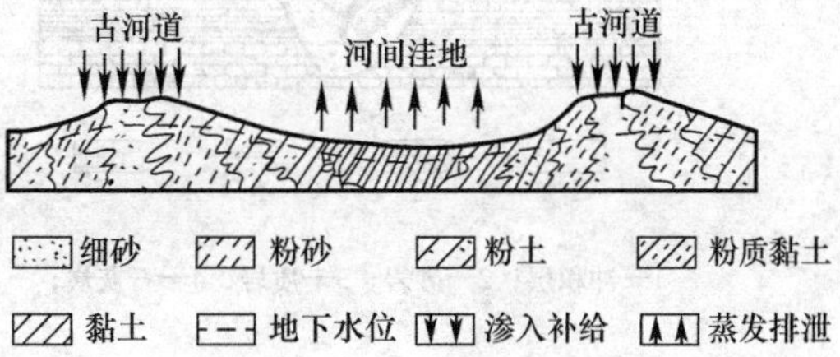

![图6-19](古河道 河间洼地 古河道 细砂 粉砂 粉土 粉质黏土 黏土 地下水位 渗入补给 蒸发排泄)

图 6-19　江河下游水文地质剖面

黄河在下游的堆积比较特殊，由于黄河在下游区河床高于地面（称为地上河），河道变浅，容易发生泛滥，两岸的泛滥堆积物往往高于河间地带，形成天然垅岗。在两侧先后形成数期泛滥带沉积，依次叠置在一起，在洪水主流线上沉积细砂，向两侧依次为粉砂、粉土、粉质黏土及黏土。在剖面上，古河床沉积河滨河泛滥堆积呈条带状，在河间地带则是湖沼相黏土淤泥物质，与滨河泛滥相的粉细砂呈水平交错过渡。如果河流改道到地势较低的河间洼地，就使沉积物在平面分布上发生变化，而在剖面上形成粗细相间的沉积韵律。一般砂层透镜体厚度最大处是该期河床位置所在。

（3）河流发展过程中的阶地沉积

阶地是分布在谷坡的，一般是不被河水所淹没的一些有陡坎的平台。阶地是新构造运动使地壳间歇性上升和河流作用的共同结果。当河流上游地区地壳相对上升时，使河流的垂向侵蚀增大，便在河谷中冲刷出一条较狭的河床，在新河床的两侧便形成了阶地。地壳间歇性上升和下降就能形成多级的河岸阶地，如图 6-20 所示。

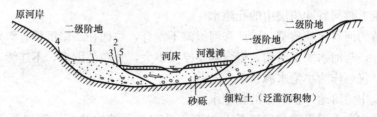

图 6-20　河谷阶地横断面示意
1—阶地面；2—阶地陡坎；3—阶地前缘；4—阶地后缘；5—阶地坡脚

阶地主要有两种类型：一种是侵蚀阶地，如图 6-21（*a*）所示，它的特征是阶面宽度不大，宽度变化却大，阶面明显地向下游方向倾斜，阶坡常为陡坎，基岩裸露，基本上没有或有很薄的冲积物，常见的是经过河水搬运的砾石，若有地下水储存量也很小；另一种是沉积阶地，如图 6-21 (b) 所示，它的特点是沉积物较厚，基岩不出露，一般都埋藏有丰富的地下水，该类阶地多见于山前平原地区。

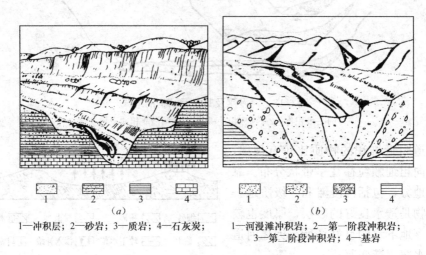

1—冲积层；2—砂岩；3—质岩；4—石灰炭；　　1—河漫滩冲积岩；2—第一阶段冲积岩；
　　　　　　　　　　　　　　　　　　　　　　3—第二阶段冲积岩；4—基岩

图 6-21　侵蚀阶地及沉积阶地

(a) 侵蚀阶地；(b) 沉积阶地

　　沉积阶地的结构一般类似河漫滩二元结构的特点，但常常较为复杂，在近陡坎地带常见到坡积物及冲积物的交互堆积。同一阶地上沉积物也有明显变化，前缘近河谷中部，沉积物较后缘厚，且粒度粗，透水性强，所以富水性也好；而后缘由于有坡积物交错沉积，黏土质增强，降低了透水性，同时沉积物粒度较细，故富水性较差。

　　河谷冲积层构成了河谷地区地下水的主要孔隙含水层。河谷冲积物空隙水的一般特征为：含水层沿整个河谷呈条带状分布，宽广河谷则形成河谷平原，由于沉积的冲积物分选性较好，磨圆度高，孔隙度较大，透水性强，常形成相对均质含水层，沿河流纵向延伸，横向受阶地或谷边限制。在垂直剖面上，含水层具有二元结构，复杂结构也常为多个二元结构的组合。

　　河谷冲积层中的地下水虽然有一些共同特征，但由于在河流的中上游河谷及下游平原，冲积层的岩性结构、厚度等都不相同，因此冲积层中地下水的埋藏分布和水质、水量也较大的差别。

　　(1) 河流上游河谷冲积层中的孔隙水

　　河流上游的河谷比较狭窄，阶地和河漫滩不发育，往往在凸岸沉积有卵砾石层，透水性强、水质好，与河水关系密切，但含水层厚度不大，分布范围小，不连续，地下水水位季节变化大，仅可作为小型水源。

　　(2) 河流中游阶地冲积层中的孔隙水

　　在河流的中游，河漫滩和阶地较为发育。具有二元结构的河漫滩属最新堆积的冲积层，上部的细砂及黏性土相对为弱透水层；下部是中粗砂和砾石组成较强的透水层，埋藏有丰富的地下水，含水层在整体上可视为潜水，但下部砂砾层中的地下水具有一定的承压性。阶地孔隙水与河水具有密切的水力联系，接受大气降水、地表水和基岩地下水的补给。

138

丘陵山区在地质构造上处于相对抬升和下沉的连接部位，间歇性升降活动形成多层型结构，各层阶地的冲积层岩性、厚度差异极大，一般低阶地的供水条件最优越，尤其是一级阶地和漫滩，大多为单一冲击成因，粒粗分选好，与河水的关系密切，有利于补给，富水性与水质最好。在高阶地或阶地边缘，受其地质应力作用，使冲积物的成因复杂，常夹杂有坡积物或洪积物，造成细粒黏土质成分增多，不进含水层透水性、富水性差，汇水条件和补给条件也不好。黄河兰州段形成了六级阶地，其中一级阶地沿黄河不连续分布，宽度小于 500m，含水层最厚处达 340m，下部为砂砾卵石层，上部为粉细砂；潜水埋深 1～3m，透水性良好，渗透系数为 40～100m/d，主要接受黄河水补给，历史上单井出水量可达 4000～6000m³/d，水质为 HCO_3-Ca·Mg 水，总溶解固体 0.3g/L 左右，兰州城市供水中的地下水多取自该阶地与河漫滩的含水层。二级阶地出露较广，界面平坦，最宽可达 4km 多；该阶地含水层厚度变化大，由几米至 20 多米；渗透系数平均 14m/d，潜水埋深在 1～15m 左右，不仅富水性远比一级阶地差，水质也不如一级阶地，总溶解固体已达 1g/L。在四级阶地以上水量已很小，水质差，不能直接作为饮用水供水水源。

（3）下游平原冲积层孔隙水

下游平原地处新构造运动沉降带，堆积物厚而细，地面坡降缓，河流流速小，侧蚀作用增强，河床极不稳定。河道两侧依次堆积有：河床相、漫滩相、牛轭湖相、泛滥相与河间相等由粗变细的堆积物。由于河道的不断迁移袭夺和气候干湿变化造成的堆积物不断外扩（雨季）和内缩（枯季），使不同堆积物相互叠加；在垂向上，地壳的不断下降，造成堆积物后期盖前期，再冲刷再覆盖；同时，在平原形成的历史过程中，往往伴随有冰川、湖泊、海水等其他堆积作用。因此，大平原堆积物的成分结构极其复杂。

由于大地构造、新构造运动、气候和上中游地区的岩性等条件的不同，我国主要水系下游平原的水文地质条件各不相同，如长江、珠江、钱塘江下游平原，因第四纪以来地壳降陷较小，冲积层一般仅 20～60m，有些地方还断续分布孤山和丘陵，堆积物以砂砾为主，渗透好、水量高、水质好，而降幅大的黄河下游冲积平原，堆积物最厚处可达 1400m，堆积物岩性复杂，由于径流黄土高原，岩性以粉细砂为主，渗透性差，除降雨补给外，其他补给条件相对较差。地下水储量大，但不易恢复，由于水循环交替条件差，底部往往还有咸水和盐水。

松嫩冲积平原，第四纪松散堆积物从上而下可分为 3 个组，如图 6-22 所示。上层是由嫩江、松花江及其支流的冲积物所组成的河漫滩和一级阶地，含水层由上游到下游粒度、厚度和富水性逐渐变小；河漫滩宽 5～10km，在嫩江上游河漫滩沙层厚 20～37m，单位出水量 1.1～3.67L/(s·m)；而下游单位出水量减小到 0.25～1L/(s·m)。一级阶地宽达百余公里，在西部是砂砾石，单位出水量 2～4L/(s·m)；向东部下游方向变为细砂，单位出水量降为 0.5L/(s·m)。中部层组是冲击和湖积层的交错过渡，富水性差异很大，古冲积砂砾层透水性强，单位出水量 1～7L/(s·m)。湖泊相沉积中的含水层厚度不大，水量小。下部是冰水沉积的砂砾，由西向东粒度、厚度变小，单位出水量 1L/(s·m)左右。

古河道既是良好的储水空间，又是汇水、输水通道。含水层组通过古河道在水平方向上发生联系，在垂向上则有源于不同年代粗粒堆积物相互叠加的"天窗"联系。古河道分两类：一类是近代河道改道后在地表面下的古河道，在微地貌上，显示带状分布的洼地、

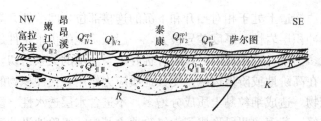

图 6-22 松嫩冲积平原第四纪地质剖面

湿地等残面形态，一般为潜水，有利于降雨的补给。同时，在河流改道点与发生地表水发生水力联系，接受补给。由于分布地形较高，潜水位埋深大，蒸发弱，以渗流为主，所以水量与水质良好；其两侧岩性变细，地势低，潜水位埋藏浅，蒸发强烈，矿化度高，地面常盐渍化，水量、水质差。另一类古河道埋藏于平原下部早期堆积物中，沿水流方向呈带状分布，宽度和厚度有限，在剖面上呈舌状渗流体，构成承压水。

在平原地区开展供水水文地质调查时，首要任务是从平原形的地质历史环境条件出发，以河床为重点，通过收集资料，分选平原不同成因堆积物的分布规律，并根据年代、成因、沉积频率和地下水水利特征等条件划分含水层组，其中对古河道的研究尤为重要。

3. 湖积物中的地下水

在大的湖泊中，湖泊沉积物的分布常呈环带状，从湖滨向湖中心，沉积物由砂类逐渐变为黏土类物质。当河流汇入湖泊时，所携带的粗碎屑物质（砂、砾等）在河口沉积下来形成三角洲。因此，湖泊沉积往往亦称为河湖沉积，三角洲通常是湖泊沉积地区的富水地段。

由于湖滨带及三角洲地带的沉积是在动水的环境下进行的，常呈砂与黏土的交互层，在砂层中往往富水，也可形成承压水。例如山西运城盆地，第四纪沉积了 300m 以上的湖相为主的沉积物。当时较大的河流从北面和东北方向注入，形成古河道及三角洲沉积，埋藏着丰富的地下水；而南部湖相黏土沉积发育，富水性很差。运城盆地的北面及东北面沉积物从上而下可分为四组，其中第三、四组夹有中细砂及粗砂层。第三组承压水头高出潜水位 3～5m，地形标高在 350m 以下的地区都可以自喷，自流量为 43.2～345m³/d；第四组承压水头高出潜水位以上 5m，自流量为 43.2～1123m³/d，总溶解固体含量约 1g/L，属 HCO_3-Ca·Na 水。

在湖泊中心的沉积物通常以淤泥质黏土、粉质黏土为主，夹一些薄层粉细砂、中细砂层或透镜体。砂层内地下水的补给条件不好，储量不大，且水中常有淤泥臭味，在干旱地区这样的含水层也只能作为小型水源。

在湖泊相沉积层中若没有理想的含水层，则应注意其下伏其他类型沉积物的含水性，以便开采利用。如东北嫩江平原的湖积层下伏有冲积及冻水沉积的砂砾层，钻孔最大出水量达 5200～14400m³/d。

湖泊沉积层往往被洪积层或其他成因类型的松散岩层所覆盖，这种情况下确定湖泊相沉积必须依靠钻孔资料。

4. 滨海沉积物中的地下水

滨海平原地区通常是海相与陆相交错沉积的地带，其岩性一般为砂、砂质粉土、粉质黏土及有较多有机质的淤泥。地下水的化学成分也具有大陆淡水与海洋咸水混合过渡的特征。在滨海平原的近海带，海水在水压作用下进入沿海的含水层中，与陆相沉积层中的低矿泉水化淡水混合。由内陆向海洋方向咸水层逐渐增厚，地下水的总溶解固体含量逐渐增高，化学类型也呈现有规律的过渡。这种混合因淡水不断地由地下水径流得到补充而达到相对平衡，形成淡水与咸水之间的动平衡界面，如图 6-23 所示。当淡水补给量较大时，这一界面在平面上向海洋方向稍稍移动，而在垂直方向则向下移动；当淡水补给量较小时，则向相反方向移动。

在滨海地区打井，必须要确定淡水层的分布范围和合理的开采方案，特别是开采层位和开采量，否则即使是在淡水层中取水的水井也会逐渐使水质变坏，滨海地区过量抽取地下水将会引起咸水向内陆入侵，使水质恶化，这种现象在美国、英国、日本等许多国家均已出现，并造成严重恶果。美国得克萨斯州加维斯郡地区，地下水位原先位于海面标高之上 14.4m，

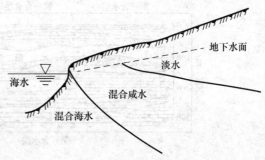

图 6-23　滨海咸淡水关系示意图

经过 10 年开采后水位下降了 30 多米，由于海水的入侵，厚达 500m 的淡水带大大减薄了。在加利福尼亚州，由于地下水位下降，海水入侵到沿海 13 个含水层，并使数十万亩良田变为碱地。我国东部沿海一些地区也存在类似问题。为了防止海水入侵淡水层，目前国外普遍采用地下水回灌方法，把淡水注入承压含水层，造成淡水压力水墙，起到阻挡海水继续入侵的作用。我国上海、天津、杭州等地也已经采用地下水人工回灌，并收到一定效果。

滨海地区的供水，应注意寻找和开采深部承压水，地下深处埋藏的承压水因补给来源较远，一般常为淡水。

上海地区第四纪海陆交替相松散地层厚达 300m，如图 6-24 所示。150m 以上为滨海相和河流三角洲相的黏土土层、砂层、夹有薄层的陆相黏土和细粉砂层；150m 以下是河流相砂砾层和湖相黏土层交替组成。根据第四纪覆盖层的水文地质特征，大体划分成一个潜水含水层和 5 个承压含水层。表层潜水和第一承压含水层因海水影响水质很差，很少开采利用。自东北向西南，下部承压含水层岩性由粗变细，厚度由大变小，出水量逐渐变小，总溶解固体（TDS）由 0.5g/L 增高到 2～5g/L，水化学类型由 HCO_3 型变为 Cl-Na 型，这个分带现象与长江通过古河床补给有密切关系。第二、三承压含水层埋深在 75～150m，含水层厚 20～30m，水量大、水质好。为上海地区地下水主要开采层次，这两个含水层的开采量占各层总开采量的 85% 以上。

天津、沧州以东的滨海地带，在地表以下 250～300m 之间有 3～4 个水质很好的承压水层，承压水头高出地表成自流井。

滨海地带的砂丘、砂带或砂岛上，砂层透水性好，使大气降水大部分渗入地下，淡水和咸水的混合在砂土中进行得相当缓慢，所以海水承受淡水的压力，相对密度较小的淡水居于咸水面之上，便形成了淡水透镜体。

滨海海底若下伏有陆相沉积层时，也可能埋藏有承压的淡水层。例如雷州—海南向斜盆地，是由雷州半岛通过琼州海峡达海南岛北部，如图 6-25 所示。该盆地岩层为第三系

和第四系下更新统的内陆湖盆沉积及海陆交替的泻湖相沉积，厚度大于 500m，岩层的倾角一般在 4° 以内，构成了一个完整的自流盆地，在第四纪更新世之后才沉入海底。据勘探，500m 深度内有 5 个承压含水组，总厚 100~200m，水的总溶解固体不超过 1.5g/L，雷州半岛附近海面上的钻孔测得的承压水水头可高出海平面几十米；在沿海岸一带地面标高小于 5~10m 的地方，单井自流量最大达 3400m³/d。

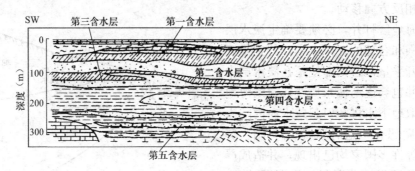

图 6-24　上海地区水文地质剖面示意图

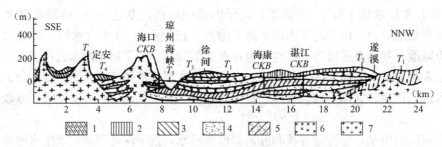

图 6-25　雷州-海南向斜盆地剖面

1—火山岩残积层；2—第四纪北海系；3—湛江系黏土；4—湛江系砂层；5—古生代变质岩；

6—火山岩（主要为玄武岩；凝灰质砂岩）；7—中生代花岗岩；CKB—钻孔；T、T_1、T_2……—地质点

5. 黄土中的地下水

我国黄土分布于甘肃、陕西中部和北部、山西等地的黄土高原及华北、东北的山前丘陵和波状平原。黄土是由风、水等的作用而搬运沉积的第四纪松散堆积物，厚度可达百米以上，主要由粉土颗粒组成。

（1）黄土含水层的基本特征

黄土层是非均质的、为裂隙和孔隙的含水层。虽然黄土的给水度弱，但由于它在堆积过程中形成有各种孔洞和裂隙，为地下水的储存和运动创造了条件。孔洞和裂隙的发育由地表向深部逐渐减弱。

黄土层具有多层含水层、上层为潜水（局部有上层滞水）；下层可能有承压含水层分布，厚度大，分布较稳定的古土壤或钙质层形成相对隔水层。黄土层中地下水的富水性取决于地形、裂隙发育程度等，一般洼地的富水性相对最好，而地形破碎、沟谷深切的地段最差。潜水埋深可达百米以上，水量一般都甚小。黄土层中地下水主要来自大气降水或洪水的渗入补给，水平径流很微弱。排泄方式主要是蒸发，其次是泉水溢出。

（2）黄土中地下水的埋藏形成

黄土层中的地下水主要赋存于宽缓的沟谷、塬面的洼地及丘间盆地。

黄土沟谷中地下水的埋藏在各段是极不相同的。上游沟谷坡度陡，沟谷狭窄，地下水埋藏较深，很少见水质较淡的水。中游沟谷宽阔而平坦，地下水埋藏深度相对较浅，分布宽度也较大，优质的地下水往往在这一段形成。在下流的深切谷中，常有泉水在沟底出露。但由于地下水位浅而发生强烈盐渍化，因而水质很差。

黄土塬是黄土覆盖的位置较高、面积较大的平地，又称为黄土平台。黄土塬多具有双层结构，土覆盖土，下伏第四纪前期不同岩相或前第四纪地层，如图 6-26 所示。

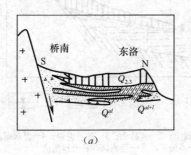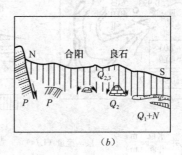

图 6-26　关中盆地黄土塬结构类型示意图

(a) 下伏洪积相的黄土台塬；(b) 下伏基岩的黄土台塬

塬面上低洼处地下水较富集，主要是由于降雨汇水条件好、渗入量大的缘故。如陕西关中地区黄土塬洼地水位一般埋深 $10\sim20m$，单位出水量为 $0.4\sim1.86L/(m\cdot s)$，水量比周围塬面大 $5\sim10$ 倍。另外有一些地段地形平坦、地面完整、水位埋藏浅，故富水性也较好。如陕西渭南丰原一带，地貌单元属下状洪积相的二级黄土台塬，其塬面较平坦，水位埋深 $20\sim30m$，单位出水量 $0.054\sim0.34L/(m\cdot s)$；而相邻的一级黄土台塬地形破碎，水位埋深 $50\sim70m$，单位出水量仅 $0.03L/(m\cdot s)$ 左右。

由黄土梁、峁和丘间盆地组成的黄土丘陵区，地表沟壑纵横，支离破碎，水文地质条件极为复杂，某些地段还有不同程度的地方病。该区的地下水，特别是低盐度的淡水，主要赋存于一些无外泄水流的宽浅坳谷和沟头洼地，即所谓的丘间盆地之中。这些丘间盆地堆积有厚度不大的第四纪松散岩层，在水文地质上自成独立单元，拥有自己的补给、径流和排泄地段。图 6-27 为甘肃省静宁县司桥乡高庄掌形丘间盆地，其储水面积 $0.4km^2$，汇水面积 $2.5km^2$，排泄区泉的排泄量 $0.99L/s$。潜水埋深 $7.03m$，当钻孔内水位下降值为 $10.97m$ 时，出水量达 $145.84m^3/d$。

黄土地区底部若下伏有洪积相、冲积相、湖积相等地层时，这些下伏的含水层中常富存有水质好的承压水。例如宝鸡市黄土层底部有一层厚 $2\sim30m$ 的冲积相砾石层（Q_1^l）宝鸡市的供水有一部分取自该含水层。当黄土地区下伏基岩时，应在基岩的风化洼地或裂隙发育部位寻找富水地段。

黄土中含可溶盐较多，黄土分布区降雨稀少，因此黄土中的地下水的总溶解固体（TDS）较高。在最干旱的北部，黄土含可溶盐 $0.5\%\sim0.8\%$，地下水一般总溶解固体含量为 $3\sim10g/L$ 的硫酸盐—氯化物水；相对湿润的南部，黄土含可溶盐少于 0.3%，地下水中的总溶解固体一般小于 $1g/L$ 的重碳酸盐。在同一地区，水的总溶解固体随径流的增长而显著增高。

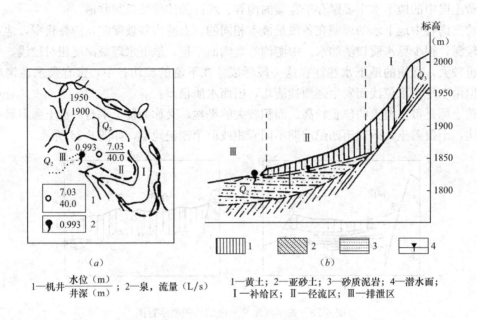

(a)

$$1—机井\frac{水位(m)}{井深(m)};2—泉，流量(L/s)$$

1—黄土；2—亚砂土；3—砂质泥岩；4—潜水面；
Ⅰ—补给区；Ⅱ—径流区；Ⅲ—排泄区

图 6-27　高庄丘间盆地

(a) 平面图；(b) 剖面图

6. 沙漠风沙层中的地下水

我国沙漠主要分布在西北，沙漠面积约占全国总面积的 11%。这些地区气候极端干旱，年降水量一般在 100mm 以内，年蒸发量达 2000～3000mm。这样的气候条件下，地表径流稀少，地下水资源贫乏。

在沙漠地区，尽管有蓄集地下水的很好条件，但由于缺乏补给来源，而仅成为可以透水而不含水的干岩层，或蓄集水以后，受到强烈的蒸发浓缩而成为咸水，在这种对地下水的形成普遍不利的条件下，仍然可以找到一些可利用的淡水，是人畜用水和工农业建设的宝贵资源。

（1）山前倾斜平原边缘沙漠中的地下水

沙漠地带边缘常与山前倾斜平原毗连，主要由洪积物组成，可形成地下水，这里虽然气候干旱，对地表水的形成不利，但在高山上有冰雪融化可补给地表水，没有冰雪时，一般山区的雨量较大，在雨季仍可形成洪流，山区河流流出山口后，大量渗入地下补给地下水。水位埋藏较深，受蒸发影响不大，水量一般丰富，水质较好。

（2）古河道中的地下水

沙漠地带，在水丘之下有时埋藏有古河道，这些地方地势较低，有利于降水的汇集，而且古河道中岩性较粗，并向湖泊洼地伸延，径流交替条件较好，所以常有较丰富的淡水。例如内蒙古白音他拉附近的古河道，在地表还留有阶地陡坎和槽形洼地，带状分布的小型湖泊和沼泽，古河道带生长有喜水植物，地下水埋藏浅，水质好（见图 6-28），成为该地区主要的供水水源地。

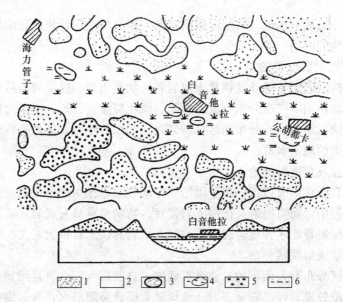

图 6-28　内蒙古白音他拉古河道示意图

1—砂；2—黏性土；3—沙丘；4—沼泽及湖泊；5—水草地；6—地下水位

（3）大沙漠腹地的沙丘地区地下水

远离山的沙丘区：该区的沙漠中占面积较大，地下水的蒸发强烈，补给主要依靠地下水径流及凝结水。潜水的埋藏随沙丘的大小和形状而异，高大的沙丘下潜水埋藏较深，小沙丘下埋藏较浅；沙丘之间的洼地潜水埋藏更浅，但水质不好，大都是具有苦咸味的高矿化水。

沙漠中的承压水，往往埋藏在被覆盖的基岩或倾斜平原之中。有些沙漠广泛分布的盆地，在地质方面也是一个构造盆地，其中，中新代的基岩常有承压水。例如新疆准噶尔盆地，就是一个封闭的中新生代岩层构成的承压水盆地，各时代的岩层中普遍蕴藏着地下水，第三纪岩层中的承压水水头高出地表 $15\sim22m$，单位出水量一般为 $0.5\sim1.6L/s$，地下水总溶解固体含量不超过 $0.4g/L$，水质属 $HCO_3\text{-}Na$ 水。

6.5.2　裂隙水

1. 裂隙水的一般特征

储存并运移于裂隙岩石中的地下水，称裂隙水。

裂隙水主要受岩石裂隙发育特点的制约，其裂隙率比松散岩石的孔隙率要小 $1\sim2$ 个数量级，岩石中裂隙大小悬殊，分布极不均匀，具方向性。矿山所见：巷道揭露充水的裂隙岩层时，不成面状涌水，而是沿一定的构造方向和裂隙发育地段集中渗水或涌水，而其他方向和地段的水量很小，或大部分干燥无水。所以非均质和各向异性以及出水量小，是裂隙水的基本特征。

裂隙水广泛分布于层状岩石地区的区域性构造裂隙中，形成层状（层控）裂隙水；在块状岩石地区，通常沿侵入岩接触带的成岩裂隙带呈脉状分布，或以似层状分布于火山熔岩的成岩裂隙中，或保存于风化壳中，形成脉状似层状裂隙潜水。

一个地区，在地质历史过程中，由于经历多次构造变动，不同时期、不同成因的裂隙相互交切复合，大体上形成网络状裂隙导水系统，其基本特征在宏观上与多孔介质中的孔隙水相近，其统一的地下水位，属层流运动状态，因此可沿用传统的含水层概念，但应赋予非均质各向异性的内涵。

2. 不同成因类型裂隙中的地下水

具有块状结构的岩层主要涉及块状火成岩和块状变质岩。这类岩石致密坚硬，在其形成及后期构造变动作用下广泛分布有成岩裂隙、风化裂隙。另外，不同时期岩浆侵入及岩脉的穿插，使得块状结构岩石分布地区具备储存地下水的能力，条件适宜地区，可以发现具有一定供水能力的地下水源。

(1) 成岩裂隙发育地段的地下水

成岩裂隙是岩石在形成过程中由于固结、冷凝收缩等作用而形成的裂隙。这种裂隙多见于硬脆的岩浆岩中，而喷出岩又比侵入岩发育。特别是有些玄武岩，层面裂隙和垂直层面的柱状裂隙都很发育，这种成岩裂隙发育的玄武岩对供水有重大意义。成岩裂隙中埋藏的地下水常呈层状或似层状分布。

我国西南地区分布有大面积的二叠系玄武岩，自四川西部一直延续到云南中部，其中某系地区成岩裂隙较发育，出露地表时，常埋藏有层状裂隙潜水；在云南的某些向斜构造中，该成岩裂隙发育层被覆盖又成为层状承压水，如阿直盆地中承压水头高出地表 17m，钻孔单位出水量达 $0.8L/(s \cdot m)$。内蒙古自治区玄武岩分布面积也较大，其中第三系玄武岩往往构成熔岩台地，当下伏有隔水层时，在玄武岩中赋存有较丰富的地下水。美国檀香山城的供水，就是取自玄武岩层中的裂隙水，单井平均出水量为 $2160m^3/d$。

(2) 风化裂隙发育地段的地下水

暴露在地表的岩石，在温度变化及水、空气、生物等风化应力作用下，形成风化裂隙。风化裂隙常在成岩与构造裂隙的基础上进一步发育，形成密集均匀、相互连通的裂隙网络。地下水在风化裂隙中的储存是以基岩风化裂隙带作为含水层，以其下部未风化的新鲜不透水岩石作为隔水底板，因此风化裂隙水一般为潜水；被后期沉积物覆盖的古风化壳，可赋存承压水。风化裂隙水的水量一般不大，但由于水位埋深浅、分布广，故对解决用水量不大的分散供水量具有重大意义。

风化裂隙发育地区储存地下水的最大特点是呈层状分布。风化裂隙一般发生在地表以下几米到几十米深度内的岩石风化壳中，常常构成统一的地下水面。地下水面埋深因地而异，一般山顶、山脊可达几十米，而山坡脚下往往只有几米，甚至成为泉水溢出地表，如图 6-29 所示。风化裂隙水含水带向深部逐渐过渡到隔水的未风化的岩石层，两者之间并没有明显的界限。

风化裂隙水的埋藏和富水部位主要受岩性、地质构造和地形等因素的影响。硬脆性岩层分布地区，风化裂隙发育较多，分布也普遍，单井出水量一般不大。如青岛市许多矿用水均取用崂山花岗岩风化裂隙水，单井出水量仅 $48\sim240m^3/d$。岩石中的构造裂隙和成岩裂隙发育的深度和强度亦很大。如延安地区的基岩中，地下水就主要富集于河谷一带扭裂隙集中部位的风化壳中。地形对风化裂隙水的富集分布起着控制作用，在起伏平缓的风化剥蚀地形区（如丘陵谷坡坡脚和谷底），风化带比较发育且厚度大，地表水渗透和汇集条件好，成为风化裂隙水的富集地段。而在起伏剧烈的侵蚀山区，陡坡与山脊的基岩风化带多被侵蚀掉，或保留部分弱风化带，不利于地下水储存。

近年来很多勘测资料说明，多数中生代和新生代形成的古风化裂隙带至今基本原样被掩埋在深部，常构成一个含水层。因此，在寻找风化裂隙水时，应注意寻找古风化壳，如图 6-30 所示。

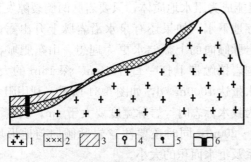 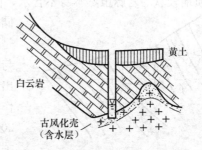

图 6-29　风化裂隙潜水和承压水示意图　　　　图 6-30　完满山区北庄村花岗岩
1—未风化基岩；2—风化带；3—黏土；　　　　　　古风化裂隙储水示意
4—暂时性泉；5—常年性泉；6—水井

（3）侵入接触带的地下水

脉状裂隙水沿侵入岩接触带或脉岩分布，在空间上不受岩层层面限制，可贯穿不同岩性、不同层位、不同时代的岩层。含水带与两侧围岩界限有的清楚，有的呈渐变状态。脉状裂隙水各向异性、非均质性明显。

侵入接触带储水机理：

1）侵入岩的成岩裂隙主要分布于围岩接触面附近，呈垂直相交的三组裂隙系统，厚50~100m 不等，成区域性分布，张开性好；同时也常在围岩中产生宽度不大的挤压肿胀裂隙。

2）岩浆入侵围岩时，若产生硬化类型的围岩蚀变（硅化、碳酸盐化），使围岩接触带的岩性脆性化，在后期构造变动中易破碎变性，发育张开性裂隙。

3）因接触带两侧岩石力学性质差异，在后期构造变动中，易沿接触面产生相对滑动，形成构造裂隙密集带。

4）当围岩富水性较差时，接触带的储水规模一般不大；反之，若围岩富水，侵入体则起拦截汇集地下径流作用，在接触带上游形成相应规模的富水带。

因此，在侵入接触区寻找地下水时，应首先划分出接触带的范围，在接触带中找寻裂隙密集带，并调查围岩的含水性，优先在具有一定补给来源的近期活动的接触带中进行勘察。

当入侵岩的产状为岩脉时，在水文地质中具有重要的意义。若围岩透水条件不好时，岩脉本身可以是储水的。如果围岩透水性能较好时，岩脉又可起到相对阻水作用，因而岩脉常被看作基岩地区寻找地下水的标志，称之为岩脉型储水构造。

由于各地区岩脉的岩性不一样，在经过同样的构造变动后所受的破坏及裂隙发育程度也会有差异。一般硬度和脆性较高的岩脉，如石英岩脉、伟晶岩脉等，在构造变动作用下裂隙非常发育，其本身富水性和导水性及脉壁富水性，都优于较软、易风化的煌斑岩脉斑岩脉和辉绿岩脉等。例如，福州某医院钻孔打在石英正长斑岩的岩脉和脉壁上，出水量为 400m³/d；惠安某厂钻孔也打在这种岩脉及脉壁上，出水量达 2000m³/d。在福建塔兜、西洋一带，出露煌斑岩脉和辉绿岩脉，分别侵入到较硬的片麻状花岗岩及中粒花岗岩中，成井在构造断裂相交处，出水量为 136.3m³/d，而井不与构造断裂相交，打在岩脉和脉壁上，出水量仅 10m³/d 左右。

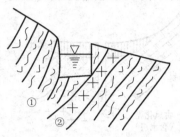

图 6-31　山东肥城柳沟大队
大口井地质剖面
① 片麻岩；② 岩脉

质地较软的岩脉虽然本身不含水，但能成为阻水地质体，只要岩脉两侧裂隙发育就能储存地下水，如果还有泉水沿岩脉上升出露，特别是岩脉倾向的上盘储水更为理想。山东肥城在岩脉与围岩接触带上打一直径 15m、深 16m 的大口井，出水量达 1000m³/d，如图 6-31 所示。利用阻水岩脉作为找水标志时，岩脉宽度要大于 1m，长度不小于 200~300m；同时还要注意岩脉倾向与地形坡向的关系及汇水面积的大小。

当侵入岩的产状为脉岩时，其储水空间由脉岩形成过程中发育的张开性成岩裂隙与围岩接触带中的挤压裂隙组成。通常脆性脉岩抗风化能力强，地形上大多成突出部位，因无填充具有良好透水性，不仅自身是地下水储存的良好空间，其接触带还起到对围岩地下水的汇集作用；反之，柔性脉岩易风化，常被风化黏土填充，透水性弱，其富水性取决于围岩裂隙的发育程度。

在坚硬的层状结构岩石分布区，由于构造应力作用的强度和岩层力学性质的不同，层岩本身形成的不同的构造形态及裂隙和断裂系统。裂隙网络及断裂裂隙分布带构成了在层状坚硬岩层地区控制地下水形成循环，以及地下水富集的控水构造。不同的构造形态，形成不同的含水岩层的空间展布及地下水埋藏类型。研究构造裂隙的发育规律、裂隙含水系统的基本特征及其形成机理，对揭示不同构造形态中地下水赋存、运动和富集至关重要。

(1) 构造裂隙的发育规律及其影响因素

1) 岩石的物理学性质

不同岩性的层状岩石，在构造应力作用下产生的构造形变和裂隙各异。脆性岩石（石英岩、砂岩、石灰岩等）表现为弹性形变和拉断破坏，产生的裂隙张开性好，导水能力强；塑性、柔性岩石（页岩、泥岩、千枚岩等）则呈塑性形变，以剪断破坏为主，形成闭裂隙和隐裂隙，缺少储存地下水的"有效裂隙"，故大多为相对隔水层。

此外，对于碎屑岩，还与胶结物性质及粒度结构有关。裂隙的张开性，钙质胶结好于硅质、泥质胶结，粗粒结构优于细粒结构。据云南二迭、三迭到陆相沉积岩的百余个抽水资料统计，一般中、粗粒砂岩的单位涌水量 q 为 0.013~0.084L/(m·s)；细、粉粒砂岩的 q 值仅为 0.0033~0.0055L/(m·s)，相差一个数量级。

2) 岩性组合与厚度

众多统计资料指出：在陆相沉积岩中，以大厚砂岩为主的岩层，其富水性反而不如砂、泥岩石互层的岩层。表明岩性组合与厚度对层状含水层富水性具有显著影响。褶皱时，塑性泥岩多言层面发生流变，导致夹于其间的脆性砂岩顺层拉引力而破裂，形成长裂隙（见图 6-32）。

岩层的单层厚度越大，其裂隙发育越稀疏，但裂隙宽度大，在同一裂隙岩层中打井时水量相差悬殊，矿山掘进时遇宽裂隙发生溃水，但其他的大部分地段涌水量，甚至干燥无水；反之，脆性砂岩的夹层越薄，其抗拉能力越弱，裂隙越密集，但裂隙的宽度小，富水性弱，由于含水均匀，层控性强，是缺水山区理想的找水布井层位。

此外，不同地层单元（组或统）中，脆性砂岩所占厚度的百分比也有影响。据四川盆地 17 个地区侏罗系上统砂、泥岩面层的 50 个钻孔资料，以及徐州、开滦等煤矿采矿资料的统计表明，脆性砂岩所占厚度的百分比，分别介于 20%～60% 以及 50%～70% 之间时，是构造裂隙发育最佳岩性组合区段，钻孔出水量最大，矿坑溃水最多；反之，砂岩所占百分比小于

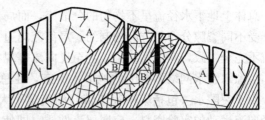

图 6-32　夹于塑性岩层中的脆性岩层
裂隙发育受层厚的控制
1—脆性岩层；2—塑性岩层；3—张开裂隙；
4—井及地下水位；5—无水干井；
A—脉状裂隙水；B—层状裂隙水

20% 时，因所夹砂岩的单层厚度薄，裂隙普遍细小，易填充，且水交替条件差，故富水性弱；大于 60% 或 70% 时，则因砂岩的单层厚度大，裂隙发育稀疏，连通性差，不利于地下水贮存和运动，钻孔揭露宽裂隙的机遇有限，而大部分地段的钻孔水量不大。

3）构造应力

应力对裂隙性质与分布具有控制作用。与主要构造线方向一致或垂直的纵横节理、裂面粗糙，是张应力作用下形成的导水裂隙。其中纵张节理的张开性与延展性均优于横张节理。与主要构造线方向相交的扭节理，是受剪应力作用形成的，常呈 X 行的两组共轭分布，同一组节理的方向相互平行，裂面平整闭合，张开性差，多半不导水。另外，岩层褶皱时，位于褶皱轴及其他岩层层面不平整部位，因伸长应力作用而与层面脱开，形成导水的层面张裂隙；而褶皱的两翼，岩层层面因滑动形成扭裂隙，陡倾斜岩层的层面与压性结构面想接近，层面裂隙具有扭性，一般闭合，不导水；缓倾斜岩才层面裂隙，一般为张扭性，具张开性；接近于水平的岩层，因层面滑动轻微，裂隙不发育，如图 6-33 所示。

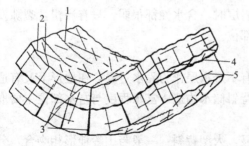

图 6-33　层状岩石构造裂隙示意图
1—横裂隙；2—斜裂隙；3—纵裂隙；
4—层面裂隙；5—顺层裂隙

在同一岩层中，应力集中部位的构造裂隙最发育，张开性与连通性好，如褶皱轴部，尤其是背斜轴部及其倾伏端，其次如岩层产状变化地段，弧形构造转折处，不同构造体系的复合部位，以及断裂构造影响带等。

4）岩层埋藏深度

随着岩层埋深的递增，地层围压力和地温不断上升，岩石塑性化程度增高，裂隙趋于闭合。通常裂隙的"有效含水深度"一般不超过 200～300m，断裂带附近可达 400～500m。

（2）层状裂隙水的特点

岩层控制的层状裂隙水的埋藏条件，地下水的分布总是与裂隙发育的层位相一致，其上、下边界相对隔水界面的控制，具有层控特征。由于层状岩石分布地区，透水与不透水的岩层常常相互交替并存。因此，构造裂隙水既有潜水，又有承压水或自流水。

总体上地下水径流呈不均匀的分散流，而局部构造部位则存在纵强横弱的集中径流。由于受不同裂隙分布与方向的制约，局部流向通常与等水位线不垂直，表现出局部流与整体流不完全一致，有迂回绕流，甚至反向流等现象。

　　裂隙水含水网络系统中的地下水流态，在总体上可视为与多孔介质中的层流运动相近。由于裂隙水（包括集中径流带）的流量不大，实际流速小于 $1000m/d$，根据裂隙介质径向流运动的实验资料，应属层流性质，即使出现局部的紊流运动，其紊流带的半径，在流量小于 $3000m^3/d$ 时，也不超过 $1.5m$，在供水中裂隙水的单井出水量很少超过此值。

　　（3）不同构造形态中的层状裂隙水

　　1）单斜岩层地区的地下水

　　有透水岩层和隔水层互层组成的单斜构造，在适宜的补给条件下，赋存地下水，称之为单斜储水构造。

　　单斜岩层曾受到较强烈的构造变动影响，使层面裂隙发生顺层错动，形成张开程度好、深度较大、含水性好的层面构造裂隙，且裂隙分布广泛，常可构成区域性的裂隙含水层。单斜含水层能储水的构造条件是在深部被断层或侵入体所阻截，或者是裂隙向深部逐渐减弱成为弱透水层甚至不透水层。这样含水层在侵没端没有排泄区，地下水只能沿含水层走向排泄于最近的沟谷中。

　　单斜岩层地区的富水程度常和下述因素有关：

　　① 岩性组合关系：由于岩石力学性质的差异，硬脆性岩层在受到构造作用力后往往裂隙发育，易构成含水层。如山东下寒武系馒头组厚页岩中所夹的薄层泥质白云质石灰岩具有较好的含水条件。

　　② 含水层在补给区应有较大的出露面积，以取得较多的补给水源。

　　③ 倾斜较缓的含水层富水性较好。这主要是因为在受到构造作用力时，较陡岩层的层面和压性结构面相近，层面裂隙较闭合，故富水性就不如倾斜较缓的岩层。根据我国某些地区的经验，含水层倾角在 $30°\sim60°$ 的范围内储水性最佳。

　　单斜岩层的倾角若很小，以至接近水平岩层时，含水性都很弱，只有当扭性裂隙发育的条件下，在扭裂隙的密集带可能找到富水部位。

　　2）背斜构造地区的地下水

　　在背斜构造中，如既有透水岩层同时又有不透水层作为隔水边界，在地形上又有适宜的补给条件时，就能够储存地下水，也称为背斜储水构造。富水程度与富水部位主要取决于地表汇水入渗条件。

　　背斜构造的各个部位储水能力差异性明显。大型背斜：一般与山岭地形相吻合，分布于分水岭地区，地下水的补给以降水渗入为主，在向两翼运动过程中不断扩大入渗范围，其富水部位是获得最大补给面积的排泄区，而非背斜轴部。如河北省涞源县至满城县为大型背斜，轴部岩层为片麻岩，由花岗岩体侵入，地下水较少。而两翼地下水较丰富，特别是满城县西部山区大面积分布的震旦系白云岩中地下水十分丰富，单井出水量为 $1000\sim2400m^3/d$，如图 6-34 所示。

　　但规模比较小的背斜轴部常不为山岭，因轴部纵向张裂隙较发育，故轴部反而被剥蚀成沟谷或盆地地形，往往形成良好的汇水和富水带。因此，小背斜的轴部大多形成良好的富水带。北京山区的黄草洼，在背斜轴部出露的侵蚀泉涌水量达 $2700m^3/d$，如图 6-35 所示。

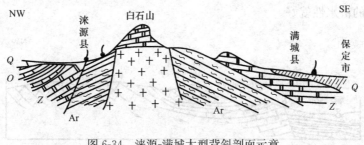

图 6-34　涞源-满城大型背斜剖面示意

背斜构造中另一个重要的富水部位是倾没端。因为在倾没端处既有纵向张裂隙发育，又在地形上比较低洼，因而整个背斜构造形体中的地下水都沿着纵向张裂隙和层面裂隙向倾没端汇集。不管背斜规模大小，倾没端总是常常形成较好的富水带，该处也常有泉水出露，如图 6-36 所示。例如重庆附近的青木关背斜和中梁山背斜的倾没地段地下水都较丰富，位于青木关背斜排泄中心的姜家龙洞和丁家龙洞，其泉水量每日可达数万立方米。河南新乡南北的辉县——焦作一带规模巨大的太行山南麓富水带，就与太行山隆起构造的南向倾伏有很大关系。

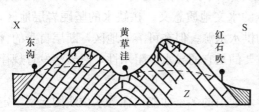

图 6-35　北京山区黄草洼背斜轴部富水带剖面示意　　　图 6-36　背斜构造倾没端富水带剖面

3）向斜构造地区的地下水

向斜构造中若分布有透水的裂隙岩层或溶洞发育的岩层，在其下分布有不透水岩层作为隔水边界，而且含水层在地表出露部位有利于接受补给时，则地下水常在向斜的轴部或翼部富集，成为向斜储水构造。

大型向斜构造的构造形态常与盆地地形一致，且向斜轴部一般为宽阔平地。

如果地下水径流是由两翼流向中心的"对称径流型"时，则在两翼的山区和轴部的平原交界处常为地下水的溢出带。这是因为两翼的主要含水层位于盆地中心（轴部），一般都埋藏较深，裂隙发育程度或岩溶作用都随着深度的增加而减弱，地下水向盆地中心深部的径流量也逐渐变小，故富水部位一般位于向斜翼部山区和平原交界处的地下水溢出带，以及裂隙发育的岩层产状变化地段和断层及其两侧的裂隙发育带，水动力条件表现为由无压水向承压水的过渡。

当大型向斜为"单向径流型"，即一翼为主要补给区，另一翼为排泄区时，则富水带一般都分布在排泄翼上。这类向斜构造一般两翼高差较大，轴部常为山岭。如山西朔县的神头——洪寿山向斜构造就属于这种类型，如图 6-37 所示。

中小型向斜构造的富水部位一般是在轴部。翼部因补给面积有限，故不易形成富水部位。轴部的富水性又与含水层埋藏深度、含水层出露条件、底部隔水层位置地形条件等因素有关。当主要含水层埋藏深度不大、下部有较好的隔水层、两翼直接出露地表且宽度又大时，则轴部的富水性就好。

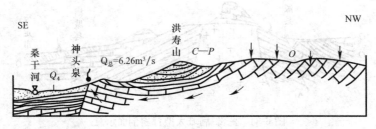

图 6-37　神头—洪寿山单向径流型向斜构造富水示意

向斜构造中的含水岩层上覆有隔水盖层时，就可成为自流盆地，对轴部地下水的富集很有利。当无隔水盖层时，则成为潜水盆地或潜水向斜构造，一般都在轴部富水，若地表排水沟谷发育，容易造成地下水的分散流失。

坚硬岩石在内外地质营力作用下会产生破裂，发生位移，形成破碎带。破碎带内裂隙发育，而断裂带两侧的未破裂的岩层是相对隔水边界，在适当的条件下断裂带内就可以储存地下水。这种储存地下水的断裂带也称为断裂型储水构造。国内外采矿工程发生的溃水事故中，约有 90% 以上与断层有关。大多断层穿切不同时期的地层，延伸数十公里以上，控制区域地下水资源的形成条件，其具有特殊的水文地质意义。在缺水的坚硬岩层地区，断层自身的含水性，使断层含水带成为重要的供水水源；但在可溶岩地区，断层自身的含水性并不最重要，因为它的储水空间有限，重要的是它的导水或阻水性，对岩溶发育规律和区域水文地质条件的影响。

导水断层常常集储水空间、集水廊道、导水通道的多重功能，在等水位线图上呈一定方向延伸的低水位槽，抽水时水位下降使逆流速，呈同步状，对周围地下水起集水廊道的作用；在垂向上，它成为沟通剖面上各含水层之间水力联系的通道，可以使含水层与相对隔水层交互的沉积岩系，在宏观上具有相对统一的地下水位。

阻水断层可在岩溶等透水性好的含水层分布地区，常常起到区域的控水作用。如：拦集区域地下径流，改变地下水的径流方向或排泄条件，并在迎水一侧形成富水带，很多大泉的形成常常与阻水断层有关。此外，它分割含水层，形成水文地质条件完全不同的次一级径流、排泄区，在岩溶地区一些封闭的径流迟缓区，也多与阻水断层有关。断层破碎带的导水性与富水性，取决于两盘岩性及断层的力学性质。

（1）压性断裂构造破碎带

压性断裂是岩石遭受强烈的水平挤压力使岩石破裂造成的。断裂带走向与压应力方向垂直，其规模一般较大，延伸方向较稳定。断裂带内的构造岩石一般由断层泥、糜棱岩化的破碎物质等组成。空隙较小，压性断裂带储水能力很差，往往具有较好的隔水性能。南京市的供水勘探过程中，曾在上坊—官塘压性断裂带上布置一深 160m 的钻孔，其中断层破碎带就占 140 多米，抽水试验结果：当降深 26m 时，出水量仅有 14m³/d。

但是规模较大的压性断裂，其挤压带两侧常存在一个旁侧裂隙发育带，在挤压带的隔水作用配合下，也可能成为有价值的富水带。断裂面两盘的岩石，由于破坏程度不同和补给来源的差异，富水性也有所不同，往往主动盘（一般为上盘）因断层面位移的牵引作用而松动、变形，形成与主干断裂斜交的扭节理、张节理和派生小断层，形成局部的含水带。此外，压性断层的尖灭端和舒缓状的平缓部位，均有可能含水，如图6-38所示。例如北京市平谷区南一压性断裂，在上盘打一井（2号）深131m，水位埋深89m，当水位降深3m时出水量达2000m³/d。而在下盘距断裂面较远地方打一井（1号），深208m，水位埋深67m，当降深50m时出水量仅10m³/d，如图6-39所示。

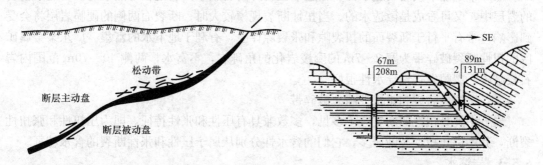

图6-38　压性断层波形断面平缓岩石松动带示意剖面图　　图6-39　北京平谷区南1号、2号井剖面图

压性断裂常使含水性不同的岩层接触，处于地下水补给一层的含水层，当被压性断裂错断而与隔水岩层接触时，在接近断裂面的部位会有大量地下水汇集。

另外，在厚层脆性岩层中，小规模压裂面之间的岩体由于受上下断裂面力偶的作用，其间岩体的张扭性裂隙比较发育，可以构成较好的富水带。

（2）张性断裂破碎带

张性断裂破碎带是岩石受到拉伸应力作用而产生的破裂痕迹。与其他性质的断裂相比，张性断层破碎带的构造角砾岩构造疏松、空隙率大、节理张开度大，但向两盘岩石中延伸范围不大，规模一般较小。由于破碎带由较为疏松的断层角砾充填，角砾大小不一，呈棱角状，这种结构特点使破碎带有较好的透水性。

两盘岩石在破碎带影响下裂隙发育，故容易受到风化侵蚀而成为地形上的沟谷或低地，为地下水补给和储存创造了有利条件。因此，只要补给条件较好时，在断层破碎带及两侧张裂隙密集处都富存地下水。河北省遵化县沙石峪大队，坐落在震旦系白云岩上，有一张性断裂发育，在断层破碎带中和上盘打井数眼，如图6-40所示，井深60～150m，单井出水量为1440～1920m³/d。

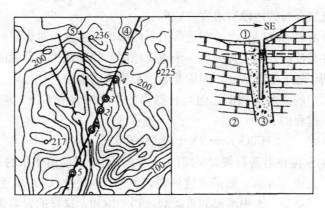

图6-40　遵化县沙石峪大队机井平面剖面
①第四系松散层；②白云岩；③断层角砾石；④张性裂隙；⑤辉绿岩脉

153

（3）扭性断裂破碎带

扭性断裂是在力偶或剪应力作用下形成的，其延伸方向多与岩层走向垂直或斜交，破碎带主要为细碎角砾岩或断层泥等，宽度一般不大，但平直、稳定，延伸较远。一般扭性断裂破碎带是隔水或略具透水性，在透水性较好的岩层中，它是相对隔水的；在透水性弱的岩层中，又可看成是微透水的。当扭性断裂规模较大时，断裂面两侧的硬脆岩层将会受到影响，常有平行于断裂面的扭裂隙和张裂隙伴生，有利于地下水的富集。广东某金属矿区的扭性断裂破碎带为宽 2~7m 的糜棱岩化的角砾岩，不富水，两侧 40~70m 范围内岩石较破碎，裂隙发育，导水性很好。

（4）压扭性断裂和张扭性断裂破碎带

岩石中纯具扭性的断裂并不多见，多数兼具有压性和张性特征，即为压扭性和张扭性裂断，其中以压扭性裂断居多，它们的含水性分别从属于压性和张性断裂的含水特征。

6.5.3 岩溶水

储存和运动于可溶性岩石中的重力水称为岩溶水。在重力水对可溶岩的溶蚀过程中，伴随有冲蚀作用和重力坍塌，于是在地表形成独特的喀斯特地貌景观，并在地下形成大小不等的洞穴和暗河，所以也叫溶洞水或喀斯特水。

岩体内部各种溶蚀裂隙，洞穴及通道均是岩溶水的储存场所和运动空间。因此，与孔隙水相比，岩溶水具有独特的埋藏、分布和运动规律，岩溶水的流量、水位时空变化大，流动速度较大，多为集中排泄。

因此，应以岩溶的发育程度、分布规律，并结合补给条件寻找其富水部位。

1. 岩溶现象

（1）岩溶发育的基本条件

岩溶发育的基本条件可以归纳为：岩石的可溶性、透水性、水的侵蚀性和流动性四个方面。

岩石的可溶性是岩溶发育的内在因素。可溶岩包括石灰岩、白云岩、石膏及盐岩等，在我国分布最广泛的是石灰岩和白云岩，主要分布在我国南方及河北、山西等地，尤其是云贵高原和广西一带分布更为普遍。可熔岩的岩性越纯，含易溶组分就越多，岩溶也越发育。在同一地区，厚层质纯的石灰岩（化学成分以 $CaCO_3$ 为主）往往岩溶发青，而泥质石灰岩、硅质石灰岩分布的地段岩溶发育较弱。

但是只有当可溶岩透水时，水才能进入岩石内部进行溶蚀。对岩溶的发育来说，岩石和孔隙性或裂隙性是控制岩溶发育的另一个重要原因，特别是构造裂隙的意义最大。构造裂隙密集地段有利于地下水的活动，因而是岩溶最发育的地段。

碳酸盐在纯水中的溶解度很低。但是自然界的水中常含有 CO_2，能加速碳酸盐的溶解，这个化学反应过程如下：

$$CaCO_3 + CO_2 + H_2O \rightarrow Ca(HCO_3)_2$$

即含有 CO_2 的水流在沿着石灰岩裂隙的运动中，可形成能溶于水的 $Ca(HCO_3)_2$ 被带走，使裂隙逐渐扩大成为溶洞。如果水流停滞，上述反应中的 CO_2 将逐渐消耗尽，使水的侵蚀能力降低以至消失，水中溶解的重碳酸盐趋于饱和，这样的岩溶作用就不能再继续进行。可见当具备可溶岩和岩石透水这两个条件后，水的流动条件就成为决定岩溶发育程度的关键因素，地下水径流越强烈，侵蚀性 CO_2 含量越多，岩溶也越发育。

（2）地质构造对岩溶发育的控制作用

地质构造对岩溶的控制主要是因破坏了岩石的完整性，使岩石的渗透性能增加，提供了水与岩石接触的可溶机会，因而加强了岩溶发育程度。另一方面，由于岩石透水性能沿构造的一定方向发生了变化，迫使地下水亦沿构造的一定方向运动，从而控制了岩溶发育范围和延伸方向，使岩溶的发育具有一定的规律性。

1）岩溶主要沿断裂带发育

断裂破坏了岩石的连续性和完整性，同时也加强了地下水的循环交替，所以在可溶岩分布地区若有断裂存在，岩溶就常沿着断裂发育。一般张性及张扭性断裂中岩溶是沿着断裂破碎带发育；压性及压扭性断裂中岩溶常在迎水一盘的裂隙密集带或主动盘发育；若断裂两侧岩性不一样，岩溶常在可溶性较强的岩石一侧发育。

2）岩溶常在褶曲轴部或平行于褶曲轴成带状发育

在褶曲形成过程中，由于应力集中于褶曲轴部，常形成纵张裂隙和 X 剪裂隙，有利于地下水的活动与储集，促使褶曲轴部岩溶发育，常可形成沿轴向发育的暗河，如图 6-41 所示。在背斜条件下，一般岩溶在浅部比深部发育；在向斜条件下岩溶常在轴部一定深度内强烈发育。褶皱紧密的线性褶曲，常使可溶岩与非可溶岩沿轴向呈条带状相间排列分布，因而岩溶也沿可溶岩成平行褶曲轴的带状分布。

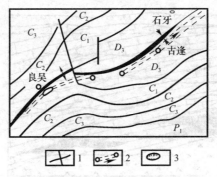

图 6-41 广西来宾石牙—良吴地下河沿背斜轴发育平面
1—背斜轴；2—地下河及流向；3—塌陷

3）构造体系及复合关系对岩溶发育的影响

构造体系主要控制着岩溶的空间分布规律，具体影响是通过各种结构面。山字形构造体系中，岩溶主要发育在前弧和反射弧地带，如广西山字形构造的弧顶在阳宾—黎塘一带，岩溶使整个地貌发生变化，发展为宽阔平原，只残留下零星的孤峰。广西中部地区的网格状暗河就是沿棋盘格式构造的两种扭面发育的。其他构造体系中旋钮构造的控制作用尤为突出。此外，帚状构造、人字形构造等控制岩溶空间分布规律也很明显。构造复合关系对岩溶发育及岩溶水富集的影响要比基岩裂隙水大得多，因复合部位加大了岩石的破碎，给岩溶发育创造了更为有利的条件。

（3）岩溶含水系统

岩溶含水系统是在以裂隙系统为初始渗透条件的基础上，在重力作用下，经差异性溶蚀的"管道化"过程。形成的更不均匀的裂隙管道系统。在其形成过程中，常使同一岩层中相对独立的各裂隙系统连接成一个更大的系统，因此它的规模也更大。

岩溶含水系统的结构，在成因上与岩溶水形成过程中的补给与排泄，及由此形成的径流条件密切相关。在双重补给（局部洞穴灌入和大面积分散入渗）和集中排泄的制约下，形成了两种径流模式共存相融的径流格局，即：①灌入式集中补给→管道流→集中排泄；②大面积入渗补给→管道周围裂隙系统分散流→管道流→集中排泄。同时，也造就了岩溶含水系统多级次的含水结构特征，即：①大尺寸的岩溶管道；②小尺寸的岩溶化裂隙系统；③大面积的原生孔隙和缝隙。上述不同成因和不等尺寸的各级次孔隙，按一定的序次结合成具统一水力联系的裂隙——管道系统。

1）岩溶管道

岩溶管道是岩溶含水系统的主要部分，它反映了系统的富水程度。发育于含水系统的低势区，等水位线图上呈明显方向性的低水位槽，起"排水渠"作用，同时也是重要的储水空间。不同溶蚀类型的岩溶管道差异极大，北方为溶隙类，南方为溶洞类，西南高原斜坡地带多暗河管道类。

① 溶隙类管道：以溶隙为主，夹带小溶洞和蜂窝状溶孔等组成的"管道化"溶隙网络系统，如图 6-42 所示。

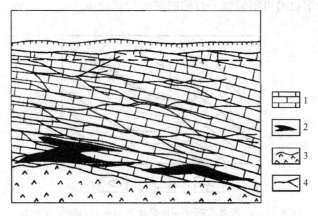

图 6-42 溶隙网络示意图（邯邢地区）
1—石灰岩；2—铁矿；3—岩浆岩；4—溶隙

溶隙类管道的排泄大多以几十到上百个分散泉眼组成的泉群呈网状集中溢出地表。岩溶水在"管道化"溶隙网络中形成统一的强径流带，已知有的宽度可达 2～4km，（河北峰峰和村盆地）渗透性均匀，导水性强，导水系数大于 1 万～10 万 m^3/d，水力坡度平缓，常为万分之几。抽水时水位传递迅速，呈碟状近似同步下降，瞬时影响速度可达 1m/s 以上。连通性极好，供水时水井的成井率极高，甚至可达 100%。典型的溶隙类管道大多产生在以奥系石灰岩为主要含水层的大、中型向斜或单斜构造中。

河北省黑龙洞泉群和邢台百泉泉群如图 6-43 所示。黑龙洞泉群在滏阳河源的 2km² 范围内出露大小泉眼 60 余处，总流量一般为 70 万 m^3/d。北京玉泉山的玉泉、山西的晋祠泉均为主要来源于岩溶水的补给。另外，著名的辽宁金县的"海中龙眼"就是地下水通过石灰岩深部的溶洞向海底排泄而形成的。"海中龙眼"就是地下水通过石灰岩深部的溶洞向海底排泄而形成的。"海中龙眼"出现在金县城南的渤海水城里，泉眼距岸 170m，泉水直接从石灰岩的溶洞中流出，如图 6-44 所示。泉水流量为 1 万 m^3/d，雨季可达 $3m^3/s$。

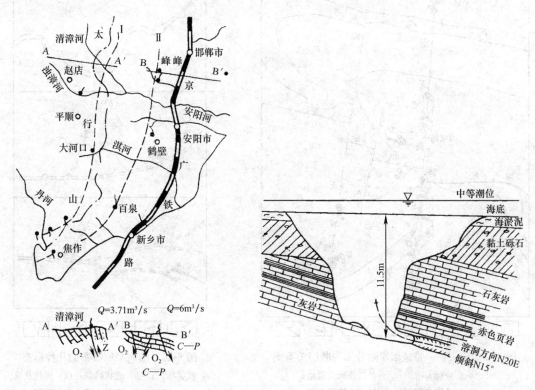

图 6-43 太行山南段东坡泉群分布图   图 6-44 辽宁金县"海中龙眼"剖面示意图

②溶洞类管道：洞与洞之间并未形成一体，而以宽达溶蚀裂隙相连，如图 6-45 所示。

由于溶洞发育不均一，溶洞的充填率高（据粤、湘等 11 各矿区统计为 41%～80%），溶洞之间靠的是裂隙联系，总的来说，其渗透阻力比溶隙类的大，因此水力坡度一般大于 1%，渗透系数也比较小，导水系数很少超过 1 万 m^2/d，在抽水过程中也没有溶隙类那种同步等幅下降的情况。溶洞中的大量充填物在长期供水时可以发生运移、消失、造成地貌坍塌或沉降，因此溶洞类管道分布区的地质环境脆弱。

③暗河类管道：呈不规则线状、梳状和树枝状，如图 6-46 所示。

沿裂隙或断层破碎带分布，表明它是在冲蚀作用大于溶蚀能力的条件下，裂隙被不短冲刷扩蚀的结果。暗河类管道主要发育在我国西南高原斜坡地貌部位的厚层质纯石灰岩中，石灰岩中生物碎屑含量高。粒粗、层理发育。由于它呈线状分布、钻孔能见率极低，抽水时影响范围狭窄，难以形成降落漏斗，暗河水的水力坡度大，流速快，动态极不稳定。

例如广西都安县地苏地下河系，如图 6-47 所示。这是由 1 条主流和 11 条较大支流组成的地下河系，总流程达 45km，地下河埋藏于地下 50～100m 深处，主流中游的地下通道相当于直径为 9～18m 的管道。地下河的总出口处枯水期流量为 $4m^3/s$，洪水期最大流量为 $390m^3/s$。该地年降雨量为 1700mm，几乎百分之百渗入补给地下河系；地下河系的主流顺着向斜谷地发育，80% 的补给面积分布在主流西侧，所以大部分支流平行排列在主流西侧。又如著名的遇难六郎洞地下河，流量可达 $209m^3/s$。

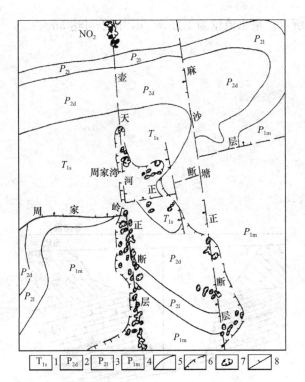

图 6-45　壶天河一带地面塌陷分布与断层关系图

1—下三叠统大冶组；2—上二叠统大隆组；

3—上二叠统龙潭组；4—下二叠统茅口组；

5—地层界线；7—塌陷洞；8—断层线

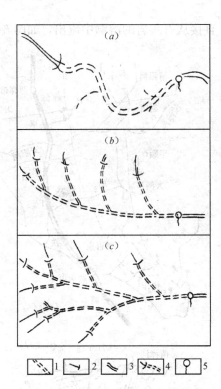

图 6-46　暗河平原展布的几种形态

(a) 线状暗河；(b) 梳状暗河；(c) 树枝状暗河

1—暗河；2—地表水流；3—河溪；

4—暗河入口；5—暗河出口

2）岩溶化裂隙网络

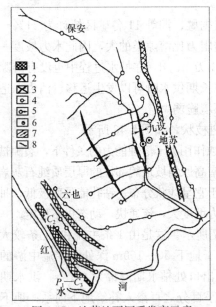

图 6-47　地苏地下河系发育示意

1—隔水层；2—背斜轴；3—向斜轴；4—地下河溢洪口；

5—地下河出口；6—钻孔；7—地表河；8—地下河

由不同级次的构造裂隙组成，兼有储水空间和导水通道的双重作用，宽大者溶蚀显著，细小者溶蚀微弱，它吸纳广大面积上储水空间的水，通过裂隙网络按序次逐级汇集后，流入岩溶管道，在裂隙网络以外的广大面积上，往往是严重缺水地区。

3）原生孔隙与缝隙

根据岩溶泉流量衰减动态的研究，表明岩溶管道只占含水空间的不足 10%～20%，是可溶岩的细小孔隙、缝隙（劈理等微裂缝）和裂隙网络系统组成主要含水空间。它的空隙虽小，但总容积大，由于渗透性差，才造成细水长流，使流速极快的暗河管道终年不枯，也使溶隙类大泉流量与多年前的降雨有关。

2. 岩溶水的特征

（1）岩溶水补给与排泄特征

集中排泄与灌入式补给是岩溶水的主要特征之一，同时也存在大面积的入渗补给。灌入式补给形式南北各异，北方以可溶岩裸露区沟谷集中渗漏为主。其入渗率一般为来水量的 40%～50%，个别可达 80% 以上。南方以地表洞穴和坍塌灌入为主，有时，雨季河水沿河段塌陷直接倒灌，如湖南水的铅锌矿，1983 年 6 月位于曾家溪的塌陷，河水倒灌量达 260 万 m³，致使河流断流。

（2）岩溶水的径流特征

岩溶水流动通道由于空隙大小悬殊，渗透性差别极大，岩溶水的流态复杂多变。1941年沃洛特用实验方法求得层流与紊流的临界速度，即与洞隙宽度大于 10～20cm 时，只要流速大于 86.4m/d，水流就属紊流状态。据资料北方溶隙类网络管道强径流带的实际流动为 10～50m/d 之间，而暗河管道中的地下水流速均为数百至数千米每天之间，最大流速达 21225m/d（四川红岩煤矿一暗河），因此前者属层流，后者为紊流，而洞、隙类管道则较复杂，在溶隙和小溶洞中的水流，一般作层流状态，当进入大溶洞时，水流转为紊流状态，其间一定范围内存在层流与紊流的过渡状态。

岩溶在低势区的岩溶管道中，形成集中流的强径流带，同时也在广大范围内的溶隙网络中存在着分散流，它的流量虽小，但因吸纳大面积含水孔隙和缝隙中的储水，所以较稳定，是岩溶管道集中流较为恒定的补给水源。

岩溶水可以是潜水，也可以是承压水。但是，在洞、隙连接的管道中，因通道断面在沿流程中变化大，造成潜水含水层中常因断面突然变小，使水流充满整个径流断面，而出现局部承压水流；同样，在微承压含水层中，也可能因通道断面变大而存在局部无压水流。

不同级次的含水空隙对边界补给作用的反应差别极大，管道中的水位反应迅速，而其周围裂隙网络则反应迟缓，这样，雨季管道中水位快速抬升，形成高出周围的高水位脊，造成管道中水流向周围扩散，出现与流畅的总体径流趋势不相吻合的局部径流；旱季水流恢复正常，在管道分布位置恢复低水位的凹槽，重新吸纳来自周围裂隙网络中的汇流。

（3）岩溶水的动态特征

岩溶水动态特征与降雨以及岩溶系统的规模、结构、介质的空隙等因素关系密切。若有地表水渗漏时，还受水文因素的影响。我国南北岩溶水动态区别很大。北方岩溶区，在地质上，褶皱宽缓，储水构造规模大，岩溶系统的调蓄能力强，使排泄区的泉流量大多与3～5 年前的降雨有关，其最大流量与最小流量的比值（流量不稳定系数）小于 1.5～2，属多年调节型的稳定动态类型。

南方岩溶地区，因褶皱运动较强烈，区域多小型褶皱，储水构造的规模小，岩溶系统的调控能力有限，加上南方降雨量大，地表切割强烈、水网密度大。地面天然洞穴和次生塌陷发育，灌入式补给所占比例大、径流距离短、水力坡度大、流速快，因此泉水流量动态对降雨的反应敏捷，变化强烈，流量不稳定系数大于 10～50，属不稳定季节变化动态类型。尤其是暗河类岩溶水，雨后泉流量的峰值滞后降雨后数小时，因流速大，雨后数日内流量即大幅衰减，其流量不稳定系数 r 可超千个别甚至超万（湖南临武香花岭 r＝11360），属极不稳定季节变化动态类型。

（4）岩溶水的分布特征

岩溶含水层的富水性总的来说是较强的，但是含水又极不均匀。因岩溶水并不是均匀地遍及整个可溶岩的分布范围，只埋藏于可溶岩的溶隙、溶洞之中，所以往往同一岩溶含水层在同标高范围内，或者同一地段，甚至相距几米，富水性可相差数十倍至数百倍。例如：在广西拔良附近进行水文地质勘探时，在石灰岩和白云岩分布区利用人工开挖的方法，两个点上都找到了丰富的集中涌出的地下水。一个点水位下降 8m 时出水量为 15600 m^3/d；另一点水位下降 5.2m 出水量仍达 2600m^3/d，两点相距 1000m 左右。而在两点之间打的 7 个钻孔，降深大于 5m 时出水量都不到 40m^3/d，富水性之差达 60～360 倍。

岩溶发育是以水的流动为前提，雨水的流动性在很大程度上取决于当地侵蚀基准岩所控制的水循环条件。在裸露岩溶地区，岩溶水在水平方向的循环，从分水岭到河谷，表现为由垂直径流为主的补给过程，在侵蚀基准面的影响下，逐渐转化为水平运动为主的径流汇集与排泄过程，并以集中径流和排泄为其特点。因此，水流由分散流到集中流，在这一过程中，岩溶发育也随之加强。

在垂向上，厚层块状可溶岩分体地区，岩溶水循环条件的演变过程依次表现为：①垂向入渗带：相当于包气带，以垂向岩溶形态为主，起到雨水入渗通道作用，旱季干枯；②垂向与水平交替带：处于潜水位最高水位与最低水位之间，枯水期作垂向下渗运动，丰水期则呈水平运动，因此，垂向与水平岩溶形态并存；③水平循环带：位于最低潜水位以下的饱水带，以近于水平的方向运动，向河谷径流汇集，水交替积极，岩溶最发育，以水平岩溶通道为主，并在河谷底部由于河水流域压作用，造成局部地下水由下向上运动，在河底形成高角度向上的溶洞；④深部循环带：位于当地侵蚀基准面以下一定的深度，水流不受当地侵蚀基准面的影响，流向更低的基准面，由于循环途径漫表，水流运动迟缓，岩溶发育差。

岩溶的发育具有向深部逐渐减弱的规律，使含水层的富水性相应也具有强弱的分带性。昆明附近的钻探结果说明，该地区石灰岩分布地段，深度不超过 100m 范围内地下水较丰富。武汉市附近分布有石炭、二叠及三叠石灰岩，在 150m 以内岩溶较为发育，单井出水量一般为 500～1000m^3/d，个别达 2500m^3/d。

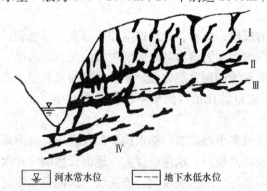

图 6-48　河谷地区岩溶水垂直分带现象示意
Ⅰ-干溶洞；Ⅱ-季节性存水的溶洞；
Ⅲ-常年存水的溶洞；Ⅳ-深部溶洞

岩溶水在河谷地区有较明显的垂直分带现象，如图 6-48 所示。包气带主要发育垂向溶洞，下雨时为降水下渗的通道，有时出现上层滞水，旱季往往干枯，水位季节变动带包括高水位与低水位之间的范围，垂直于水平溶洞都发育，旱季此带干枯，丰水期可充满潜水；饱水带位于最低潜水位以下，主要发育水平溶洞，地下水在此带中水平运动较显著，水循环交替强烈，是开采利用的主要对象，该带埋藏的一般为潜水，当上部溶洞被充填或被不透水层所覆盖时，则可为承压水；深循环带：此带溶洞已很不发育通常只有微小的溶孔。水量较小，交替迟滞。

上述分带现象的完整程度首选取决于裸露区可溶岩的厚度，其隔水底板不能高于当地侵蚀基准面，否则分带不可能完整；其次，在岩溶分带的形成过程中，地壳应保持长时间相对稳定状态，若地壳表现为多阶段的稳定与上升交替状态，将形成多层水平溶洞，其高程与各阶段的阶地相适应；若地壳持续上升，侵蚀基准面不断下降，则不可能产生明显的分带性。

在埋藏区，岩溶水循环条件随埋深的增加而趋弱，并呈现一定的分带性。上部水交替强烈，岩溶发育，岩溶形态以溶洞（南方）和连通性极强的网络溶隙（北方）为主，下部水交替变弱，以溶隙、溶孔为主，其岩溶发育下限各地变化极大，一般在埋深在$-250m$（南方）和$-300\sim-400m$（北方）左右，单在断裂破碎带附近可达$-500\sim-700m$。

在开发利用岩溶水作为给水水源时，必须掌握垂直方向的分带规律。无论是岩溶潜水还是岩溶承压水都有相当大的接受地表水补给能力，因此石灰岩裸露的山区不仅缺乏地表水，而且地下水露头也很少，常表现出严重的"缺水"现象。缺水有两种情况：一是地下水位埋藏很深，不易开采利用；二是地下径流条件极好，大都流失不易储存。岩溶水的水位、水量有明显的季节性变化，而且变化幅度较大；一般 TDS 较低，多在 0.5g/L 以下，属 HCO_3-Ca 型，但易受污染，以岩溶滞水作为供水开采层位时尤其应注意水源地的水质保护。

6.6　地下水的循环

地下水经常不断地参与自然的水循环。含水层或含水系统通过补给从外界获得水量，径流过程中水分由补给处输送到排泄处，然后向外界排出，在水分交换、运移过程中，往往伴随着盐分的交换与运移，补给、径流与排泄决定着含水层或含水系统的水量与水质在空间和时间上的变化，同时，这种补给、径流、排泄无限往复进行构成了地下水的循环。

6.6.1　地下水的补给

含水层自外界获得水量的过程为补给。

地下水的补给来源，主要为大气降水和地表水的渗入，以及大气中水汽和土壤中水汽的凝结，在一定条件下尚有人工补给。

1. 大气降水的补给

大气降水包含雨、雪、雹，在很多情况下大气降水是地下水的主要补给方式，当大气降水降落在地表后，一部分变为地表径流，一部分蒸发重新回到大气圈，剩下一部分渗入地下变为地下水。如我国广西地区年降雨量为 1000~1500mm，其中 80%以上可直接下渗补给地下的岩溶水。

大气降水补给地下水的数量受到很多因素的影响，与降水的强度、形式、植被、包气带岩性、地下水的埋深等密切相关。一般当降水量大、降水过程长、地形平坦、植被繁茂、上部岩层透水性好、地下水埋藏深度不大时，大气降水才能大量下渗补给地下水。这些影响因素中起主导作用的常常是包气带的岩性，如年降雨量平均为 600mm 左右的北京某些地区，由于地表附近的岩性不同，渗入量有很大差别，在岩石破碎、裂隙发育的山区有 80%渗入补给地下水，在砂砾石、砂卵石分布的山前地区是 50%~60%，在粉砂、砂质粉土、粉质黏土分布的平原地区大约有35%补给了地下水。

　　2. 地表水的补给

　　地表水包括江、河、湖、海、水库、池塘、水田等，在这些地表水体附近，地下水有可能获得地表水的补给。

　　河流补给地下水常见于某些大河流的下游或河流中上游的洪水期，在这样的条件下河水往往高于岸边的地下水位。如黄河下游郑州市以东的冲积平原，黄河河床高出两岸3～5m，在河水充分的补给下，河间洼地潜水埋深一般只有2～3m。

　　在干旱地区，降水量极微，河水的渗漏常常是地下水的主要或唯一补给源。如河西走廊的武威地区，与地下水有关的河流有6条，这些河流流经几公里的砂砾石层河床之后，8%～30%的河水被漏失，地下水来自河水的补给占该地区地下水径流量的99%。

　　地表水对地下水的补给强度主要受岩层透水性的影响，同时取决于地表水水位与地下水水位的高差，以及洪水的延续时间、河水流量、河水的含泥沙量、地表水体与地下水联系范围在大水等因素。

　　3. 凝结水的补给

　　在我国西北干旱地区，降水量都很小。内蒙古、新疆的一些地区年降水量还不足100mm，山前地区地下水的补给主要靠融雪水，在一些冲洪积扇地段和河流附近常埋藏有丰富的地下水，但对于广大的沙漠区，大气降水和地表水体的渗入补给量都很少，而凝结水往往是其主要补给来源。在一定的温度下空气中只能含有一定量的水蒸气，如每立方米的空气在10℃时最大含水量为9.3g，而在5℃时最大含水量为6.8g，多于以上数量有水分就会凝结成为液态水从空气中分离出去。由于沙漠地区昼夜温差很大，白天空气中含水量可能还不足，但在夜晚温度很低时空气中的水汽却出现过饱和现象，多余的水汽就从空气中析离出来，在沙粒的表面凝结成液态水渗入地下补给地下水。

　　4. 含水层之间的补给

　　两个含水层之间存在水头差且有联系的通路，则水头较高的含水层补给水头较低的含水层，如图6-49所示。

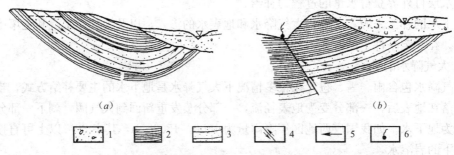

　　　　　　(a)　　　　　　　　　　　　　　　(b)

　　　　　　1　　　2　　　3　　　4　　　5　　　6

图6-49　含水层之间的补给

(a) 承压水补给潜水；(b) 潜水补给承压水

1—砂砾石层；2—页岩；3—砂岩；4—断层；5—地下水流向；6—上升泉

　　隔水层分布的不连续，在其缺失部位的相邻含水层之间便通过"天窗"发生水力联系（见图6-49）。在松散地层分布区，由于沉积环境的变化而常常存在地层分布的不连续性，为含水层之间的补给创造良好条件。

含水层之间的另一补给方式是越流。松散沉积物含水层之间的黏性土层，并不完全隔水而具微透水性。具有一定水头差的相邻含水层，通过弱透水层发生的渗透，称为越流（见图 6-50）。显然，隔水层越薄，隔水性越差，相邻含水层之间的水头差越大，则越流补给量越大。尽管单位面积上的越流量通常很小，由于越流是在弱透水层（隔水层）分布的整个范围内发生，总的补给量也是相当可观的，因此在进行水资源评价和供水工程选择与设计时，必须考虑越流补给的影响。

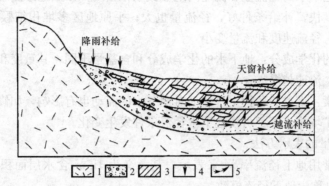

图 6-50　松散沉积物中含水层通过"天窗"及越流发生水力联系
1—基岩；2—含水层；3—半隔水层（弱透水层）；4—降水补给；5—地下水流向

5. 人工补给

地下水的人工补给，就是借助某些工程设施，人为地将地表水自流或用压力引入含水层，以增加地下水的补给量。人工补给地下水具有占地少、造价低、易管理、蒸发少等优点，不仅可增加地下水资源，而且可以改善地下水的水质，调节地下水的温度，阻挡海水的地下倒灌，减小地面下沉。目前一些国家人工补给地下水占地下水总利用量的 30% 左右，我国近些年来也开始了这方面的工作。从发展的观点来看，人工补给地下水势必越来越成为地下水的重要补给源之一，尤其在一些集中开采地下水的地区。

此外，地下水的来源还有：岩浆侵入过程中分离出的水汽冷凝而成的"原生水"；沉积岩形成过程中封闭并保存在岩层中的"埋藏水"（封存水）等。这些水分布不广，水量有限，生产实践中也少见。

6.6.2　地下水的径流

地下水在岩石空隙中的流动过程称为径流。

1. 地下水径流的产生及影响因素

自然界中的水都在不断地进行着循环，地下水在岩石中的径流是整个地球水循环的一部分。大气降水或地表水通过包气带向下渗漏，补给含水层成为地下水，地下水又在重力作用下由水位高处向水位低处流动，最后在地形低洼处以泉的形式排出地表或直接排入地表水体，如此反复地循环就是地下水径流的根本原因。因此，天然状态下（除某些盆地外）和开采状态下的地下水都是流动的。同时，地下水的补给、径流和排泄是紧密联系在一起的，是形成地下水的一个完整的、不可分割的过程。

地下水的径流方向、速度、类型、径流量主要受到下列因素的影响：

（1）含水层的空隙性：空隙发育且空隙大的含水层透水能力强，地下水流动速度就快。如细砂层中的地下水在天然条件下一般流动得很慢；但溶洞中的地下水流速高达每日数千米，这种流动与地表河水相差不多，称为地下河系。

（2）地下水的埋藏条件：地下水因埋藏条件不同可表现为无压流动和承压流动。无压活动（潜水流动）只能在重力作用下由高水位向低水位流动；而深层地下水多为承压流动，它们不单有下降运动，同时承受压力也会产生上升运动。

（3）补给量：补给量的多少，直接影响到地下径流量的大小。

（4）地形：地下水的径流量和流速同地形关系很密切，山区地形陡峻，地下水的水力坡度大，径流速度快，补给条件好，径流量也大；平原地区多堆积细颗粒物质，地形平缓，水力坡度小，径流速度和流量变小。

（5）地下水的化学成分：地下水的化学成分和含盐量不同，其重度和黏滞性也随之改变，黏滞性越大，流速越慢。

（6）人为因素：人类的各种生产活动对地下水的流动也有影响，如修建水库、农田浇灌、人工抽水、矿坑排水等都可使地下水径流条件发生变化。

2. 地下径流量的表示方法

地下径流量常用地下径流率 M 来表示，其意义为 $1km^2$ 含水层面积上的地下水流量（m^2/s、km^2），也称为地下径流模数。

年平均地下径流率可按下式计算：

$$M = \frac{Q}{365 \times 86400 \times F} \tag{6-12}$$

式中　F——地下水径流面积，km^2；

　　　Q——一年内在 F 面积上的地下水径流量，m^3。

地下径流率是反映地下径流量的一种特征值，受到补给、径流条件的控制，其数值大小是随着地区性和季节性而变化的。因此，只要确定某径流面积在不同季节的径流量，就可以计算出该地区在不同时期的地下径流率。

6.6.3　地下水的排泄

含水层失去水量的过程称为排泄。在排泄过程中，地下水的水量、水质及水位都会随着发生变化。地下水排泄的方式有：泉、河流、蒸发、人工排泄等。

1. 泉水的排泄

泉是地下水的天然露头。地下水只要在地形、地质、水文地质条件适当的地方，都可以泉水的形式涌出地表。因此，泉水常常是地下水的重要排泄方式之一。

（1）泉的形成和分类

泉的形成主要是由于地形受到侵蚀，使含水层暴露于地表；其次是由于地下水在运动过程中岩石透水性变弱或受到局部隔水层阻挡，使地下水位抬高溢出地表；如果承压含水层被断层切割，且断层又导水，则地下水能沿断层上升到地表亦可形成泉。

泉水一般在山区及山前地区出露较多，尤其是山区的沟谷底部和山坡脚下。由于这些地段受侵蚀强烈，岩层多次受褶皱、断裂、侵入作用，形成有利于地下水向地表排泄的通道，因而山区常有泉水。平原区一般堆积了较厚的第四纪松散岩层，地形切割微弱，地下水很少有条件直接排向地表，所以泉很少见。

泉按其补给来源可分为三类：

1）上层滞水泉：此类泉水靠上层滞水排泄补给的，泉水流量变化大，枯水季节水量很小，甚至枯干。水质往往不好，一般不能作为供水水源。

2）潜水泉：此类泉水由潜水排泄补给的，也叫下降泉。如图 6-51（a）～图 6-51（d）所示，潜水泉的水量较上层滞水泉稳定，水质一般较好，但季节性变化仍是显著的。

3）承压水泉：此类泉水是承压水排泄形成的，其出露特点是泉水向上涌且有时翻泡，因此也叫上升泉或自流水泉，如图 6-51（e）和图 6-51（f）所示，这种泉水最稳定，水质也好，若有足够大的水量则是理想的供水水源。

根据泉的出露原因可分为：

1）侵蚀泉：当河流、冲沟切割到潜水含水层时，潜水即排出地表形成泉水，这种泉与侵蚀作用有关，因此称为侵蚀下降泉，如图 6-51（a）所示，若承压含水层顶板被切割穿，承压水便喷涌成泉，则称为侵蚀上升泉，如图 6-51（e）所示。

2）接触泉：地形被切割到含水层下面的隔水层，地下水被迫自两者的接触处涌出地表，此类泉称接触下降泉，如图 6-51（b）所示，在岩脉或侵入体与围岩接触处，因冷凝收缩而产裂隙，地下水便沿裂缝涌出地表成泉，则可称为接触上升泉。

3）溢出泉：岩石透水性变弱或隔水层隆起，以及阻水断层所隔等因素使潜水流动受阻而涌出地表成泉，此类泉称溢出泉或回水泉，如图 6-51（c）和图 6-51（d）所示。在此类泉的出露口附近地下水表现为上升运动，如不仔细分析地质条件，很容易将它误认为上升泉。

4）断层泉：承压含水层被导水的断层所切割时，地下水便沿断层上升流出地表成为泉，此类泉称为断层泉，如图 6-51（f）所示。断层泉常沿断层线成串分布。

另外，含有特殊化学成分和大量气体的泉称为矿泉，其中温度较高的叫温泉。

关于泉的分类，从不同角度出发分类十分复杂，名目繁多，这里不再赘述。

实际上在野外见到的泉，并不是只用某一种命名方法所能描述得清楚，常采用综合分类命名，以反映泉的成因条件。如断层上升泉，就反映出由断层作用切穿了承压含水层，承压水沿断层破碎带上升而形成的泉；又如侵蚀下降间歇泉，它反映出由侵蚀作用切穿潜水或上层滞水含水层而形成的泉，泉水随季节变化，旱季无水。

泉水的分布可以有：单个泉眼、排泉及泉群等形式。排泉常常出现在顺河流的两侧或沿地质构造线（断层等）的方向。群泉则往往分布在河流两侧的支沟中。

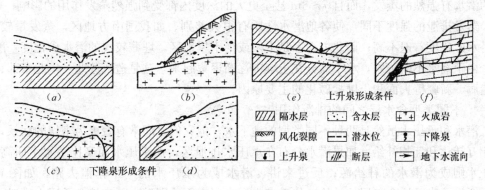

图 6-51　泉的形成条件

（2）研究泉的实际意义

由于泉水是在地形、地质、水文地质条件适当结合的情况下排出地表的，因此，它的出露及其特点可以反映出有关岩石富水性、地下水类型、补给、径流、排泄、动态均衡等方面的一系列特征。

1) 通过岩层中泉的出露及涌水量大小，可以确定岩石的含水性和含水层的富水程度。

2) 泉的分布反映了含水层或含水通道的分布，以及补给区和排泄区的位置。

3) 通过对泉的运动性质和动态研究，可以判断出地下水的类型。如下降泉一般来自潜水的排泄，动态变化较大；而上升泉一般来自承压水的排泄，动态较稳定。

4) 泉的标高反映出该处地下水位的标高。

5) 泉水的化学成分、物理性质与气体成分，反映了该处地下水的水质特点及储水构造的特点。

6) 泉的水温反映了地下水的埋藏条件。如水温近于气温，说明含水层埋藏较浅，补给源不远；如果是温泉，一般则来自地下深处。

7) 泉的研究有助于判断地质构造。由于许多泉常出露于不同岩层的接触带或构造断裂带上，因此当在地面上见到这些地层界线或构造带有关的泉时，则可以判断被掩盖的构造位置。

2. 向地表水的排泄

当地下水水位高于地表水水位时，地下水可直接向地表水体进行排泄，特别是切割含水层的山区河流，往往成为排泄中心。地表水接受地下水排泄的方式有两种：一种是散流形式，这种散流的排泄是逐渐进行的，其排泄量通过测定上、下游断面的河流流量可计算出来；另一种方式是比较集中地排入河中，岩溶区的暗河出口就代表了这种集中排泄。

此外，人工抽水、矿山排水等方式也起到把地下水排泄到地表的作用。

3. 蒸发排泄

蒸发是水由液态变为气态的过程。地下水，特别是潜水可通过土壤蒸发、植物蒸发而消耗，成为地下水的一种重要排泄方式，这种排泄亦称垂直排泄。

影响地下水蒸发排泄的因素很多，但主要取决于温度、湿度、风速等自然条件，同时亦受地下水埋藏深度和包气带岩性等因素的控制。在干旱的内陆地区，地下水蒸发排泄非常强烈，常常是地下水排泄主要形式。如在新疆超干旱的气候条件下，不仅埋藏在 $3\sim5m$ 内的潜水有强烈的蒸发，而且 $7\sim8m$ 甚至更大的深度内都受到强烈蒸发作用的影响。

蒸发排泄的强度不同，使各地潜水性质有很大差别。如我国南方地区，蒸发量较小，则潜水矿化度普遍不高；而北方大多是干旱或半干旱地区，埋藏较浅的潜水矿化度一般较高。由于潮水不断蒸发，水中盐分在土壤中逐渐聚集起来，这是造成苏北、华北东部、河西走廊、新疆等大面积土壤盐碱化的主要原因。

4. 不同类型含水层之间的排泄作用

潜水和承压水虽然是两种不同类型的地下水，但它们之间常有着极为密切的联系，往往相互转化和互相补给。如果潜水分布在承压水排泄区，而承压水面又比潜水水面高时，承压水则成为潜水的补给源；反过来讲，潜水成为承压水的一个排泄去路，如图 6-49 (a) 所示。当承压含水层的补给区位于潜水含水层之下，则潜水可直接向承压水排泄，如图 6-49 (b) 所示。

如果潜水含水层与下部的承压含水层之间存在有导水的断层时，则切断隔水层的断层将成为两个含水层的过水通道，潜水位高于承压水位时，潜水将向承压水排泄，而承压水相应获得潜水补给；反之承压水将向潜水排泄，如图 6-52 所示。

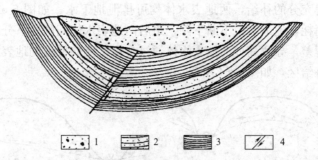

图 6-52　潜水和承压水通过断层相互补给和排泄示意
1—砂砾石层；2—砂岩；3—页岩；4—断层

从以上的论述中可以看出，两个相邻的含水层之间之所以能产生排泄作用，是由于两个含水层之间有水流通道和存在有水位（头）差，在生产实践中可以人为地使某一含水层向另一含水层排泄，以达到工程的目的。例如。在一些地区的地下建筑施工中，为了防潮和不使建筑物浸泡在水中，可以采用人工排水的方法来降低潜水位，即将高水位的潜水用钻孔（管井）作为通道排入下部的承压含水层中。

6.6.4　地下水的动态与均衡

当一个地区自然条件发生变化，或人工改变地下水位时，地下水的径流方向就会随着改变，补给区和排泄区也相应迁移，甚至排泄区可变为补给源地。研究地下的循环，还应该研究条件改变之后，地下水运动状态的转化特点和新的补给源和新的排泄途径。

地下水补给、径流、排泄条件的转化，可归并为两大类：

1. 自然条件改变引起的转化

（1）河水位的变化

如前所述，河水与地下水的补给关系并不固定，常因河水位的涨落而相互转化。当河水位高于地下水位时，河水向两岸渗透补给，抬高两岸的地下水位；当河水位低于地下水位时，地下水就反过来补给给河水。

（2）地下水分水岭的改变

由于地壳的升降运动。自然条件的变化以及岩溶地区地下水的袭夺等因素，均可造成地下水分水岭的迁移。

岩溶地区因地下河改道而常使分水岭发生迁移，如图 6-53 所示。由于河流的袭夺，使甲河的补给面积逐渐扩大，分水岭逐渐向乙河方向移动，最终将移到乙河位置，这时乙河已不能接受地下水的补给，而由地下水的排泄区变成了甲河的补给区。

同一地区因不同季节补给量的变化，也会使地下水位分水岭迁移，并引起地

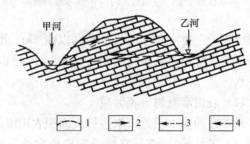

图 6-53　河流袭夺引起分水岭迁移
1—袭夺前地下水位线；2—袭夺前地下水流向；
3—袭夺后地下水位线；4—袭夺后地下水流向

下水的补给地、径流、排泄发生颠倒。如果地下水的分水岭位于两地表水体之间，在降雨季节，地下水获得充分的补给，两地表水体均可排泄地下水，如图 6-52 所示。干旱季节地下水因排泄而消耗，地下水位不断下降，最后两地表水体间的地下分水岭消失，由于两地表水体之间高程差，导致高处的地表水体通过含水层流向低处的地表水体，而使高处水体由排泄区变为补给区，如图 6-54 所示。

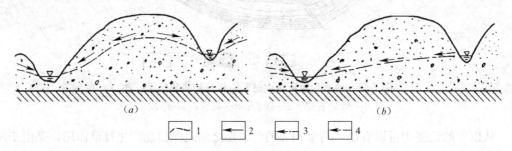

图 6-54 两地表水体间地下径流的变化

(a) 降雨季节；(b) 干旱季节

1—降雨季节地下水位线；2—降雨季节地下水流向；3—干旱季节地下水位线；4—干旱季节地下水流向

2. 人类活动引起的变化

(1) 修建水库

由于大型水库的修建，改变了地表水体的分布格局，促使地下水径流条件发生转化。如湖南龙山县在石灰岩中修一水库，拦截地下暗河水进行浇灌，石灰岩裂隙十分发育，当水位升到一定高度后，地下水就发生反流，由山脚下每日流出 4000m³ 的水量，这时山脚成为排泄区，而本来接受地下水排泄的水库却变为地下径流的补给区，如图 6-55 所示。

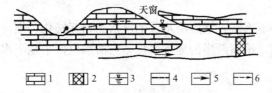

图 6-55 湖南龙山县水库水文地质剖面

1—石灰岩；2—暗坝；3—库水位；
4—库水渗漏水位；5—暗河流向；6—库水渗漏流向

(2) 人工开采和矿区排水

为各种目的进行的开采利用地下水和为开发矿产资源而进行的矿山排水，都要大量集中地抽取地下水，则会使地下水位不断下降，从而形成以开采区或矿区为中心的下降漏斗区，这样就必将引起开采或矿区附近地下水补给、径流与排泄条件发生较大变化。如广东沙洋矿区，当 1 个井同时"疏干"排水时，使位于矿区以南 2km 处排泄口的地下水倒灌矿坑，沼泽干涸、泉水断流、泉群总流量昼夜减少 1 万 m³，同时也引起排泄区的地表溪流沿排泄口倒灌补给地下水。

(3) 农田灌溉与人工回灌

季节性的集中引地表水进行大面积农田灌溉，以及为增大地下水补给量而进行的人工回灌（人工补给），都是直接或间接地向地下注入一定水量，均可使地下水位逐渐抬高。例如在插秧季节稻田引水会使周围水井的水位普遍上升，则地下水的补给、排泄和径流关系亦可能有所变化。

第7章 地下水的运动

地下水和固体矿产一样都是资源，但固体矿产开完就没，而水资源开采后还可以恢复，它与森林农作物一样，属于可再生资源。由于水在不断地运动，就引起许多与固体矿产的不同，水的情况要复杂得多。

地下水在自然因素和人为因素的共同作用下，处在不断的运动中，运动中必然要与环境发生作用，改造了环境，也改造了本身，使其水质、水量发生着相应的变化。这种变化状态信息反映着地下水的运动规律。研究地下水运动特征和规律，是水文地质学的重要内容之一。研究地下水运动规律的科学称为地下水动力学。它原是水文地质学的一部分，由于生产实践的需要，目前已发展成为一门内容十分丰富的独立学科。本章重点是介绍一些有关地下水运动的基本概念及运算方法，而不对计算公式进行更多的数学推导。

7.1 地下水运动的特征及其基本规律

7.1.1 地下水运动的特点

1. 曲折复杂的水流通道

地下水是储存并运动于岩石颗粒间像串珠管状的孔隙和岩石内纵横交错的裂隙之中，由于这些空隙的形状、大小和连通程度等的变化，因而地下水的运动通道是十分曲折而复杂，如图 7-1 所示。

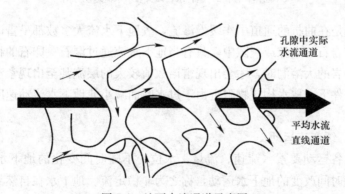

图 7-1 地下水流通道示意图

人们研究地下水运动规律时，并不（亦不可能）去研究每个实际通道中水流运动的特征，而是研究岩石内平均直线水流通道中的水流运动特征。这种研究方法的实质是用充满含水层（包括全部空隙和岩石颗粒本身所占的空间）的假想水流来代替仅仅在岩石空隙中运动的真正水流。用假想水流代替真正水流的条件是：

（1）假想水流通过任意断面的流量必须等于真正水流通过同一断面的流量。

（2）假想水流在任意断面的水头必须等于真正水流在同一断面的水头。

（3）假想水流通过岩石所受到的阻力必须等于真正水流所受到的阻力。

通过对假想水流的研究就可达到掌握真正水流的运动规律。

2. 迟缓的流速

河道或管网中水的流速一般都以 m/s 来计算，因为其流速常在 1m/s 左，甚至在每秒几米以上。而地下水由于在曲折的通道中流动，水流受到很大的摩阻力，因而流速一般很慢，人们常用米每日（昼夜）来计算其流速。自然界一般地下水在孔隙或裂隙中的流速是几米每日，甚至小于 1m/d，所以地下水常常给人以静止的错觉。地下水在曲折的通道中缓慢地流动称为渗流，或称渗透水流。渗透水流通过的含水层横断面称为过水断面。

3. 层流和紊流

在岩层空隙中渗流时，水质点有秩序地呈相互平行而不混杂地运动，称为层流运动；水质点相互混杂而无秩序的运动，称为紊流运动（见图 7-2）。

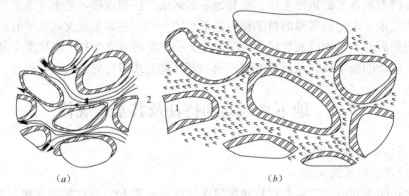

图 7-2　孔隙岩石中地下水的层流和紊流

(a) 层流；(b) 紊流

1—固体颗粒；2—结合水；箭头表示水流运动方向

由于地下水是在曲折的通道中作缓慢渗流，故地下水流大多数都呈雷诺数值很小的层流运动。不论在岩石的空隙或裂隙中，只有当地下水流通过漂石、卵石的特大空隙或岩石的大裂隙即可溶岩的大溶洞时，才会出现雷诺数值较大的层流甚至出现紊流状态。在人工开采地下水的条件下，取水构筑物附近由于过水断面减小使地下水流动速度增加很大，常常成为紊流区。

4. 非稳定、缓变流运动

在渗透场内各运动要素（流速、流量、水位）不随时间变化的地下水运动称为稳定流；运动要素随时间改变的地下水运动，称之为非稳定流。地下水在自然界的绝大多数情况下是非稳定流运动。但当地下水的运动要素在某一时间段内变化不大，或地下水的补给、排泄条件随时间变化不大时，人们常常把地下水的运动要素变化不大的这一时段近似地当作稳定流来处理，这样给研究地下水的运动规律带来很大的方便。可是如果由于人工开采，使区域地下水位逐年持续下降，那么地下水的非稳定流运动就不可忽视。

地下水流动的另一特征是：在天然条件下地下水流一般都呈缓变流动，流线弯曲度很小，近似于一条直线；相邻流线之间夹角较小，近似于平行，如图 7-3 所示。在这样的缓变流动中，地下水的各过水断面可当作一个直面，同一过水断面上各点的水头亦可当作是相等的。这样假设的结果就把本来属于空间流动（或叫三维流运动）的地下水流，简化成为平面流（或叫二维流运动），这样假设会使计算简单化。

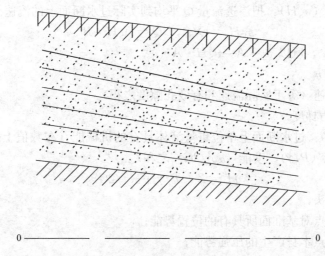

图 7-3　潜水缓变流动

在若干取水工程附近，由于集中开采（抽取），地下水在取水构筑物附近常常形成非缓变流的紊流、三维流区。

7.1.2　地下水运动的基本概念

1. 渗流与渗流场

地下水在岩空隙中的运动叫渗流。渗流范围叫渗流场。由于地表水与地下水的运动空间性质相差甚大，故二者的运动状态大不相同。地表水运动叫水流；地下水是在岩石空隙中运动，必然受到介质的阻滞而消耗能量，其运动速度将远远小于地表水流；其运动也就不同于地表水流，只能是渗透在迂回曲折的空隙之中的渗流。

渗流场中水的运动特点：水质点的运动速度和方向不断变化；地下水的运动要素（水位、流速、流向等）常常不是空间的连续函数。

因为地下水的任何一种空隙介质通道都是不规则的，都是由大小不等、形状各异的孔隙、裂隙、溶穴连接而成，对地下水的阻滞作用各不相同，情况非常复杂，即实际的地下水流的时空状态十分复杂，在理论上无法逼真，使得地下水运动的理论研究十分困难。为此，人们采用平均化（概化）的方法来研究地下水宏观的运动规律。即用一种假想的水流来代替实际上很复杂的渗流，将此假想的渗流当作连续的水流来处理。如此，即可将渗流场中地下水运动要素作为时间和空间的连续函数了，使问题简单化（微分学中时间取小段，变按不变算的思路也是一种平均化的处理方法）。

2. 渗透流速与实际流速

（1）过水断面：垂直于渗流方向的含水层断面（A 假想断面，B 实际断面）。

A 假想断面——空隙与固体骨架构成的整个断面。

B 实际断面——断面中能透过重力水的空隙部分。

显然，$A > B$，　$B = A \cdot n_e$

n_e——有效孔隙度（岩石中重力水流动的空隙体积与岩石总体积之比）。

（2）渗透流速（v_S）：把渗透流量 Q 平均到整个假想断面 A 上的流速。

$$v_S = Q/A, \quad Q = v_S \cdot A$$

（3）实际流速（$v_S H$）：把渗透流量 Q 平均到实际过水断面上的流速。

$$v_S H = Q/B, \quad Q = v_S H \cdot B$$

因为 $B = A \cdot n_e$，所以 $v_S \cdot A = v_S H \cdot A \cdot n_e$。

即 $v_S = v_S H \cdot n_e$

v_S——渗透流速（等于实际流速和有效孔隙度之积）。

3. 水头与水力梯度

（1）水头（H）：过水断面上单位重量液体具有的机械能（在数值上等于水流中某点的位能（Z）、压能（P/γ）、动能（$\alpha v^2/2G$）之和）。

$$H = Z + P/\gamma + \alpha v^2/2G \tag{7-1}$$

式中　H——总水头；

　　Z——研究点对基准面所具有的位置势能；

　　P/γ——研究点本身产生的压强势能；

　　P——水柱压强；

　　γ——水的容重；

　　v——平均流速，而不是实际流速，所以乘以修正系数 $\alpha = 1.05 \sim 1.10$；

　　G——重力加速度。

由于水的渗流运动速度缓慢，其中速度水头项 $\alpha v^2/2G$ 很小，略其不计，则伯努力方程简化为：$H = Z + P/\gamma$。

表明：某点处的总水头等于该点位能与压能之和。

渗流场内同一过水断面上各点的水头相等。

（2）水力梯度（I）：渗流场中沿渗流途径的水头损失与渗流距离的比值。

水质点在岩石空隙中运动时，为了克服介质的阻力而做功，做功就要消耗机械能，表现为测压水头的降低。因此可认为，水力梯度是水流通过单位长度的渗透途径时，为克服介质的摩擦阻力所消耗的机械能，表现为水头损失。

为了取得水力梯度 I，可沿地下水流向打两眼井，上游井水位为 $H_\text{上}$，下游井水位为 $H_\text{下}$，两井间距为 L，则：

$$I = (H_\text{上} - H_\text{下})/L$$

显然，将上下游之间的水面当作平面对待了。然而，地下水面是一个曲面，要想准确描述水头变化，则应在地下水面上取一点进行研究，沿渗透途径有一个小的增量 dl，相应的就有一个小的水头损失 dh，即可精确的表示水力梯度了，即：

$$I = -dh/dl$$

因为 I 为正值，而沿水流方向的变化量为负值，为保证 I 为正值，在前加负号。

4. 流线、迹线、等水头线

（1）流线：某一时刻渗流场中的一条曲线，这条线上的各个水质点速度方向都与之相切。

（2）迹线：渗流场中某一时段内，一个水质点的运动轨迹。

在渗流场稳定时，流线与迹线重合。

（3）水头线：渗流场中同一流线上各点水头（顶端）的连线。

（4）等水头线：渗流场中水头值相等的各点连线。

（5）等水头面：渗流场中水头值相等的各点所构成的面。

7.1.3 地下水运动的基本规律

地下水运动的基本规律又称渗透的基本定律，在水力学中已有论述，这里只引用定律的基本内容。

1. 线性渗透定律

线性渗透定律反映了地下水作为层流运动时的基本规律，是法国水利学家达西建立的，所以称为达西定律。即：

$$Q = K \cdot \frac{h}{L} \cdot \omega \qquad (7\text{-}2)$$

式中　Q——渗流量，即单位时间内渗过砂体的地下水量，m^3/d；

　　　h——在渗流途径 L 长度上的水头损失，m；

　　　L——渗流途径长度，m；

　　　ω——渗流的过水面面积，m^2；

　　　K——渗透系数，反映各种岩石透水性能的参数，m/d。

上式又可表示为：

$$v = K \cdot i \qquad (7\text{-}3)$$

式中　v——渗透速度，m/d；

　　　i——水力坡度，单位渗透途径上的水头损失（无量纲）。

式（7-3）表明渗透速度与水力坡度的一次方成正比，因此称为线性（直线）渗透定律。

渗透速度 v 不是地下水的实际流速，因为地下水不在整个断面 ω 内流过，而仅在断面的空隙中流动，可见渗透速度 v 远比实际流速 u 要小。地下水在空隙中的实际流速应为：

$$u = \frac{Q}{\omega \cdot n} = \frac{v}{n} \quad \text{或} \quad v = n \cdot u \qquad (7\text{-}4)$$

式中　n——岩石的孔隙度。

实际情况还表明，地下水在运动过程中，水力坡度常常是变化的，因此应将达西公式写成下列微分形式：

$$v = -K \frac{\mathrm{d}H}{\mathrm{d}x} \qquad (7\text{-}5)$$

$$Q = -K\omega \frac{\mathrm{d}H}{\mathrm{d}x} \qquad (7\text{-}6)$$

式中　$\mathrm{d}x$——沿水流方向无穷小的距离；

　　　$\mathrm{d}H$——相应 $\mathrm{d}x$ 水流微分段上的水头损失；

　　　$\dfrac{\mathrm{d}H}{\mathrm{d}x}$——水力坡度，符号表示水头沿着 x 的增大方向而减小，而对水力坡度 i 值来说，则仍以正值表示。

渗透系数 K 是反映岩石渗透性能的指标，其物理意义为：当水力坡度为 1 时的地下水流速。它不仅决定于岩石的性质（如空隙的大小和多少），而且和水的物理性质（如相对密度和黏滞性）有关。但在一般的情况下地下水的温度变化不大，故往往假设其相对密度和黏滞系数是常数，所以渗透系数 K 值只看成与岩石的性质有关，如果岩石的孔隙性好（孔隙大、孔隙多），透水性就好，渗透系数亦大。

过去许多资料都称达西公式是地下水层流运动的基本定律，其实达西公式并不是对于所有的地下水层流运动都适用，而只有当雷诺数小于 $1 \sim 10$ 时地下水运动才服从达西公式，即：

$$Re = \frac{ud}{\gamma} < 1 \sim 10 \tag{7-7}$$

式中　u——地下水实际流速，m/d；

　　　d——孔隙的直径，m；

　　　γ——地下水的运动黏滞系数，m^2/d。

由此可见，达西公式的适用范围远比层流运动的范围要小（管中水流的下临界雷诺数是 2300）。但由于自然界地下水的实际流速一般是几米每日，因此使得大多数情况下的地下水，包括运动在各种沙层、砂砾石层中、甚至砂卵石层中的地下水，其雷诺数一般都不超过 1。

例如，地下水以 $u=10m/d$ 的流速在粒径为 20mm 的卵石层中运动，卵石间的孔隙直径为 3mm（0.003m），当地下水温为 $15℃$ 时，运动黏滞系数 $\gamma=0.1m^2/d$，则雷诺数为：

$$Re = \frac{u \cdot d}{\gamma} = \frac{10 \times 0.003}{0.1} = 0.3$$

因此说达西公式对于一般地下水运动都是适用的。

2. 非线性渗透定律

如前所述：当地下水在岩石的大孔隙、大裂隙、大溶洞中及取水构筑物附近流动时，不仅雷诺数大于 10，而且常常呈紊流状态。紊流运动的规律是水流的渗透速度与水力坡度的平方根成正比，这成为哲才公式，表示式为：

$$v = K \cdot \sqrt{i} \text{ 或 } Q = K \cdot \omega\sqrt{i} \tag{7-8}$$

式中符号同前。

有时水流运动形式介于层流和紊流之间，则称为混合流运动，可用斯姆莱公式表示：

$$v = K \cdot i^{\frac{1}{m}} \tag{7-9}$$

式中，m 值的变化范围为 $1 \sim 2$。当 $m=1$ 时，即为达西公式；当 $m=2$ 时，即为哲才公式。

由于事先确定地下水流的流态属性在生产实践中是很困难的，因此式（7-8）及式（7-9）在实际工作中很少应用。

7.2　地下水流向井的稳定运动

提取地下水的工程设施称为取水构筑物，当取水构筑物中地下水的水位和抽出的水量都保持不变时的水流称为稳定流运动。

7.2.1　地下水流向潜水完整井

根据裴布依的稳定流理论，当在潜水完整井中进行长时间的抽水之后，井中的动水位和出水量都达到稳定状态，同时在抽水井周围亦会形成有规则的稳定降落漏斗，漏斗的半径 R 称为影响半径，井中的水面下降值 s 叫水位下降值，从井中抽出的水量称单井出水量。

潜水完整井稳定流计算公式（裘布依公式）的推导假设条件是：

（1）天然水力坡度等于零，抽水时为了用流线倾角的正切代替正弦，则井附近的水力坡度不大于1/4；

（2）含水层是均质各向同性的，含水层的底板是隔水的；

（3）抽水时影响半径的范围内无渗入、无蒸发，每个过水断面上流量不变；

（4）影响半径范围以外的地方流量等于零；在影响半径的圆周上为定水头边界；

（5）抽水井内及附近都是二维流（抽水井内不同深度处的水头降低是相同的）。

推导公式的方法是从达西公式开始的，因为有：

$$Q = K \cdot i \cdot \omega$$

就是说要确定出水量 Q，必须先确定 ω、K 及 i 这三个参数。但 K 值对于均质各向同性的含水层是一个常数，因此公式的推导实际上是如何确定 ω 和 i 的值。

从图 7-4 可以看出：地下水在向潜水完整井运动时，上部流线（如流线1、2）曲率最大，向下各流线曲率逐渐变小，底部流线（如流线5）是水平直线；垂直于流线的各过水断面 A-A、B-B 等皆是一系列弯曲程度不等的曲面，靠近井壁的 D-D 面曲率最大。可

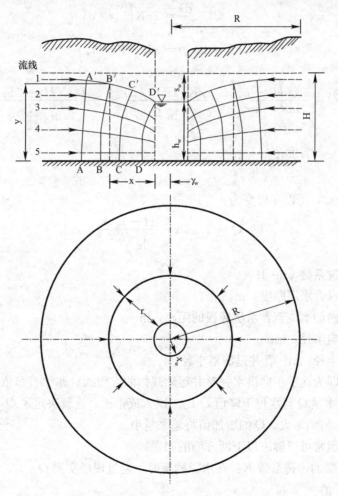

图 7-4　地下水向潜水完整井运动

见地下水向潜水完整井运动是通过一系列的曲面，计算水量时显然不能用达西公式。为此，假设地下水向潜水完整井的流动仍属缓变流，井边附近的水力坡度不大于1/4，这样就可使那些弯曲的过水断面近似地被看作直面，如把 B-B 曲面近似的用 B-B′直面来代替，地下水的过水断面就是圆柱体的侧面积：

$$\omega = 2\pi xy$$

从图 7-4 中亦可看出：地下水在向潜水完整井的流动过程中水力坡度 i 是个变数，但任意断面出的水力坡度均可表示为：

$$i = \frac{\mathrm{d}y}{\mathrm{d}x}$$

将上述 ω 和 i 带入达西公式，即可求得地下水通过任意过水断面 B-B′的运动方程为：

$$Q = K \cdot \omega \cdot i = K \cdot 2\pi x \cdot y \frac{\mathrm{d}y}{\mathrm{d}x}$$

为使上式变为普通的数学函数关系，可将上式分离变量并积分，将 y 从 h_w 到 H，x 从 r_w 到 R 进行定积分：

$$Q \int_{r_\mathrm{w}}^{R} \frac{\mathrm{d}x}{x} = 2\pi K \int_{h_\mathrm{w}}^{H} y \cdot \mathrm{d}y$$

$$Q(\ln R - \ln r_\mathrm{w}) = \pi K (H^2 - h_\mathrm{w}^2)$$

移项得：

$$Q = \frac{\pi K (H^2 - h_\mathrm{w}^2)}{\ln R - \ln r_\mathrm{w}} = \frac{\pi K (H^2 - h_\mathrm{w}^2)}{\ln \frac{R}{r_\mathrm{w}}} = \frac{3.14 K (H^2 - h_\mathrm{w}^2)}{2.3 \lg \frac{R}{r_\mathrm{w}}}$$

$$= 1.36 K \frac{H^2 - h_\mathrm{w}^2}{\lg \frac{R}{r_\mathrm{w}}} \tag{7-10a}$$

因 $h_\mathrm{w} = H - s_\mathrm{w}$，所以亦可变为：

$$Q = 1.36 K \frac{(2H - s_\mathrm{w}) s_\mathrm{w}}{\lg \frac{R}{r_\mathrm{w}}} \tag{7-10b}$$

式中　K——渗透系数，m/d；

　　　H——潜水含水层厚度，m；

　　　h_w——井内动水位至含水层底板的距离，m；

　　　R——影响半径，m；

　　　r_w——井半径，m；管井过滤器半径。

式（7-10）即为地下水向潜水完整井运动规律的方程式，亦称裘布依公式。公式表明潜水完整井的出水量 Q 与水位下降值 s_w 的二次方成正比，这就决定了 Q 与 s_w 间的抛物线关系。即随着 s_w 值的增大，Q 的增加值将越来越小。

式（7-10）通常可以解决以下两方面的问题：

（1）求含水层的渗透系数 K：在水源勘察时，通过现场实测 Q、s_w、H、R、r_w，计算含水层的 K 值。

（2）预计潜水完整井的出水量 Q：在水源设计时，通过已知或假设水文地质参数

H、s_w、K、R、r_w，推算出设计井的预计出水量 Q。

7.2.2 地下水流向承压水完整井

根据裴布依稳定流理论，在承压完整井中抽水时，经过一个相当长的时段，抽水量和井内的水头降落均能达到稳定状态。此时在井壁周围含水层内就会形成抽水影响范围，这种影响范围可以由承压含水层中水头的变化表示出来，承压水头线的变化具有降落漏斗的形状，如图 7-5 所示。

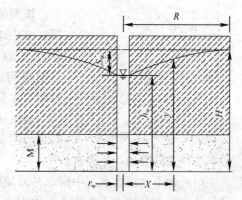

图 7-5 地下水向承压水完整井运动

承压完整井出水量计算公式与潜水完整井计算公式的假定基本相同，不同之处在于：

由于地下水流向承压完整井的流线是相互平行的，并且平行于顶、底板，因此垂直于流线的过水断面是真正的圆柱体侧面积，可以直接代入达西公式进行推导。此时地下水流向承压完整井的过水断面积和水力坡度各为：

$$\omega = 2\pi xM$$

$$i = \frac{\mathrm{d}y}{\mathrm{d}x}$$

则地下水通过任意过水断面的流量为：

$$Q = K \cdot \omega \cdot i = K \cdot 2\pi xM \frac{\mathrm{d}y}{\mathrm{d}x}$$

同潜水完整井的推导过程一样，将上式分离变量并积分，将 y 从 h_w 到 H，x 从 r_w 到 R 进行定积分：

$$Q\int_{r_w}^{R} \frac{\mathrm{d}x}{x} = K2\pi M\int_{h_w}^{H} \mathrm{d}y$$

$$Q(\ln R - \ln r_w) = 2\pi KM(H - h_w)$$

将 π 值代入并换为常用对数，进行整理后得：

$$Q = 2.73K\frac{M(H - h_w)}{\lg R - \lg r_w} \qquad (7\text{-}11)$$

因为 $H - h_w = s_w$，所以又可将上式写为如下形式：

$$Q = 2.73K\frac{Ms_w}{\lg \dfrac{R}{r_w}}$$

式中 M——承压含水层厚度，m；

s_w——承压井抽水时井内的水位下降值，m。

式（7-11）即为地下水向承压完整井运动规律的方程式，亦称裴布依公式。公式表明承压井的出水量 Q 与水位下降值 s_w 的一次方成正比，这决定了 Q 与 s_w 为直线关系，如图 7-6所示。

式（7-11）的用途与潜水完整井的公式完全相同，可用来预算井的出水量和计算含水层的渗透系数。

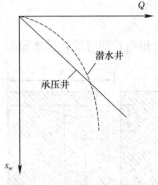

图 7-6 Q—s_w 关系曲线

7.2.3 裴布依 (Dupuit) 公式的讨论

1. 抽水井流量与水位降深的关系

井的出水量与水位深度的关系可用 $Q = f(s_w)$ 曲线来表示。按照裴布依 (Dupuit) 理论,潜水的出水量 Q 与水位降深 s_w 的二次方成正比 (见图 7-6)。这种二次抛物线关系表明 Q 与 s_w 的加大而增大,但 Q 的增量越来越小。承压水的出水量 Q 与水位降深 s_w 的一次方成正比。Q 与 s_w 的线性关系表明出水量随水位降深而不断加大。

这里所讨论的降深,仅仅考虑地下水在含水层中流动的结果。但实际上在抽水井中所测得的降深,是多种原因造成的水头损失的叠加,主要有:

(1) 地下水在含水层中向水井流动所产生的水头损失,按裴布依公式计算出来的降深就是指这一部分的水头损失,也称为含水层损失。

(2) 由于水井施工时泥浆堵塞井周围的含水层,增加了水流阻力所造成的水头损失。

(3) 水流通过过滤器时所产生的水头损失。

(4) 水流在滤水管内流动时的水头损失。

(5) 水流在井管内向上流动时的水头损失。

这些水头损失,有些与流量的一次方成正比,有些与流量的二次方成正比。由于上述原因,即使对于承压水,Q-s_w 保持直线关系也是不可多见的。

2. 抽水井流量与井径的关系

抽水井的流量与井径的关系,现在还没有统一的认识和公认的与实际相符的关系式。从式 (7-10) 中可看出,井的半径 r_w 对流量 Q 的影响并不大,两者之间只是对数关系,随着井半径的增大流量增加得很小。即井半径增加一倍,流量只增加 10% 左右;井半径增加 10 倍,流量亦只增大 40% 左右。这种对数关系已被大量事实所否定,中外许多水文地质工作者曾为此进行大量实验,其结果大都表明,当井半径 r_w 增大之后,流量的实际增加要比用裴布依公式计算结果大得多。

3. 水跃对裴布依公式计算结果的影响

在现场观测和室内试验研究都证明:

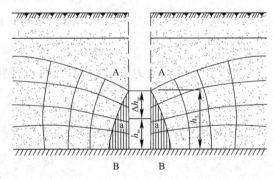

图 7-7 潜水井水跃示意图

潜水井抽水时,只有当水位降低非常小时,井内水位才与井壁水位接近一致;而当水位降低较大时,井内水位就明显低于井壁水位 (见图 7-7),这种现象称为水跃 (渗出面),其值为水位差 Δh_w。渗出面的存在有两种作用:(1) 井附近的流线是曲线,等水头面为曲线,只有当井壁和井中存在水头差时,图 7-7 中的阴影部分的水才能进入井内;(2) 渗出面的存在,保持了适当高度的过水断面,以保证把流量 Q 输入井内。如果不存在渗出面,则当井水位降到隔水底板时,井壁处的过水断面将等于零,就无法通过地下水。裴布依降落曲线方程没有考虑水跃的存在,因此在抽水井附近,实际曲线将高于裴布依 (Dupuit)

理论曲线。随着距抽水井的距离的加大，等水头线变直，流速的垂直分量变小，理论曲线与实际曲线才渐趋一致。

4. 井的最大流量问题

从公式上看：当 $s_w = H$ 时，井的流量为最大。这在实际上是不可能的，在理论上也是不合理的，因为当 $s_w = H$ 时，h_w 必然等于零，则过水断面亦应等于零，就不应当有水流入井中，这种理论上的自相矛盾亦反映了裘布依公式是不很严密的。

这种矛盾的产生是由于裘布依推导潜水井公式时，忽略了渗透速度的垂直分量，假定水位降深不大，水力坡度采用水头差与渗透路径的水平投影之比，即 $i = \dfrac{dh}{dl} = \tan\theta$；而严格来说，水力坡度应当是水头差于渗透路径之比，即 $i = \dfrac{dh}{ds} = \sin\theta$（见图 7-8）。用 $\tan\theta$ 代替 $\sin\theta$，应 $\theta < 15°$，这种代替产生的误差是允许的。但当降深加大，渗透速度的垂直分量也相应加大，此时就会造成较大的误差。这就是产生上述矛盾的原因。所以，裘布依公式适用于潜水井的特定条件是地下水位降深不能太大。

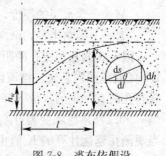

图 7-8　裘布依假设

7.2.4 裘布依型单井稳定流公式的应用范围

凡包含影响半径 R 和在裘布依公式的基础上推导出来的地下水向井运动的稳定流公式，统称为裘布依（Dupuit）型稳定井流公式。这类公式的建立对于研究地下水的运动，评价水资源量曾起过重要的作用，解决了很多生产实践中出现的问题，得到过广泛地应用，直到目前仍有其一定的实用价值。应该注意到，裘布依型单井稳定流公式由于建立条件的限制，仅适用于开采条件下地下水各运动要素不发生变化的稳定流阶段，即开采量一定，$\dfrac{\partial H}{\partial t} \to 0$。显然，裘布依型单井稳定流公式的应用范围可归纳为：

（1）完全满足裘布依公式假定条件的应用是圆形海岛中心的一口井，此时抽水可以达到完全稳定，影响半径代表下降漏斗的实际影响范围，如图 7-9 所示，此种情况在自然界中很少见。

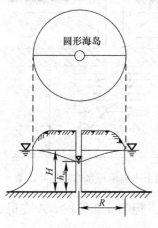

图 7-9　裘布依单井稳定流方程的外边界条件示意

（2）在有充分就地补给（有定水头）的情况下，由于补给充分、周转快，年度或跨年度调节作用强，储存量的消耗不明显，这样就容易在经过一定的开采时间之后形成新的动态平衡，所以亦可用裘布依型公式直接进行水文地质计算，并能得到较准确的结果。

（3）当抽水井是建在无充分就地补给（无定水头）广阔分布的含水层之中时，例如开采大面积承压水，由于补给途径长、周转慢，存在多年调节作用，消耗储存量的时间很长，因而不容易形成新的动平衡过程，抽水时在非稳定流条件下进行。这种条件下严格讲裘布依公式是不适用的，但如果进行长时间的抽水，并在抽水井附近设有观测井，若观测孔中的 s（或 Δh^2）值在 s（或 Δh^2）—$\lg r$ 曲线上能连成直线，则可根据观测井的数据用裘布依型公式来计算含水层的渗透系数。

（4）在取水量远小于补给量的地区，可以先用上述方法求得含水层的渗透系数，然后再用裘布依型公式大致推测在不同取水量的情况下井内及附近的地下水位下降值。

裘布依型公式的应用除了符合上述条件外，还应考虑下列不等式：

$$1.6M \leqslant r \leqslant 0.178R \tag{7-12}$$

式中　r——观测井到抽水井的距离 m；

　　　M——含水层的厚度，m；

　　　R——影响半径，m。

限定观测孔距主孔的距离范围 $1.6M \leqslant r$ 是为了使观测孔置于层流二维流段，在 $r \leqslant 1.6M$ 的范围内是属三维流区；而限定最远观测孔距主孔范围 $r \leqslant 0.178R$，是为了保证各观测孔内有一定的水位下降值，而且当 $r \leqslant 0.178R$ 时，抽水后实际下降漏斗属对数关系，当 $r > 0.178R$ 后就变为贝塞尔函数关系。由于贝塞尔函数的斜率较对数函数为小，所以当观测孔越远计算的 K 值也就越大。对式（7-12）上、下限的看法目前尚有分歧，在供水水文地质勘察范围中规定：距主孔最近观测孔的距离应大于一倍含水层的厚度，最远的观测孔距第一个观测孔的距离不宜太远。

7.2.5　地下水流向非完整井和直线边界附近的完整井

在裘布依稳定流理论的基础上，有学者推导出了在其他边界条件下相应的稳定流公式。

1.　承压水非完整井

当承压水含水层的厚度较大时，建造的管井往往为非完整井。自然界中含水层厚度无限大的情况很少见，所谓厚度大也只是相对于过滤器的长度而言。下面只介绍承压含水层的厚度相对于过滤器的长度不是很大的情况，即过滤器的长度 $L < 0.3M$（M 为承压含水层的厚度）时的承压非完整井的出水量公式。对于这种情况，不仅要考虑隔水顶板的影响，还要估计到隔水底板的作用，如图 7-10 所示。

当过滤器紧靠隔水顶板时，可用流体力学的方法求得这个问题的近似解如下：

$$Q = \frac{2.73KMs_w}{\frac{1}{2a}\left(2\lg\frac{4M}{r_w} - A\right) - \left(\lg\frac{4M}{R}\right)} \tag{7-13}$$

式中　$a = \dfrac{L}{M}$；

　　　L——过滤器有效进水长度，m；

　　　$A = f(a)$ 可按图 7-11 求得。

式（7-13）也叫马斯盖特公式，下面讨论该公式的应用范围。

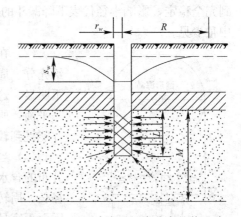

图 7-10　地下水向承压水非完整井运动

由图 7-11 可看出：当 $a = 1$ 时，$A = 0$，则式（7-13）变成完整井公式（7-11），这就说明式（7-13）是合理的。但当 a 很小时，A 变得很大，这时有可能使得式（7-13）分母中的 $\left[2\lg\dfrac{4M}{r_w} - A\right] \to 0$，则式（7-13）将变为：

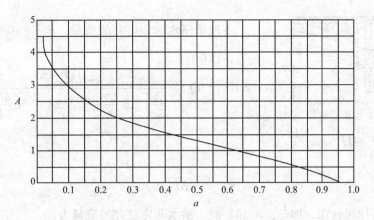

图 7-11 A-a 函数曲线

$$Q = \frac{2.78 KMs_{\mathrm{w}}}{-\lg \frac{4M}{R}} = 2.73 K \frac{Ms_{\mathrm{w}}}{\lg \frac{R}{4M}}$$

这就成了和半径为 $4M$ 的承压完整井的流量一样。当 a 很小时，承压非完整井的流量竟会比同样条件下半径为 r_{w} 的完整井的流量还要大，这显然是不合理的。由此可见，当 A 很大时，式（7-13）就失去应用的意义。经验证明，当 $\frac{L}{r_{\mathrm{w}}} > 5$ 及 $\frac{r_{\mathrm{w}}}{M} \leqslant 0.01$ 时，式（7-13）可以得到满意的结果，误差不超过 10%。

承压水非完整井亦可用下列公式进行计算：

$$Q = \frac{2.73 KMs_{\mathrm{w}}}{\lg \frac{R}{r_{\mathrm{w}}} + \frac{M-L}{L} \lg \frac{1.12M}{\pi r_{\mathrm{w}}}} \tag{7-14a}$$

该公式的适用范围为：$M > 150 r_{\mathrm{w}}$；$\frac{L}{M} > 0.1$。

或：

$$Q = \frac{2.73 KMs_{\mathrm{w}}}{\lg \frac{R}{r_{\mathrm{w}}} + \frac{M-L}{L} \lg \left(1 + 0.2 \frac{M}{r_{\mathrm{w}}}\right)} \tag{7-14b}$$

该公式的适用范围为：过滤器位于含水层的顶部或底部。

2. 潜水非完整井

研究潜水非完整井的流线时发现，过滤器上下两端的流线弯曲很大，从上端向中部流线弯曲程度逐渐变缓，从中部向下部又朝相反的方向弯曲。在中部流线近于平面径向流动，通过过滤器中点的流面 A'-A' 几乎与水平面平行；因此可以通过过滤器中部的平面把水流区分为上下两端，上段可以看作是潜水完整井，下段则是承压水非完整井。这样潜水非完整井的流量就可以近似地看作上下两段流量的总和，但是这样计算所得的上段流量偏大些，下段流量偏小些，两段流量之和可抵消掉部分误差（见图 7-12）。

上段潜水完整井的流量按式（7-10）得：

$$Q_1 = \frac{\pi K \left[(s_{\mathrm{w}} + 0.5L)^2 - (0.5L)^2\right]}{\ln \frac{R}{r_{\mathrm{w}}}} = \frac{\pi K (s_{\mathrm{w}} + L) s_{\mathrm{w}}}{\ln \frac{R}{r_{\mathrm{w}}}}$$

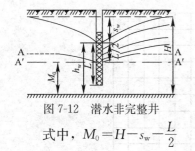

图 7-12 潜水非完整井

下段承压水非完整井的流量，当 $\dfrac{L}{2}>0.3M$ 时，可由式（7-13）得：

$$Q_2 = \dfrac{2\pi K M_0 s_{\mathrm{w}}}{\dfrac{1}{2a}\left[2\ln\dfrac{4M_0}{r_{\mathrm{w}}}-2.3A\right]-\ln\dfrac{4M_0}{R}}$$

式中，$M_0 = H - s_{\mathrm{w}} - \dfrac{L}{2}$

$$a = \dfrac{0.5L}{M_0}$$

当过滤器埋深较深，即 $\dfrac{L}{2}>0.3M_0$ 时，潜水非完整井的流量为：

$$Q = Q_1 + Q_2 = \pi K s_{\mathrm{w}}\left[\dfrac{L+s_{\mathrm{w}}}{\ln\dfrac{R}{r_{\mathrm{w}}}}+\dfrac{2M_0}{\dfrac{1}{2a}\left(2\ln\dfrac{4M_0}{r_{\mathrm{w}}}-2.3A\right)-\ln\dfrac{4M_0}{R}}\right]$$

$$= 1.36K s_{\mathrm{w}}\left[\dfrac{L+s_{\mathrm{w}}}{\ln\dfrac{R}{r_{\mathrm{w}}}}+\dfrac{2M_0}{\dfrac{1}{2a}\left(2\lg\dfrac{4M_0}{r_{\mathrm{w}}}-A\right)-\lg\dfrac{4M_0}{R}}\right] \qquad (7\text{-}15)$$

这种分段法在计算潜水非完整井流量时，不只限于圆形补给边界条件，还可推广到其他形状的补给边界，如位于河边的潜水不完整井等。

潜水非完整井亦可用下列公式进行计算：

$$Q = \dfrac{1.36K(H^2-h_{\mathrm{w}}^2)}{\lg\dfrac{R}{r_{\mathrm{w}}}+\dfrac{\overline{h_{\mathrm{m}}}-L}{L}\cdot\lg\dfrac{1.12\,\overline{h_{\mathrm{m}}}}{\pi r_{\mathrm{w}}}} \qquad (7\text{-}16\mathrm{a})$$

式中 $\overline{h_{\mathrm{m}}}$——潜水含水层在自然情况下和抽水实验时的厚度平均值，m。

该公式的使用范围为：$\overline{h_{\mathrm{m}}}>150r_{\mathrm{w}}$；$\dfrac{L}{\overline{h_{\mathrm{m}}}}>0.1$

或

$$Q = \dfrac{1.36K(H^2-h_{\mathrm{w}}^2)}{\lg\dfrac{R}{r_{\mathrm{w}}}+\dfrac{\overline{h_{\mathrm{m}}}-L}{L}\cdot\lg\left(1+0.2\dfrac{\overline{h_{\mathrm{m}}}}{r_{\mathrm{w}}}\right)} \qquad (7\text{-}16\mathrm{b})$$

该公式的使用范围为：过滤器位于含水层的顶部或底部。

3. 直线补给边界附近的完整井

为了取得地下水的更大水量，常常将井布置在河流的附近，如图 7-13 所示。当在井中抽水时，河水和地下水都会向井内运动，若井距河边的距离 b 小于 0.5 倍抽水影响半径 R 时，其计算公式为：

承压水完整井

$$Q = 2.73K\dfrac{M(H-h_{\mathrm{w}})}{\lg\dfrac{2b}{r_{\mathrm{w}}}} \qquad (7\text{-}17)$$

潜水完整井

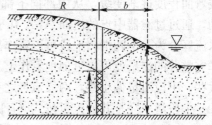

图 7-13 地下水向沿河边的潜水完整井运动

$$Q = 1.36K \frac{H^2 - h_{\mathrm{w}}^2}{\lg \dfrac{2b}{r_{\mathrm{w}}}} \qquad (7\text{-}18)$$

计算地下水流向取水构筑物的公式很多，如：非均质含水层中的潜水完整井、过滤器长度小于 0.3 倍含水层厚度的承压水非完整井及潜水非完整井、靠近河边的承压水及潜水非完整井等等。总之，不同的水文地质条件和不同结构的取水构筑物都有其相应的计算公式，需要时可查阅有关水文地质手册，但须严格遵循每个公式的适用条件。

7.3　地下水流向井的非稳定运动

如前述，地下水流向井的稳定运动的基本理论及其有关的运算模型（裘布依稳定井流公式）的建立对于研究地下水的运动曾起过重要的作用，解决了很多生产实际中出现的问题，因此，得到了广泛的应用，至今在一定范围内仍具有其重要的使用价值。但随着工农业生产的不断发展，以及人口数量的不断增加，工业、农业及生活用水需水量的不断增大，地下水作为重要的供水水源，其开采量及开采规模迅速扩大，大多数地区普遍出现区域地下水位的持续下降，而作为地下水运动要素均不随时间发生变化的稳定流理论及其水量计算公式无法解决和预测这一现象，以及未来地下水动态的变化趋势。在 20 世纪 30 年代中期开始形成的以泰斯为代表的非稳定流理论及其相关水量运算公式发挥着越来越大的作用。泰斯非稳定流理论认为在抽水过程中地下水的运动状态是随时间而变化的，即动水位不断下降，降落漏斗不断扩大，直至含水层的边缘或补给水体。

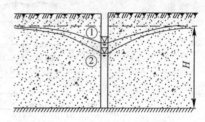

图 7-14 表示无充分补给的抽水井所形成的非稳定流运动。①表示在 t_1 时刻的下降漏斗，由于水体不断被抽走，而且补给量小于开采量，漏斗不断扩大，经过一定的时刻之后，漏斗面变到②的位置，最后一直扩大到整个含水层，只是距抽水井越远，漏斗的曲率越小，扩展速度越来越缓慢而已。

图 7-14　无就地补给的非稳定流抽水井

7.3.1　非稳定流理论所解决的主要问题

1. 评价地下水的开采量

非稳定流计算最适合用来评价平原区深部承压水的允许开采量，因为，这种含水层分布面积大、埋藏较深、天然径流量较小、开采水量常常主要靠弹性释放水量，补给量比较难求。因此，这类承压水地区的开采资源的评价方法是通过非稳定流计算，求得在一些代表性地点的地下水位允许下降值 s 所对应的取水量作为允许开采量。

2. 预报地下水位下降值

在集中开采地下水的地区，区域水位逐年下降现象已是现实问题；但更重要的是如何预报在一定取水量及一定时段之后，开采区内及附近地区任一点的水位下降值。非稳定流计算能容易地予以解决，然而稳定流理论对此却无能为力。

3. 确定含水层的水文地质参数

利用非稳定流理论无论是计算允许开采量还是预报地下水位下降值，都需要首先确定含水层的水文地质参数——水位（压力）的传导系数 a、导水系数 T、储水系数 μ^* 等。通过抽水试验测得 Q、s 及 t 值，然后通过非稳定流方程式可解出其中的 a、T、μ^* 值。

7.3.2 基本概念

1. 弹性储存的概念

在分布宽阔的潜水含水层中开采地下水，当抽水的影响未扩及补给边界，地下水始终处于非稳定运动状态时，处于逐渐疏干含水层的过程。对于承压含水层而言，所反映的只是随着抽水过程，水头在不断降低，并不存在对含水层的疏干。一系列的研究表明，从承压含水层，尤其是深层承压含水层中抽出的水量主要是由于水头降低，含水层的弹性压缩和承压水的弹性膨胀而释放出的部分地下水。而当水头升高，承压含水层则会储存这部分地下水，这一现象就称之为"弹性储存"。

2. 越流的概念

如果含水层的顶、底板为隔水层，表明该含水层与其相邻的含水层之间无水力联系。但在大多数情况下，抽水含水层的顶、底板为弱透水层，在抽水含水层抽水条件下，由于水头降低，和相邻含水层之间产生水头差，相邻含水层通过弱透水层与抽水含水层之间发生水力联系，如图 7-15 所示，这种水力联系称之为"越流"。这时的抽水含水层、弱透水层及相邻含水层统称为"越流系统"。一般称抽水的含水层为主含水层或越补含水层，相邻含水层称为补给层。

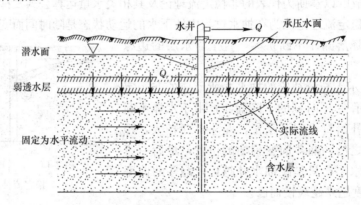

图 7-15　越流补给含水层的抽水井

越流系统可进一步分为三种类型：第一类越流系统是弱透水层的弹性储量可忽略不计，而且在主含水层抽水期间补给层的水头几乎不变。第二类越流系统是考虑弱透水层的弹性储量。第三类越流系统是补给层的水头随主含水层的抽水情况而变化，这种类型的计算十分复杂，目前还不能实际应用。在本章只介绍第一、二类越流系统。

7.3.3 无越流含水层中水流向井的非稳定流运动

1. 地下水向完整井非稳定流运动的微分方程

（1）潜水井

潜水完整井在抽水过程中，随着时间 t 的延长，水位 h 不断下降，地下水位降落漏斗不断扩大，如图 7-16 所示。

解决这样非稳定流的方法是：把时间间隔分小，在小的时段内就可以把非稳定流当作稳定流来处理。

在距井 r 处取一微分段宽度为 dr，平面面积为 $2\pi r \cdot h$。根据达西公式通过断面的流量应当是：

$$Q = 2\pi rh K \frac{\partial h}{\partial r} = 2\pi r \frac{\partial \phi}{\partial r}$$

式中 $\phi = \frac{1}{2} Kh^2$ 为潜水的势函数。

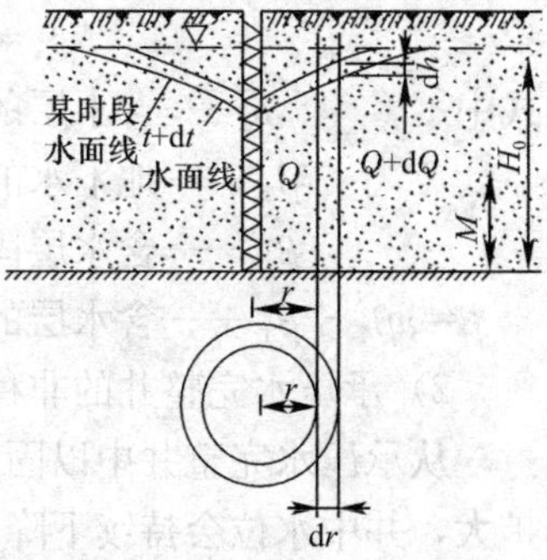

图 7-16　潜水完整井计算图

在 dt 时间内，通过微分段内外两段面的流量变化为：

$$dQ = 2\pi \frac{\partial}{\partial r}\left(r \frac{\partial \phi}{\partial r}\right)dr = 2\pi\left(\frac{\partial \phi}{\partial r} + r \frac{\partial^2 \phi}{\partial r^2}\right)dr$$

但根据水流连续性原理，在 dt 时间内微分段内流量的变化应当等于微分段内水体的变化 $2\pi r \cdot dr \cdot \mu \frac{\partial h}{\partial t}$，则有：

$$2\pi r dr \mu \frac{\partial h}{\partial t} = 2\pi\left(\frac{\partial \phi}{\partial r} + r \frac{\partial^2 \phi}{\partial r^2}\right)dr$$

将上式两边各乘以 Kh 并化简得：

$$\frac{Kh}{\mu}\left(\frac{\partial^2 \phi}{\partial r^2} + \frac{1}{r} \frac{\partial \phi}{\partial r}\right) = Kh \frac{\partial h}{\partial t} = \frac{\partial \phi}{\partial t}$$

式中　h——潜水水位，m；

μ——含水层给水度。

若令：$T = Kh$——导水系数，表示含水层的导水性能；

$a = \dfrac{Kh}{\mu}$——潜水含水层的水位传导系数，表示潜水含水层中水位传导速度的参数。

将 T、a 代入上式则得潜水完整井非稳定流的微分方程：

$$\frac{\partial^2 \phi}{\partial r^2} + \frac{1}{r} \frac{\partial \phi}{\partial r} = \frac{\mu}{T} \frac{\partial \phi}{\partial r}$$

或

$$\frac{\partial^2 \phi}{\partial r^2} + \frac{1}{r} \frac{\partial \phi}{\partial r} = \frac{\mu}{a} \frac{\partial \phi}{\partial r} \tag{7-19}$$

（2）承压水井

1）承压含水层的弹性水量

承压含水层顶板以上的土体压力，由承压含水层中的水和含水层的固体骨架共同承担，才能使之保持平衡。当人工开采地下水时，由于降低了承压水头，水承担的压力减小了，而增加了固体骨架的压力，因而使含水层的孔隙度变小而释放出一定的水量。同时，承压含水层的水由于降低了水头，水的体积亦会发生膨胀（水是可压缩的），而使水量得到了增加。上述两种水量被称为"弹性水量"，其计算方法是：

在承压含水层中划取一无限小的单元体 dV，其压力变化为 dP，则单元固体骨架因压缩变形而释放的水量 $dV_\pm$ 为：

$$dV_\pm = \beta_\pm \cdot dV \cdot dP$$

同理，由于压力减小而引起水体膨胀所增加的水量 $dV_\text{水}$ 为：

$$dV_\text{水} = n \cdot \beta_\text{水} \, dV \cdot dP$$

故承压含水层全部的弹性水量应当是：

$$dV_\text{弹} = dV_\pm + dV_\text{水} = \beta_\pm \cdot dV \cdot dP + n\beta_\text{水} \cdot dV \cdot dP$$

$$= (n\beta_{水} + \beta_{土})dV \cdot dP = \beta \cdot dV \cdot dP \qquad (7\text{-}20)$$

式中　　　n——含水层的孔隙度；

　　　　　$\beta_{水}$——地下水的弹性系数；

　　　　　$\beta_{土}$——含水层固体骨架的弹性系数；

$\beta = n\beta_{水} + \beta_{土}$——含水层的孔隙度。

　　2) 承压水完整井的非稳定流微分方程

　　从承压水完整井中以固定流量 Q 抽水时，随着抽水时间的延长，降落漏斗会不断地扩大，井中水位会持续下降，如图 7-17 所示，此种非稳定流可用前述同样的方法建立起微分方程。在距井轴 r 处的断面附近取一微分段，其宽度为 dr，平面面积为 $2\pi r \cdot dr$，断面面积为 $2\pi r M$，体积为 $2\pi r M dr$，在某一时刻通过此断面的流量可按达西公式求得：

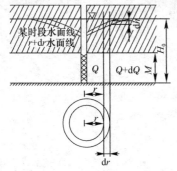

$$Q = 2\pi r M K \frac{\partial H}{\partial r} = 2\pi r \frac{\partial \phi}{\partial r}$$

式中，$\phi = KMH$——承压水的势函数。

　　在 dt 时间内，通过微分段内外两个断面流量的变化为：

$$dQ = 2\pi \frac{\partial}{\partial r}\left(r \frac{\partial \phi}{\partial r}\right)dr = 2\pi\left(\frac{\partial \phi}{\partial r} + r \frac{\partial^2 \phi}{\partial r^2}\right)dr$$

图 7-17　承压水完整井计算图　　　根据水流连续性原理，在 dt 时间内微分段内流量的变化看作是微分段内弹性水量的变化。因此为分段内弹性水量为：

$$dV_{弹} = \beta K \cdot dV \cdot dP = \beta \cdot 2\pi r M \cdot dr \cdot \gamma \cdot dH$$

式中　$d = \gamma \cdot dH$

　　　γ——水的重率。

　　所以

$$2\pi\left(\frac{\partial \phi}{\partial r} + r \frac{\partial^2 \phi}{\partial r^2}\right)dr = \beta 2\pi M \cdot dr \cdot \gamma \cdot \frac{\partial H}{\partial t}$$

上式两边各乘以 KM 则得：

$$\frac{KM}{\gamma \beta M}\left(\frac{\partial^2 \phi}{\partial r^2} + \frac{1}{r} \frac{\partial \phi}{\partial r}\right) = K \frac{\partial(HM)}{\partial t} = \frac{\partial \phi}{\partial t}$$

令 $T = KM$——导水系数；

$\mu^* = \gamma \cdot \beta \cdot M$——储水系数（或称弹性给水度），是指承压水头下降 1m 时，从单位面积含水层（即面积为单位面积，高度为含水层厚度的柱体）中释放出来的弹性水量；

　　$a = \dfrac{T}{\mu^*}$——承压含水层压力传导系数。

　　将 T、μ^*、a 代入上式则可得承压完整井的微分方程：

$$\frac{\partial^2 \phi}{\partial r^2} + \frac{1}{r} \frac{\partial \phi}{\partial r} = \frac{\mu^*}{T} \frac{\partial \phi}{\partial t}$$

或

$$\frac{\partial^2 \phi}{\partial r^2} + \frac{1}{r} \frac{\partial \phi}{\partial r} = \frac{1}{a} \frac{\partial \phi}{\partial t} \qquad (7\text{-}21)$$

　　式（7-21）与式（7-19）的形式完全相同，只是其中的势函数 ϕ 不同而已。

对于完整井，亦可用类似的方法推导出微分方程为：

$$\frac{\partial^2 \phi}{\partial x^2} + \frac{\partial^2 \phi}{\partial y^2} + \frac{\partial^2 \phi}{\partial z^2} = \frac{1}{a}\frac{\partial \phi}{\partial t}$$

或

$$\frac{\partial^2 \phi}{\partial r^2} + \frac{1}{r}\frac{\partial \phi}{\partial r} + \frac{\partial^2 \phi}{\partial z^2} = \frac{1}{a}\frac{\partial \phi}{\partial t} \tag{7-22}$$

2. 地下水向完整井非稳定流运动的基本方程式（泰斯公式）

（1）承压含水层定流量抽水时的 Theis（泰斯）公式。

承压含水层中单个井定流量抽水的数学模型是在下列假设条件下建立的：

1）含水层是均质各向同性、等厚、侧向无限延伸，产状水平；

2）抽水前天然状态下地下水的水力坡度为零；

3）完整井定流量抽水；

4）含水层中水流服从达西（Darcy）定律；

5）水头下降引起的地下水从贮存量中的释放是瞬间完成的。

在上述假设条件下，抽水后将形成以井轴为对称轴的下降漏斗，将坐标远点放在含水层底板抽水井的井轴处，井轴为 z 轴，如图 7-18 所示。根据假定，其初始和边界条件可表示为：

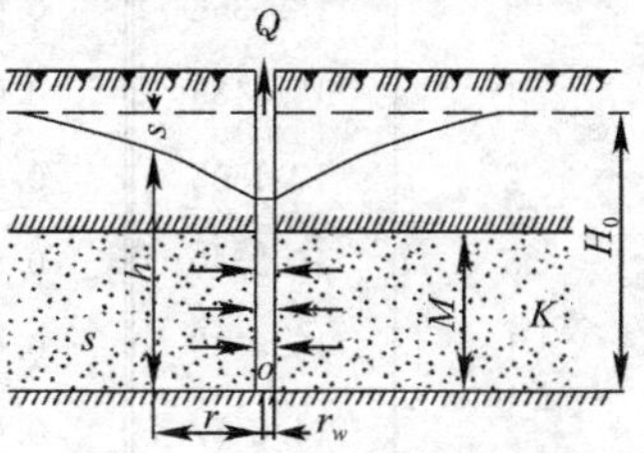

图 7-18　承压完整井流

初始条件为：$\phi(r、o) = \phi_k = KMH$ 当 $t = 0$ 时；

边界条件为：

$$\left. \begin{array}{l} 当\ r \rightarrow \infty \quad \phi \rightarrow \phi_k \\ \lim\limits_{r \rightarrow 0}\left(r\frac{\partial \phi}{\partial r}\right) = \frac{Q}{2\pi} \end{array} \right\} 当\ t > 0$$

按照上述初始条件及边界条件，接合承压完整井微分方程，通过积分变换法可求得承压完整井非稳定流的基本方程式：

$$s\frac{Q}{4\pi t}W(u)$$

式中　$W(u) = \int_u^\infty \frac{e^{-u}}{u}\mathrm{d}u$——指数积分函数或称井函数。

也可用收敛级数表示，即

$$W(u) = -0.5772 - \ln u + \sum_{n=1}^{\infty}(-1)^{n+1}\frac{u^n}{n \cdot n!} \tag{7-23}$$

（2）潜水完整井非稳定流运动方程

潜水完整井单井抽水非稳定流运算模型可参照承压水完整井的方式进行一系列代换导出，其模型形式为：

$$s = H - \sqrt{H^2 - \frac{Q}{2\pi K}W(u)} \tag{7-24}$$

式中的符号同承压水完整井非稳定流计算公式。

为了便于计算，一般将 $W(u)$ 值制成专门表格（见表 7-1）。已知含水层的压力传导系数或储水系数、导水系数，就可以计算开采区内某一时刻任一点的水位降深值；或预测开采区内某一点的不同时间的水位降深值。

u	W	u	W	u	W	u	W
0	∞	5×10^{-5}	9.3263	0.044	2.5899	0.092	1.8987
1	27.0538	1×10^{-4}	8.6332	0.046	2.5474	0.094	1.8791
2	26.3607	2×10^{-4}	7.9402	0.048	2.5068	0.096	1.8599
5	25.4444	5×10^{-4}	7.0242	0.050	2.4679	0.098	1.8412
1	24.7512	1×10^{-3}	6.3315	0.052	2.4306	0.10	1.8229
2	24.0581	2×10^{-3}	5.6394	0.054	2.3948	0.11	1.7371
5	23.1418	5×10^{-3}	4.7261	0.056	2.3604	0.12	1.6595
1	22.4486	0.010	4.0379	0.058	2.3273	0.13	1.5889
2	21.7555	0.012	3.8573	0.060	2.2953	0.14	1.5241
5	20.8392	0.014	3.7054	0.062	2.2645	0.15	1.4645
1	20.1460	0.016	3.5739	0.064	2.2346	0.16	1.4092
2	19.4529	0.018	3.4581	0.066	2.2058	0.17	1.3578
5	18.5366	0.020	3.3547	0.068	2.1779	0.18	1.3098
1	17.8435	0.022	3.2614	0.070	2.1508	0.19	1.2649
2	17.1503	0.024	3.1763	0.072	2.1246	0.20	1.2227
5	16.2340	0.026	3.0983	0.074	2.0991	0.21	1.1829
1	15.5409	0.028	3.0261	0.076	2.0774	0.22	1.1454
2	14.8477	0.030	2.9591	0.078	2.0503	0.23	1.1099
5	13.9314	0.032	2.8965	0.080	2.0269	0.24	1.0726
1	13.2383	0.034	2.8379	0.082	2.0042	0.25	1.0443
2	12.5451	0.036	2.7827	0.084	1.9820	0.26	1.0139
5	11.6280	0.038	2.7306	0.086	1.9604	0.27	0.9849
1	10.9357	0.040	2.6813	0.088	1.9393	0.28	0.9573
2	10.2426	0.042	2.6344	0.090	1.9187	0.29	0.9309
0.30	0.9057	0.58	0.4732	0.86	0.2790	2.4	0.0284
0.31	0.8815	0.59	0.4637	0.87	0.2742	2.5	0.0249
0.32	0.8583	0.60	0.4544	0.88	0.2694	2.6	0.0219
0.33	0.8361	0.61	0.4454	0.89	0.2647	2.7	0.0192
0.34	0.8147	0.62	0.4366	0.90	0.2602	2.8	0.0169
0.35	0.7942	0.63	0.4288	0.91	0.2557	2.9	0.0148
0.36	0.7745	0.64	0.4197	0.92	0.2513	3.0	0.0131
0.37	0.7554	0.65	0.5115	0.93	0.2470	3.1	0.0115
0.38	0.7371	0.66	0.4036	0.94	0.2429	3.2	0.0101
0.39	0.7194	0.67	0.3959	0.95	0.2387	3.3	0.0089
0.40	0.7024	0.68	0.3883	0.96	0.2347	3.4	0.0079
0.41	0.6859	0.69	0.3810	0.97	0.2308	3.5	0.0070

u	W	u	W	u	W	u	W
0.42	0.6700	0.70	0.3738	0.98	0.2269	3.6	0.0062
0.43	0.6546	0.71	0.3668	0.99	0.2231	3.7	0.0055
0.44	0.6397	0.72	0.3599	1.00	0.2194	3.8	0.0048
0.45	0.6253	0.73	0.3532	1.1	0.1860	3.9	0.0043
0.46	0.6114	0.74	0.3467	1.2	0.1584	4.0	0.0038
0.47	0.5979	0.75	0.3403	1.3	0.1355	4.1	0.0033
0.48	0.5848	0.76	0.3341	1.4	0.1162	4.2	0.0030
0.49	0.5721	0.77	0.3280	1.5	0.1000	4.3	0.0026
0.50	0.5598	0.78	0.3221	1.6	0.0863	4.4	0.0023
0.51	0.5478	0.79	0.3163	1.7	0.0747	4.5	0.0021
0.52	0.5362	0.80	0.3106	1.8	0.0647	4.6	0.0018
0.53	0.5250	0.81	0.3050	1.9	0.0562	4.7	0.0016
0.54	0.5140	0.82	0.2996	2.0	0.0489	4.8	0.0014
0.55	0.5034	0.83	0.2943	2.1	0.0426	4.9	0.0013
0.56	0.4930	0.84	0.2891	2.2	0.0372	5.0	0.0011
0.57	0.4830	0.85	0.2840	2.3	0.0325		

指数积分函数也可用收敛级数表示，即

$$W(u) = -0.5772 - \ln u + u - \frac{u^2}{2 \cdot 2!} + \frac{u^3}{3 \cdot 3!} + \frac{u^4}{4 \cdot 4!} + \cdots\cdots$$

当抽水时间 t 较长、$u \leqslant 0.01$ 时，其指数积分函数的表达式中，从第二项以后的各项绝对值很小，可忽略不计。实际工作中，常将式（7-23）及式（7-24）进行简化，即 $W(u)$ 只用前两项近似表示：

$$W(u) \approx -0.5772 - \ln\mu \approx \ln\frac{2.25at}{r^2}$$

这样基本方程式（7-23）、式（7-24）可简化为如下的通用公式：

承压水完整井：

$$s = \frac{Q}{4\pi T}\ln\frac{2.25at}{r^2} \tag{7-25}$$

潜水完整井：

$$s = H - \sqrt{H_2 - \frac{Q}{2\pi K}\ln\frac{2.25at}{r^2}} \tag{7-26}$$

对于抽水井，当 $u \leqslant 0.01$ 时，可使用式（7-25）和式（7-26）简化公式进行计算，而实际上只要进行短时间抽水就可以满足这个条件；对于观测井，尤其是距抽水井较远的观测井，当抽水时间较短时，不易满足 $u \leqslant 0.01$ 的条件，所以一般规定观测井只要满足 $u \leqslant 0.05$ 时，亦可使用简化公式计算。

3. 地下水向非完整井的非稳定流运动基本方程式

非完整井的微分方程式（7-22）同样不能直接用来进行计算，仍得按具体水文地质情况给出其初始条件及边界条件，然后解出非完整井的非稳定流运动基本方程式。

对于承压水非完整井：

$$Q = \frac{4\pi KM(H-h)}{W(u) + 2\xi\left(\dfrac{L}{M}, \dfrac{M}{r}\right)} \tag{7-27}$$

对于潜水非完整井：

$$Q = \frac{2\pi K(H^2-h^2)}{W(u) + 2\xi\left(\dfrac{L}{M}, \dfrac{M}{r}\right)} \tag{7-28}$$

式中　$\xi\left(\dfrac{L}{M}, \dfrac{M}{r}\right)$——井的不完整系数，它与过滤器进水部分长度（$L$），含水层厚度

（M）及距井距离（r）有关，可由表 7-2 查得；

　　　　L——井的过滤器进水部分的长度，m；

　　　　M——承压含水层厚度，m；

　　　　r——距井中心的距离，m。

$\xi\left(\dfrac{L}{M}, \dfrac{M}{r}\right)$ 表示因井的非完整性而产生的附加阻力，因为当 $M=L$ 时，$\xi\left(\dfrac{L}{M}, \dfrac{M}{r}\right) = 0$，则式（7-27）及式（7-28）就变成了完整井公式（7-23）和式（7-24）。表 7-2 是按承压非完整井制成的，潜水非完整井的计算亦可应用，但应对 M、L 值进行修正：

$$M = H - 0.5s$$
$$L = L_0 - 0.5s$$

式中　s——抽水时水位下降值，m；

　　　　H——天然潜水位，m；

　　　　L_0——天然潜水位至过滤器底端的距离，m。

$\xi\left(\dfrac{L}{M}, \dfrac{M}{r}\right)$ 数值表 表 7-2

L/M	M/r									
	0.5	1	3	10	30	100	200	500	1000	2000
0.05	0.00212	0.0675	1.15	6.30	17.70	39.95	47.00	63.00	74.50	84.50
0.1	0.00185	0.061	1.02	5.20	12.25	21.75	27.45	35.10	40.90	46.75
0.3	0.00148	0.0454	0.645	2.40	4.60	7.25	8.85	10.90	12.45	14.10
0.5	0.00085	0.0247	0.328	1.13	2.105	3.25	3.93	4.82	5.50	6.20
0.7	0.00027	0.0083	0.1185	0.44	0.845	1.335	1.62	2.00	2.29	2.50
0.9	0.00024	0.0008	0.0125	0.064	0.151	0.270	0.338	0.434	0.50	0.575

7.3.4　越流系统中水流向井的非稳定流运动

当在多含水层的承压水地区开采其中某含水层时，无论是稳定流抽水还是非稳定流抽水，其相邻含水层的水都可能越过相隔的弱透水层补给正在开采的含水层，如图 7-19 所示。当在含水层 Ⅱ 中抽水时，其上下相邻含水层（简称供给层或补给层）Ⅰ、Ⅲ 将通过弱透水层向含水层 Ⅱ 进行垂直补给，称为越流补给，含水层 Ⅱ 称为越补含水层或主含水层。下面来介绍在非稳定流抽水时的越流补给计算。

1. 第一类越流系统中地下水流量承压完整井的非稳定流运动

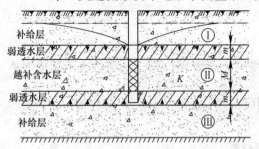

图 7-19　越流补给示意图

（1）微分方程

1）假定条件

① 抽水影响范围内的含水层是多层、均质、等厚、各向同性、侧向无限延展。

② 上下隔水层是弱透水层，在主含水层中抽水时能产生越流补给。

③ 相邻补给层的水位在抽水过程中保持不变。

④ 水和含水层均为弹性体，储水量的释放是瞬间完成的。

⑤ 弱透水层的弹性储水量忽略不计。

2）微分方程

同无越流时的微分方程推导过程一样，可在距井一定距离内取一个微分柱体，再根据水量平衡原理来推导出有越流补给时的承压完整井非稳定流微分方程式：

$$\frac{\partial^2 \phi}{\partial r^2} + \frac{1}{r}\frac{\partial \phi}{\partial r} - \frac{\phi}{B^2} = \frac{\mu^*}{T}\frac{\partial \phi}{\partial t} \tag{7-29}$$

（2）计算公式

设边界条件为：

$$\begin{cases} \phi(r、0) = \phi_k & 0 \leqslant r \leqslant \infty \\ \phi(\infty、t) = \phi_k & t > 0 \\ \lim\limits_{r \to 0} \frac{\partial \phi}{\partial r} = \frac{\phi}{2\pi} \end{cases}$$

则可得出微分方程式（7-29）的解：

$$s = H - h = \frac{Q}{4\pi T} W\left(u, \frac{r}{B}\right) \tag{7-30}$$

式中　　　　　$s = H - h$——经过 t 时间后在距抽水井 r 处的水位下降值，m；

$W\left(u, \dfrac{r}{B}\right) = \displaystyle\int_u^\infty e^{-y - \frac{r^2}{4B^2 y}} \cdot \frac{\mathrm{d}y}{y}$——第一越流系统的井函数；

$B = \sqrt{\dfrac{KM}{\dfrac{K'}{m'} + \dfrac{K''}{m''}}}$——越流系数，表示越流层补给量大小，B 越大，垂直补给

　　　　　　　量越小；

$m'm''$——弱透水层的厚度，m；

$K'K''$——弱透水层的渗透参数，m/d；

$u = \dfrac{r^2 \mu^*}{4tT}$——井函数自变量；

r——计算点至抽水井的距离，m；

μ^*——越补层的储水系数，无量纲；

T——越补层的导水系数，m³/d；

t——抽水开始起计算的时间，d。

根据式（7-28）可求得第一类越流系统中承压完整井抽水时任一时间 t，在距抽水井任一距离 r 处的水头降深值 s。

在实际工作中为了应用方便，已将越流系统的井函数 $W\left(u, \dfrac{r}{B}\right)$ 的级数表示制成表格（见表 7-3），在计算时只要先求出 u 和 $\dfrac{r}{B}$ 值，则可在表中查得 $W\left(u, \dfrac{r}{B}\right)$ 相应值。

$W\left(u, \dfrac{r}{B}\right)$ 函数表 表 7-3

u ＼ $\dfrac{r}{B}$	0.01	0.015	0.03	0.05	0.075	0.1	0.15	0.2	0.3	0.4
0	9.4425	8.6319	7.2471	6.2285	5.4228	4.8541	4.0601	3.5054	2.7449	2.2291
10^{-4}	8.3983	8.1414	7.2122	6.2282	5.4227	4.8541	4.0601	3.5054	2.7449	2.2291
10^{-3}	6.3069	6.2766	6.1202	5.7965	5.3078	4.8292	4.0595	3.5054	2.7449	2.2291
0.01	4.0356	4.0326	4.0167	3.9795	3.9091	3.8150	3.5725	3.2875	2.7104	2.2253
0.02	3.3536	3.3521	3.3444	3.3264	3.2917	3.2442	3.1158	2.9521	2.5688	2.1809
0.03	2.9584	2.9575	2.9523	2.9409	2.9183	2.8873	2.8017	2.6896	2.4110	2.1031
0.04	2.6807	2.6800	2.6765	2.6680	2.6515	2.6288	2.5655	2.4816	2.2661	2.0155
0.05	2.4675	2.4670	2.4642	2.4576	2.4448	2.4271	2.3776	2.3110	2.1371	1.9283
0.06	2.2950	2.2945	2.2923	2.2870	2.2766	2.2622	2.2218	2.1673	2.0227	1.8452
0.07	2.1506	2.1502	2.1483	2.1439	2.1352	2.1232	2.0894	2.0435	1.9206	1.7673
0.08	2.0267	2.0264	2.0248	2.0212	2.0136	2.0034	1.9745	1.9351	1.8290	1.6947
0.09	1.9185	1.9183	1.9169	1.9136	1.9072	1.8983	1.8732	1.8389	1.7460	1.6272
0.1	1.8227	1.8225	1.8213	1.8184	1.8128	1.8050	1.7829	1.7527	1.6704	1.5644
0.2	1.2226	1.2225	1.2220	1.2209	1.2186	1.2155	1.2066	1.1944	1.1602	1.1145
0.3	0.9056	0.9056	0.9053	0.9047	0.9035	0.9018	0.8969	0.8902	0.8713	0.8457
0.4	0.7024	0.7023	0.7022	0.7018	0.7010	0.7000	0.6969	0.6927	0.6899	0.6647
0.5	0.5598	0.5597	0.5596	9.5594	0.5588	0.5581	0.5561	0.5532	0.5453	0.5344
0.6	0.4544	0.4544	0.4543	0.4541	0.4537	0.4532	0.4518	0.4498	0.4441	0.4364
0.7	0.3738	0.3738	0.3737	0.3735	0.3733	0.3729	0.3719	0.3704	0.3663	0.3606
0.8	0.310	0.3106	0.3105	0.3104	0.3102	0.3100	0.3092	0.3081	0.3050	0.3008
0.9	0.2602	0.2602	0.2601	0.2601	0.2599	0.2597	0.2591	0.2583	0.2559	0.2527
1.0	0.2194	0.2194	0.2193	0.2193	0.2191	0.2190	0.2186	0.2179	0.2161	0.2135
2.0	0.0489	0.0489	0.0489	0.0489	0.0489	0.0488	0.0488	0.0487	0.0485	0.0482
3.0	0.0130	0.0130	0.0130	0.0130	0.0130	0.0130	0.0130	0.0130	0.0130	0.0129
4.0	0.0038	0.0038	0.0038	0.0038	0.0038	0.0038	0.0038	0.0038	0.0038	0.0038
5.0	0.0011	0.0011	0.0011	0.0011	0.0011	0.0011	0.0011	0.0011	0.0011	0.0011

$\dfrac{r}{B}$ u	0.5	0.6	0.7	0.8	0.9	1.0	1.5	2.0	2.5	3.0
0	1.8848	1.5550	1.3210	1.1307	0.9735	0.8420	0.4276	0.2278	0.1247	0.0695
10^{-4}	1.8848	1.5550	1.3210	1.1307	0.9735	0.8420	0.4276	0.2278	0.1247	0.0695
10^{-3}	1.8848	1.5550	1.3210	1.1307	0.9735	0.8420	0.4276	0.2278	0.1247	0.0695
0.01	1.8486	1.5550	1.3210	1.1307	0.9735	0.8420	0.4276	0.2278	0.1247	0.0695
0.02	1.8379	1.5530	1.3207	1.1306	0.9735	0.8420	0.4276	0.2278	0.1247	0.0695
0.03	1.8062	1.5423	1.3177	1.1299	0.9733	0.8420	0.4276	0.2278	0.1247	0.0695
0.04	1.7603	1.5213	1.3094	1.1270	0.9724	0.8418	0.4276	0.2278	0.1247	0.0695
0.05	1.7075	1.4927	1.2955	1.1210	0.9700	0.8409	0.4276	0.2278	0.1247	0.0695
0.06	1.6524	1.4593	1.2770	1.1116	0.9657	0.8391	0.4276	0.2278	0.1247	0.0695
0.07	1.5973	1.4232	1.2551	1.0993	0.9593	0.8360	0.4276	0.2278	0.1247	0.0695
0.08	1.5436	1.3860	1.2310	1.0847	0.9510	0.8316	0.4275	0.2278	0.1247	0.0695
0.09	1.4918	1.3486	1.2054	1.0682	0.9411	0.8259	0.4274	0.2278	0.1247	0.0695
0.1	1.4422	1.3115	1.1791	1.0505	0.9297	0.8190	0.4271	0.2278	0.1247	0.0695
0.2	1.0592	0.9964	0.9284	0.8575	0.7857	0.7148	0.4135	0.2268	0.1247	0.0695
0.3	0.8142	0.7775	0.7369	0.6932	0.6476	0.6010	0.3812	0.2211	0.1240	0.0694
0.4	0.6446	0.6209	0.5943	0.565	0.5345	0.5024	0.3411	0.2096	0.1217	0.0691
0.5	0.5206	0.5044	0.4860	0.4658	0.4440	0.4210	0.3007	0.1944	0.1174	0.0681
0.6	0.4266	0.4150	0.4018	0.3871	0.3712	0.3513	0.2630	0.1774	0.1112	0.0664
0.7	0.3534	0.3449	0.3351	0.3242	0.3123	0.2996	0.2292	0.1602	0.0104	0.0639
0.8	0.2953	0.2889	0.2815	0.2732	0.2641	0.2543	0.1994	0.1436	0.0961	0.0607
0.9	0.2485	0.2436	0.2378	0.2314	0.2244	0.2168	0.1734	0.1281	0.0881	0.0572
1.0	0.2103	0.2065	0.2020	0.1970	0.1914	0.1855	0.1509	0.1139	0.0803	0.0534
2.0	0.0477	0.0473	0.0467	0.0460	0.0452	0.0444	0.0394	0.0335	0.0271	0.0210
3.0	0.0128	0.0127	0.0126	0.0125	0.0123	0.0122	0.0112	0.0100	0.0086	0.0071
4.0	0.0037	0.0037	0.0037	0.0037	0.0036	0.0036	0.0034	0.0031	0.0027	0.0024
5.0	0.0011	0.0011	0.0011	0.0011	0.0011	0.0011	0.0010	0.0010	0.0009	0.0008

2. 第二类越流系统中地下水向承压完整井的稳定流运动

第一类越流系统是假定弱透水层本身的储水量很小,可忽略不计。然而在某些情况下从弱透水层中释放出来的水量是相当大的,甚至是越流补给的主要来源,而上下含水层的垂直补给则可忽略不计,这就是第二类越流系统的主要水文地质特征。

(1)第二类越流系统的假定条件

1)抽水影响范围内含水层是均质、等厚、各向同性、侧向无限延伸。

2)上下补给层的垂直补给量很小,可忽略不计,只有弱透水层垂直补给主含水层。

3)抽水过程中补给层水头保持不变。

4)水和含水层均为弹性体,储水量的释放是瞬间完成的。

(2)第二类越流系统的计算公式

在第二类越流系统中,由于含水层结构不同,可分别在各种情况下来推导其相应微分方程和计算公式,而且抽水时间很长和抽水时间很短的情况下计算公式也是不相同的。当弱透水层上下为另外两个含水层，抽水时间又很短的第二类越流系统可用下列公式进行计算：

$$s = H - h = \frac{Q}{4\pi T} H(u, B) \qquad (7\text{-}31)$$

式中　$H(u, B) = \int_u^\infty \frac{e^{-y}}{y} \text{erfc} \left[\frac{B\sqrt{u}}{\sqrt{y(y-u)}} \right] dy$ ——第二越流系统井函数；

B——井函数自变量，$B = \frac{1}{4} \left(\sqrt{\frac{K'/m'}{T} \cdot \frac{\mu^{*'}}{\mu^*}} + \sqrt{\frac{K''/m''}{T} \cdot \frac{\mu^{*''}}{\mu^*}} \right) r$；

s——在抽水延续 t 时间后距水井为 r 远处的水位降深值，m；

H——主含水层自然水头高度，m；

h——主含水层中经过 t 时间抽水之后距抽水井 r 处的水头高度，m；

K'——主含水层上覆弱透水层的渗透系数，m/d；

m'——主含水层上覆弱透水层的厚度，m；

μ^*——主含水层储水系数；

$\mu^{*'}$——主含水层上覆弱透水层的储水系数

K''、m''、$\mu^{*''}$——分别为主含水层下覆弱透水层的渗透系数、厚度及储水系数；

$\text{erfc}(x)$——误差函数的补函数；

其他符号同前。

根据式（7-29）可求得第二类越流系统中承压完整井抽水时任一时间 t，在距抽水井任意距离 r 处的水头降深值 s。

同样为了使用方便，也将函数 $H(u, B)$ 制成表格，计算时只要求出 u 和 B 则可在专用的表中查得相应的 $H(u, B)$ 值。

第 8 章　地下水资源评价与开发

8.1　地下水资源评价

地下水埋藏于地下，只有取出来才能作为供水利用。要把地下水开采出来，第一步就是要确定水源地，然后才能根据水源地的条件，选择取水方法，布置及施工取水构筑物。为了最大限度地发挥取水构筑物的作用，增加单井出水量也是重要的内容。本章对地下水给水工程也进行了简要的论述。

8.1.1　供水水源地的选择

供水水源地的选择是地下水资源开发利用的重要环节。水源地位置选择是否适当，不仅关系到水源地建设的投资，还关系到是否能保证水源地长期经济、安全和持续的供水，所以在供水水文地质调查中应给予充分的重视。

供水水源地的选择是一项综合分析的工作，它既要考虑区域水文地质条件，又要考虑社会及经济因素。一般来说，在选择供水水源地时应考虑下面几方面的问题：①单个取水构筑物的出水量尽可能要大，这样可以减少建设投资；②有利于增加开采补给量和最大限度截取天然排泄量；③地下水水质要好，而且开采后也不要引起水质恶化现象；④不能破坏已有水源地的开采和生态环境，所以新建水源地应尽量远离取水点和天然风景区以及容易引起地面沉陷、塌陷、地裂等有害工程地质作用的地段；⑤有利于开采和管理，并尽量能节省投资。

供水水源地的选择，必须在供水水文地质调查的基础上，详细分析与对比取水条件的利弊而确定。一般选择在以下几种地段：

（1）含水层厚度大、透水性好的地段。含水层厚度大、透水性好，不仅储存量多，开采调节能力大，而且能保证单个取水构筑物出水量大，如冲洪积扇的中部、冲积平原的古河道、脆性岩层的断裂破碎带、地下河系发育的地带等。

（2）地下水集中排泄的地段。基岩地区构造裂隙水和岩溶水，多为网状或脉状的径流系统，

集中排泄区正是这些径流系统的汇水地段，上游都有一定的汇水面积，补给来源比较充沛，而且排泄区地下水位埋深较浅，有利于建设取水构筑物，也有利于最大限度地截取天然排泄量。

（3）区域阻水界面的上游地段。由于区域阻水体的存在，地下水径流受到阻碍，有利于地下水的富集，如区域阻水断层的来水方向、岩脉的上方等。

（4）地表水体附近。地表水是地下水的重要补给源，取水构筑物布置在地表水附近，有利于开采条件下夺取地表水，增加开采条件下的补给增加量，因此只要有常年性地表水体或间歇性河流存在，水源地就要尽量靠近这些水体（当然要在水质满足要求和地表水比较充足、能够大量使用的条件下）。

8.1.2 取水构筑物的类型和布置

正确地选择取水构筑物以及确定合理的布局，这不仅是关系到能否以最小的投资取得最大出水量的问题，也是关系到水源地建成后能否长期正常使用的问题。因此，在供水水文地质调查中，应根据水源地含水层的岩性、厚度、透水性能和埋藏条件等确定取水构筑物的类型和布局方案。

开采地下水的取水构筑物（又称集水建筑物或引水工程）一般分为水平的（渗渠）和垂直的（井）两类。还有一些适用某种特定条件的取水构筑物，如开采基岩山区和山间盆地边缘基岩裂缝-岩溶水的斜井；开采岩溶暗河水的堵坝引水工程，也是一些行之有效的取水方法。下面主要讲述水平的渗渠和垂直的井两类取水构筑物的适用条件和布置方法。

1. 垂直取水构筑物——井

井是开采地下水的最基本取水构筑物，它适用的条件非常广泛，但由于施工方法不同，井又分为不同的类型。

（1）井的类型及适用条件

根据井的口径和深度可概略分为如下几种常用的井型：

1）管井。用钻探机械施工的取水井，农业上常称为机井。这种井的特点是井径较小，但深度较大，井径一般为150～500mm，井深可达数十至数百米，单井出水量每日为数百至数千立方米。此种井由于采用钻探机械施工，具有适应性强、成井快、质量好和成本低等许多优点，因此在供水中是最常用的井型。

2）小井。它是用人工开挖的取水井，因此又叫民井、土井。这种井口径一般在1～2m左右，按井的深度又可分为浅井和深井两种。①浅井：井深通常在30m以内，这类井多数建在含水层埋藏比较浅的松散岩层中，主要用来解决少量生活饮用水，在某些透水性强的含水层中，也可以用作水源地的生产井。②深井：井的深度比较大，又叫竖井，一般适用于黄土和基岩地层，由于开挖时不需要护壁，建井深度可以达到百米以上。上述小井，由于井径比管井大，在同样的条件下，单井出水量较管井大。但是人工开挖效率低，不安全，成本也较高，因此这种井在目前的水源地建设中一般不大采用，多被管井取代。

3）大口井。这种井的特点是口径特别大，一般为数米至数十米，井口形状有方形、长方形和圆形，大小及深度变化也较大，因此名称繁多，如大井、方井、平塘、囷船等。这种井一般适用于透水性较差、地下水埋藏不深的地层。施工时多采用人工开挖及机械排水相结合的方法成井。若大口井出水量仍偏小，也可在井内安装多根垂直、水平或倾斜的滤水管，构成所谓"辐射井"，以此增加井的出水能力，辐射井的渗水管一般采用50～150mm穿孔钢管，管长2～30m不等。

（2）开采井的布局

由于供水需水量一般较大，而单井的出水能力有限，往往不能满足供水要求，这时就要布置较多的井同时取水，这样就存在开采井的布局问题，也就是在取水地段内如何使得开采井分布合理，取水效果好。

开采井的布局主要应依据开采地段的水文地质条件及用水性质来确定。

对于呈面状分布，而且比较均质的松散岩层来说，在地下径流良好的地区，为充分截取地下径流量，开采井应布成垂直地下水流向的井排形式，视地下径流量的多寡布置一个至数个井排。例如我国北方许多山前冲洪积倾斜平原，主要接受山区基岩裂隙-岩溶水和河流水的补给，以地下径流的方式向平原或盆地中排泄，这时在其中、上部就布置成井排的形式开采地下水。在地下径流比较迟缓的平原区，可供开采的水量主要是大气降水垂向渗入的补给量，这时开采井可以布成网格状。在有地表水补给的地区，开采井应平行于地表水体延长的方向布置成线状排列。

对于基岩裂隙-岩溶水来说，由于地下水分布极不均一，多呈网状及脉状径流系统，为了最大限度地截取地下径流量，开采井应垂直地下水流向布置在径流带上，而不应沿着同一径流带布置多个开采井。

若干个开采井同时开采，就存在井间距离如何确定的问题，一般来说，井间距离的确定与用水性质有关，下面按集中式供水和分散式供水两类来加以论述。

1) 集中式开采井的布置

集中式开采主要是针对城镇和工矿企业供水来说的，为了最大限度地开采地下水资源，同时又节省建设投资和便于管理，往往要求开采井比较集中。所谓集中也是相对而言的，并非是井越密越好，当井与井之间距离过小，则相互干扰就很大，必然会使单井出水量减少或使水位降深增大，这样不仅会增加建井和开采的投资，而且也不会收到应有的取水效果，甚至使生产井无法取水以致达到废弃的程度。一般情况下，出水量与水位降深的干扰值应控制在 20% 以内。

对于面状分布的松散含水层来说，井间距离与含水层渗透性、单井出水量和水位降深要求有关。陕西省综合勘察院根据多年建井经验，总结出含水层厚度小于 60～80m 时的单井出水能力与井距关系表（见表 8-1），可供布井时参考。

集中式开采井井距布置参考表   表 8-1

岩　性	单井出水量（m³/d）	井距（m）		
		傍河潜水含水层	远河潜水含水层（大于 1000m）	远河多层含水层
粗砂、卵石层	大于 4000	200～250	300～400	350～450
中、粗砂层	2000～4000	250～300	400～500	450～550
细、中砂层	1000～2000	300～350	500～550	550～650
粉土、细沙层	小于 1000	350～400	550～600	

当含水层厚度大于 60～80m 时，可以采用分段井组取水，井组之间的距离大于表 8-1 中同类条件的最大值。

按照表 8-1 中的井间距离布置开采井是否合适，还应根据水源地的水文地质条件、需水量大小和降深等资料进行检验，即根据拟定的开采方案，计算中心井的水位降深值，如果计算的水位降深值满足设计要求，而且输水线路和基建投资最省，说明按此井距布井在技术上、经济上是最合理的布置方案。

实际上，集中开采井的布置应与地下水可开采量评价结合在一起进行，使开采井的布局既要有利于能最大限度地增加开采条件下的补给增量和截取天然条件下的排泄量，又能发挥每口井的最大效益，而且水位降深又在设计范围之内，这时的开采井布局才是最佳布置方案。

2) 分散开采井的布置

对于农田灌溉开采井，为了缩短渠道长度，减少投资，一般要求就近抽水，就近灌溉，因此开采井比较分散，往往在灌溉面积上采取平均布井的方法。这时确定合理的井距既是一项重要的技术工作，又是一项经济工作。如果井距布置不合理，要么不能充分发挥地下水的作用，要么就要造成资金和设备上的浪费，从而提高灌溉成本。但总的原则应是单位面积上的灌溉用水量必须与该范围内地下水的可开采量相平衡，否则就要动用储存量，引起区域地下水位持续下降，使开采井出水量逐渐减少，甚至完全废弃。

确定灌溉开采井间距的影响因素比较多，除了与开采含水层的厚度、渗透性及地下水位埋深等有关外，还与灌溉定额、输灌天数、土地利用率及地下水补给资源多少有关，其中含水层渗透性、灌溉需水量和补给资源多少是决定性因素。下面主要介绍常用的两种确定方法。

① 根据单井保浇确定井的布置。当地下水补给资源丰富，能满足土地灌溉需水量的要求时，则可根据单井保浇面积确定井的间距，布置开采井。对面状、均匀分布的松散含水层，灌溉开采井一般有正方形和梅花形两种布井方法，下面以梅花形布井为例来说明井距的确定方法。如果水井按等边三角形排列，如图 8-1 (a) 所示，则每个井灌溉面积除以井为中心的 6 个小等边三角形外，还要承担中间空出的 6 个三角形 1/3 的面积，以此每口井实际控制面积为 8 个小等边三角形，如图 8-1 (b) 所示。设每个小等边三角形的边长为 R（则井的间距 D=2R），则每个小三角形面积为：

$$F_\Delta = \frac{1}{2}R\sin60° R = \frac{\sqrt{3}}{4}R^2$$

式中　R——井距的一半，m。

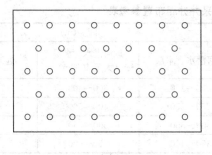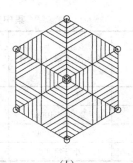

(a)　　　　　　　　　　　　　(b)

图 8-1　等边三角形布井示意图

单井控制的总面积（即 8 个小三角形面积）为：

$$F = 8F_\Delta = 8 \cdot \frac{\sqrt{3}}{4}R^2 = 2\sqrt{3}R^2 \tag{8-1}$$

式中　F——单井控制的面积，m^2。

则井的间距 D 为：

$$D = 2R = 2 \cdot \sqrt{\frac{F}{2\sqrt{3}}} = \sqrt{\frac{2F}{\sqrt{3}}} \tag{8-2}$$

从上式可知，要确定井间距必须求出单井保浇面积。单井保浇面积可用下式计算，即：

$$F = \frac{667QtTn}{m} \tag{8-3}$$

式中　Q——单井出水量，m^3/h；

　　　t——每天抽水时数，h；

　　　T——作物轮灌的天数；

　　　n——渠系有效利用系数；

　　　m——灌溉定额，$m^3/$亩。

因此井的间距为：

$$D = \sqrt{\frac{1334QtTn}{\sqrt{3}m}} \tag{8-4}$$

最后要说明的是，上述是在未考虑井间干扰情况下计算的，在各井同时开采时，井间必然产生干扰，所以还应验证同时开采时中心井水位降深是否符合设计要求，其验证方法与开采强度法相同。

② 根据补给模数确定井的布置。当地下水补给资源小于灌溉需水量时，为了保持灌区地下水收支平衡，这时可根据补给模数计算井的间距，确定开采井的布置。首先根据补给模数确定单位面积上的开采井数，即：

$$N = \frac{M_0}{QtT} \tag{8-5}$$

式中　N——每平方公里面积上的井数，个$/km^2$；

　　　M_0——含水层的补给模数，$m^3/(km^2 \cdot a)$；

　　　T——每年开采天数；

其他符号意义同前。

如以正方形网状布井，则井距为：

$$D = \frac{1000}{\sqrt{N}} = 1000\sqrt{\frac{QtT}{M_0}} \tag{8-6}$$

按此井距布置是能保证长期开采的。规划时只能根据此开采量确定作物种植种类和灌溉技术。

2. 水平取水构筑物——渗渠

渗渠主要用以截取河流渗透水和潜流水。当河床潜水含水层埋藏不大（10m 以内）时，利用渗渠取水是一种较好的开采方式。

渗渠布置一般有平行岸边和横穿河底埋设两种方式，平行岸边主要是为截取河床潜水和岸边渗透水，而横穿河底主要是截取河床含水层的潜流水。有时也有平行和垂直组合布置的方法。详见图 8-2。

目前常用的渗渠结构，通常是由不同长度的钢筋混凝土孔管连接而成，根据设计取水量的大小，圆管直径多为 0.6～1m，埋设时下垫钢筋混凝土管座，在渗水管周围充填相应规格的砂砾石滤料。

根据渗水管埋设的位置不同，可分为完整和非完整两种形式：完整式是渗管直接埋在隔水层（或相对隔水的基岩）上，适用于含水层厚度不大而地下水位变幅较大的地区；非完整式是指渗管埋没于含水层之中，它适用于含水层厚度较大或地下水位变幅较小的地区。具体选用何种类型要根据水文地质条件、需水量大小和施工条件而定。一般情况下，完整式渗渠取水量比非完整式渗渠要大，但限于施工条件目前大多渗渠埋深在 5～6m 之内。

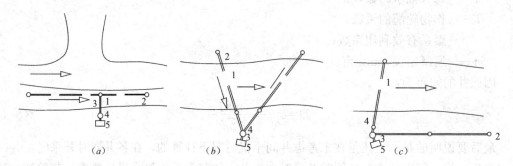

图 8-2　渗渠平面布置图

(a) 平行河流型；(b) 垂直河流型；(c) 平行与垂直组合型

1—渗渠；2—检查井；3—导水管；4—集水井；5—泵房

8.1.3　管井设计及成井工艺

对于已选定的供水水源地，能否达到预期的取水量要求，除与水井的合理布局有关外，还与水井的结构设计和成井工艺有关。由于管井应用最广泛，所以本节重点讨论管井设计和成井工艺。

1. 管井设计

管井结构与勘探阶段的抽水试验孔结构有相似之处，但也有不同的地方。两者相似之处是井身的基本结构和各部分的功能相同，而主要不同之处是，抽水试验孔主要是为了满足取得含水层的某些水文地质参数或取得水位降深与钻孔出水量关系的资料，故一般口径无须太大，且试验后要起拔孔管，而供水管井则主要是为了取得足够大的水量，故一般口径较大，同时要求能长期安全地运转，因此在管井设计时必须要考虑这些特点。

管井设计一般包括井径、井身结构、井管、过滤器等内容。

(1) 井径

井径的大小主要取决于管井设计的取水量、井管和滤水管的口径及人工填砾的厚度，同时还要考虑凿井设备的能力，按照《给水管井设计、施工及验收规范》的要求，井径应比选用的过滤器外径大 50mm（有些供水勘探手册和资料认为应比滤水管外径大 150～200mm 更合适些），当为基岩裸井时，则要求井径比抽水设备出水管外径大 50mm。此外，在确定松散含水层的管井井径时，还必须考虑含水层砂颗粒的安全流速，防止破坏含水层的天然滤层，一般水井直径应满足以下要求：

$$D \geqslant \frac{Q}{\pi \cdot l \cdot v_{允}} \tag{8-7}$$

式中　D——设计的管井直径，m；

　　　Q——预设计的出水量，m³/s；

　　　l——滤水管的有效长度，m；

　　　$v_{允}$——允许入井渗透流速，一般可采用达西恰特经验公式计算：

$$v_允 = \frac{1}{15}\sqrt{K} \tag{8-8}$$

式中　K——含水层渗透系数，m/s。

（2）井身结构

对供水管井，为了使整个井身保持较大直径，同时为了节省管材和施工上的方便，应尽量减少井身结构。对松散岩层，当井深不太大时，可采用"一径到底"的井身结构，当井深较大，不能保证一径到底时，也应尽量减少井径的变化。对坚硬的基岩井，除覆盖层外一般不用井管，其井身结构可根据实际情况确定。

（3）井管的选择

井管的作用是防止孔壁坍塌，保护孔壁完整，这是关系到成井质量和水井使用年限的问题。对井管材料，除制造工艺上的要求外，还应要求：①具有一定的抗压、抗拉和弯曲的强度，以能承受孔壁岩层和填砾的侧向压力和自重压力；②井管无毒，不污染水质；③具有较强的抗腐蚀能力。

对于抽水试验孔来说，由于下入和起拔时需要承受较大的压力和拉力，故要求井管有较大的强度。一般多用无缝钢管。而对于供水的井管则不必要求太高的强度，但由于长期埋置地下，故要求有较强的抗腐蚀性能，一般可采用价格较便宜的钢板卷管、铸铁管、水泥管和塑料管等。

为了保证井管内水流畅通，井管内径一般要求大于抽水设备管外径50mm。在松散岩层中，一般都应放置井管，设计动水位以上设置井壁管，设计动水位以下的含水层中设置足够长的滤水管。滤水管的长度对井的出水量有一定的影响，一般对于不太厚的含水层（厚度小于20m），通常采用完整井结构（即滤水管长度与含水层厚度相同）。对于较厚含水层，可采用非完整井结构，其滤水管长度可按下式进行概略计算：

$$l = \frac{Q \cdot \alpha}{d} \tag{8-9}$$

式中　l——滤水管长度，m；

　　　d——过滤器外径，m。非填砾管井按过滤器缠丝或包网的外径计算，填砾管按填砾层外径计算；

　　　α——取决于含水层颗粒组成的经验系数，可按表8-2确定。

对于巨厚含水层（大于50m），设置多长滤水管才合适，这是目前还未完全解决的问题。陕西省综合勘察院通过对厚为55.10m含水层的试验结果表明：当滤水管长度为含水层厚的50%时，就可获得相同降深完整井涌水量的90%水量，而再增长50%过滤管才只使涌水量增加10%。当然，这个试验结果是否有普遍意义，还需要进一步探讨。

不同含水层经验系数 α 值　　　　　　　　　　　表 8-2

含水层渗透系数 K（m/d）	经验系数 α
2~5	0.09
5~15	0.06
15~30	0.05
30~70	0.03

（4）过滤管的选择

过滤管是保证供水井取得最大出水量、消除涌砂、延长水井使用年限的重要设施。在很多生产实践中，往往由于过滤管选择不当而引起水井大量涌砂，造成水井堵塞或过滤管被堵，使水井出水量减少，以致失去抽水能力。有时由于井内大量涌砂，还可能造成泵房及其附近地面产生坍陷。

过滤管要依据开采层颗粒大小及分选程度选用合适的过滤器类型。当含水层颗粒较大、分选较好时，可直接选用缠丝过滤器；反之，当含水层颗粒较细、分选较差时，可选择填砾过滤器。不同含水层所适用的过滤器类型可参考表 8-3。

不同含水层适（可）用过滤器类型 表 8-3

含水层特征	适用过滤器类型	可用过滤器类型
基岩裂隙溶洞（不充砂）含水层	骨架过滤器（如孔壁竖固稳定可不下过滤器）	
基岩裂隙溶洞（充砂）含水层或断裂含水带	单层填砾或贴砾过滤器	
中、粗砂、砾砂及 $d_{10} \leqslant 2mm$ 的碎石土类含水层	单层填砾过滤器	缠丝过滤器
$d_{10} \geqslant 2mm$ 的碎石土类含水层	骨架过滤器或单层填砾过滤器	
细、粉砂含水层	双层填砾过滤器	单层填砾过滤器（增大填砾间隙）、细砾的贴砾过滤器

注：根据《供水管井设计、施工及验收规范》资料，略有修改。

为了增大井的出水量，必须设法使地下水流向井内的各种阻力减少到最低限度。在各种阻力中，以紊流摩阻和地下水流经滤水管时的摩阻损失最大。为了减少这些摩阻损失，就必须加大管壁外围的渗透性能。目前最有效的方法就尽可能增大填砾厚度和选用与含水层相适应的砾料。

过滤器的设计，主要是根据含水层颗粒大小及级配，通过计算或查阅有关规范来确定的，故要求在钻进和凿井过程中必须采取土样进行颗粒筛分，以便确定合适的过滤器类型和回填砾料。

2. 管井成井工艺

管井的成井工作包括凿井、下管、围填及洗井等各个环节，其中任一环节处理不当都会影响管井的出水能力，甚至可使管井报废。有关管井成井工艺，在各种凿井技术书刊及手册中均有详尽的论述，本节只对有关影响管井出水量的成井工艺问题做一些说明。

（1）泥浆的使用

在凿井工作中，泥浆起着正反两方面的作用，它不仅有保护孔壁、携带岩粉、冷却钻头等提高钻进效率的积极作用，也有由于泥浆会向含水层中渗入扩散和孔壁上形成泥皮影响地下水向井内的渗透能力等不利方面。所以在凿井工作中既要充分利用泥浆的有利方面，又要注意防止和减少它的不利方面。为此在凿井中使用泥浆必须有一定的要求，一般在松散岩层中凿井时才能使用，而在坚硬基岩中凿井，除非坍塌的部位，一般不宜使用，使用时也要控制泥浆的相对密度和黏度。

（2）取水层位的确定

取水层位的确定是影响井出水量的关键因素。在缺乏勘探资料的地方施工管井，一定要采取岩土样进行编录和做颗粒分析，以作为划分地层和确定取水层位的依据，只靠电测井曲线和观测孔口的泥浆携带物来划分地层，有时会带来很大的误差，以致使取水层位的确定产生错误。

对于已有勘探资料的地区，在管井施工时也应适当采取岩土样，以便与电测井曲线配合划分地层，修正勘探资料，如含水层透镜体的出现和尖灭，同一含水层在不同地段产生相变引起的误差等。在取水成位的选择上，一定要着眼于含水层厚度大及透水性能强的块段上。

（3）围填

井管下入后，应对管外环状间隙进行围填，在取水层位填充砾料，在非取水层位封闭固井。

1）填砾。填砾是在对着含水层的过滤管周围人工围填砾料，使其过滤管与砂层之间形成一个人工过滤层，以增大过滤管及其四周的有效孔隙率，从而达到减少进水时的水头损失及防止砂砾进入井内。

正确选择砾料直径是保证填砾质量的关键环节，砾料直径过大，会使填砾层丧失阻砂能力；砾料直径过小，则不仅填砾层渗透性小，而且在洗井时，填砾层外围的旧颗粒受冲击小，不利于天然滤层的形成，影响管井的出水量。填砾的直径应是砂直径的 4～8 倍，一般认为 6 倍最佳。而选择合适的砾料，首先必须正确确定含水层的颗粒组成。为此，含水层的取样及颗粒分析是非常重要的。孔内所需砾料数量，可按下式计算：

$$V = 0.785(D^2 - d^2) \cdot L \cdot K \tag{8-10}$$

式中　V——填砾数量，m^3；

　　　D——半径，m；

　　　d——过滤管外径，m；

　　　L——填砾高度，m；

　　　K——超径系数，一般取 1.2～1.5。

填砾高度的确定要考虑洗井和抽水后填砾会变得密实的因素，通常填料要下沉 1/10～1/2，因此填料应高于填砾高度约 1/5 左右。填砾的质量也对管井的出水量和防砂能力有重要的影响，因此要十分注意填砾的方法。填砾方法有很多种，要根据具体条件选择合适方法。当从井口直接填入时，要求填砾速度不能太快，一般应控制在 2～3m^3/h 为宜，而且要随时测量填砾高度，防止形成砾桥，而影响填砾质量。

2）井管外封闭。封闭的目的是防止有害的或不良含水层的水进入井内。在进行封闭前，要计算好用料的数量。通常用填入黏土球（直径 25～35mm）或速凝水泥进行封闭止水和围井。

（4）洗井

洗井工作是管井成井工艺中最后也是最重要的一道工序。洗井的目的主要是消除泥浆的影响及洗去井外含水层和过滤器中的细小颗粒，形成渗透性较大的天然滤层，以便增加井的出水量。

洗井方法很多，下面简要介绍几种常用的洗井方法。

1）活塞洗井。活塞洗井的原理是：当活塞在井管中下行时，活塞下部液体在高压下迅速通过过滤器冲击破坏孔壁的泥浆皮；当活塞上行时，活塞下部井筒中形成局部负压，管外水流则在巨大压力差作用下又高速回流井中，不仅再次破坏孔壁泥皮，同时也将含水层中的细颗粒带入井中。活塞在井管中不断上下运动，使含水层疏通，砾料排列密实，达到增加出水量的目的。活塞洗井是破坏井壁泥浆皮、清除渗入含水层中的泥浆及形成井外反滤层的最有效方法。而且这种洗井设备简单、操作方便，洗井成本较低且洗井效率较高，是目前广泛使用的洗井方法。但该方法主要适用于井管内壁光滑和强度较高以及颗粒较粗的含水层。当井管强度不高时，容易拉断；在细粒含水层中，则可能引起大量涌砂。

2）空压机洗井。利用空压机洗井是国内最常规的方法，一般又分喷嘴反冲洗井和震荡洗井两种。喷嘴洗井是在风管下部装上喷气嘴，使压缩空气以很高的速度喷出，借助水气混合的冲力破坏泥浆皮，达到洗井的目的。震荡洗井是空气管上下移动，一会提出水管外，一会伸入水管内，使水在水管内来回流动，即产生振荡的作用，达到破坏泥皮和疏通含水层的目的。空压机洗井具有工作安全、洗井干净等优点，但成本较高，且受地下水位深度的限制。因此对于动水位过深或井深较浅的水井，一般不能采用，如果这种方法与活塞洗井结合起来使用，效果会更好。

3）多磷酸钠洗井。多磷酸钠洗井是化学洗井。目前国内外使用的化学药品很多，如六偏磷酸钠〔$(NaPO_3)_6$〕、三聚磷酸钠（$Na_5P_3O_{10}$）、焦磷酸钠（$Na_4P_2O_7$）等。用化学药品洗井的基本原理：利用化学药品与泥浆中黏土粒子发生络合作用，形成溶于水的络合离子，使井壁上的泥皮软化、分散，然后再用其他洗井方法将其清除掉，达到洗井的目的。由于各种多聚酸盐在不同化学性质的水溶液中具有不同的化学活性，因此应根据当地地下水的化学性质和土壤含盐成分来具体确定所选用的多聚磷酸类。

4）液态二氧化碳洗井。液态二氧化碳洗井是一种物理洗井方法，其基本原理是：当液态二氧化碳被注入井内后，遇水吸热气化，在井内形成高压的气水混合物，从而破坏井壁泥浆皮，疏通含水层的孔隙、裂隙通道，并使井内岩屑、泥浆等充填物伴随高压水流喷出地表，达到洗井的目的。在碳酸盐岩地层中洗井时，可先向井中注入一定的盐酸，再用液态二氧化碳放喷，将盐酸压入岩层裂隙深处，起到扩大裂隙的作用，主要洗井效果更好。液态二氧化碳洗井是目前各种洗井方法中比较先进的方法，其方法简单，节省时间、成本低廉。对于松散岩层或基岩裂隙岩层，对于不同深度、不同结构的新老管井均能使用，并收到较好的效果。

8.1.4 增加单井出水量的措施

为了充分发挥开采井的效益，降低建设投资，增加单井出水量是重要措施之一。因此，在成井和使用过程中都要尽可能增加单井出水量。

单井出水量大小主要与井周围含水层渗透性能和过滤管的透水能力有关。除了提高成井质量外，就是要想办法扩大井周围含水层出水能力和去掉过滤器内的堵塞物，使"死井"变"活井"，"废井"变"好井"。

1. 改变井周围的渗透条件

在凿井工作中，即便对井的结构处理得非常完善，但由于井周围含水层渗透性差或渗透性非常不均以及含水裂隙、溶隙不连通等原因，都能影响井的出水量。因此，在凿井工作中就要采用相应的措施，改变渗透条件来增加井的出水能力。

（1）用爆破方法增加井的出水量

在裂隙溶隙含水层中凿井时，经常遇到相邻井的出水量相差悬殊，有的很大，有的很小，甚至有干孔现象，过去对此类出水量较小的井往往废弃。但事实说明，对这些出水量较小的水井，采取必要的井内爆破，可以变成有水井，从而达到开采井的要求。所以井内爆破对提高单井出水量是一项很好的措施，但是必须适合一定的条件。在进行井内爆破时，必须对含水层的岩石成分、裂隙性质及岩溶的发育程度进行详细的研究。一般地讲，有利爆破的岩石为块状脆性岩石，如花岗岩、石英岩、坚硬砾岩、石灰岩和白云岩等；不利于爆破的岩石，如页岩、泥灰岩、凝灰岩、泥质砂岩以及爆破后易产生粉末状岩粉而堵塞裂隙的一切岩石。

爆破时由于气浪的机械作用可形成岩石的破碎圈和振动圈，破碎圈的半径可按下式求得：

$$R_p = K_D \cdot \sqrt[3]{C} \tag{8-11}$$

式中　R_P——破坏带的半径（半径之内脆性岩石裂开，而柔性岩石压缩），m；

　　　C——炸药的质量，kg；

　　　K_D——岩石对破坏作用的挠性系数，其经验值见表 8-4。

各种岩石对破坏作用的挠性系数　　　　　　　　　　　表 8-4

岩石名称	K_D 值
石灰岩，砂页岩，砂岩，弱胶结的砾岩	0.92
白云岩，硬质砂岩，纯灰岩	0.98
花岗岩，片麻岩及其他致密的火成岩	0.84

在炸药集中和介质均匀的情况下，破碎圈近圆形，在裂隙不均匀和不坚实的岩层中破碎圈形状不规则。

振动圈的半径 R_c 可根据下述经验公式求得：

$$R_c = \mu R_P \tag{8-12}$$

式中　μ——经验系数，一般等于 1.5～2.0。

在振动圈范围内，可形成细小裂隙，但岩层产状及结构并未受到破坏。

（2）用酸处理及真空洗井增加井的出水量

在碳酸盐岩石分布区凿井时，往往由于井周裂隙与溶隙细小，与大的裂隙、溶隙连通性差，再加上钻进中岩粉与钢砾的堵塞，使井的出水量较小，这时可以采用酸蚀加真空洗井法处理，能显著提高井的出水能力。北京市地质局水文地质工程公司获得了这方面的经验，其试验过程及效果概述如下。该公司在某地施工一口热水井，孔深 500.85m，420～500m 为白云质灰岩裂隙-溶隙含水层，夹少量页岩，出水段为裸孔，孔径 110～91mm，上部新生代地区均下入套管采用水泥固井。用压风机和活塞洗井，单位涌水量仅 60m³/（d·m）然后压入浓度为 30％的盐酸 1.6t（加入 1％的甲醛防腐剂），1h 后再将 5 瓶液化二氧化碳用高压管送入井下。液态二氧化碳在井内吸热排出大量气体，形成的气压将盐酸压入岩层侵蚀扩大裂隙。待压力增到大于上部水柱压力时，就开始井喷，喷出高度为 20m 左右，断续喷水达 80min 之久，水中夹杂黏土、岩石碎块和岩粉，最后用钻具捞出井底沉沙全系钢砂粉及碎钢砾。处理后试验结果，单位涌水量增大到 154m³/（d·m），比未处理前增加 1.5 倍之多。可见在碳酸盐岩分布区，尤其对热水井采用这种方法增大井的涌水量效果是很好的。

（3）利用辅助钻孔填砾增大井的出水量

这种方法的适用条件是松散承压含水层的渗透性能较差，而且含水层埋藏又不太深（数十米）的地区。这些地区当采用管井时，单井出水量较小，开挖大口井和辐射井时，又超越了可能的施工深度。从选择取水构筑物的经济技术效益出发，可以采用辅助钻孔填砾的方法增大井的出水量。这种井可称为厚砾井（俗称大肚子井）。

这种井的施工方法是，从主井中抽水、抽砂，在钻孔周围形成孔洞，然后在辅助钻孔中充填砂砾中，这样就形成了厚砾井。根据国内外资料，这种井可以明显提高井的出水量。

这类厚砾井不仅出水量明显增加，而且使用年限也较长。如天津 20 世纪 30 年代和 50 年代分别在市区和塘沽区的细砂含水层中凿建两口厚砾井，出水量至今仍未减少，而该地区一般管井使用 3～5a 后，因井外砂层被胶结，出水量便逐渐减少，直至报废，因此，在适宜的地区凿建厚砾井不管对增加井的出水量还是延长井的寿命都是有益的。

2. 恢复生产井的出水量

生产井在长期使用过程中，出水量有时会逐渐减少。出现这种情况，有的是水源地开采过量所致，但不少情况下是由于井内过滤器被堵塞的结果。这时就要分析堵塞的原因，以便采取相应的措施恢复生产井的出水能力。

过滤器堵塞的原因很多，其中化学堵塞、细菌堵塞和淤泥堵塞是最常见的。

（1）化学堵塞及其处理

在酸性、中性和弱碱性的水中，当溶解氧含量较高时，它能使水中处于离子状态或胶体状态的铁形成氢氧化物而沉淀在滤网器与过滤器骨架之间，钙镁碳酸盐也同样会产生沉淀，致使过滤器逐渐被堵塞，使进水量减少。在这种情况下，可以采用酸化处理进行清除，一般用盐酸作为酸化处理液，为减少对管井的腐蚀，可加入适当的防腐剂。酸化处理的化学反应过程如下：

$$Fe(OH)_3 + 3HCl \longrightarrow FeCl_3 + 3H_3O$$
$$CaCO_3 + 2HCl \longrightarrow CaCl_2 + H_2O + CO_2$$
$$MgCO_3 + 2HCl \longrightarrow MgCl_2 + H_2O + CO_2$$

经过酸化处理后，一般都能收到明显的效果。

（2）细菌堵塞及其处理

凡在接触中能加速重碳酸亚铁和氢氧亚铁溶液中的 Fe^{2+} 氧化成 Fe^{3+}，从而氢氧化铁沉淀的微生物称为铁细菌，铁细菌能摄取水中的铁质从低价变为高价铁的过程中取得能量以满足自己生命的需要，并使高价铁沉淀在滤网和过滤器的骨架上，致使过滤器逐渐被堵塞，这种堵塞称为细菌堵塞。根据北京微生物研究所的资料，铁细菌一般生活在 pH＝ 6.5～7.5 的水中，pH 大于 8 时基本不存在铁细菌。

对于细菌堵塞，一般可采用往井内加氯气的方法进行灭菌。其原理是，当氯气进入水中离解后，生成初生态氧和氯离子，这不仅能使细菌和微生物生命停止达到消毒灭菌的目的，而且把水中不稳定的重碳酸亚铁转化为氯化铁以抑制铁细菌生长。其化学反应式为：

$$Cl_2 + H_2O \Longleftrightarrow HOCl + H^+ + Cl^-$$

次氯很不稳定，进一步分解为出生态氧和氯化氢，即：

$$HOCl \longrightarrow HCl + (O)$$

初生态氧和氯离子氧化能力很强，可使微生物生命停止。另外，氯离子能把水中不稳定的重碳酸亚铁转化为氯化铁，即：

$$2Cl^- + Fe(HCO_3)_2 \longrightarrow FeCl_2 + 2CO_2 + O_2 + 2HCl$$

此时铁细菌所需重碳酸亚铁不复存在，故铁细菌不能生长。

细菌杀死后，再用酸化处理，就可把堵塞清除掉。

（3）淤泥堵塞及其处理

生产井使用后，由于长时间抽水，含水层中的细小颗粒会逐渐向井中运移，以致堵塞过滤器的孔隙；有时由于井口封固不好也会使覆盖层的黏土掉入井中，淤泥在井底，使过滤器失去作用，以致进水断面减少，使井的出水量变小。为了消除堵塞和淤积，可采用捞沙和洗井的方法进行处理，将堵塞和淤积物清除掉，恢复井的出水能力。

8.2　地下水开采的负环境效应

地下水作为资源进行开采，是服务于人类生活及生产的实际需要的。但是违背客观规律的开采，会给人类带来各种危害。随着国民经济的不断发展，地下水的开采规模不断扩大，从而引起的各种负环境效应越来越多，归纳起来包括以下几个方面：

（1）水资源枯竭，开采条件恶化。要想使水源地能保证长期开采，就必须使开采量小于或等于开采条件下的补给量。开采量超过了补给量，就不能得到长期取水的保证。过量开采的结果，必然使动水位出现大幅度的持续下降。水位下降会使开采条件恶化、自流井断流、井出水量减少、吊泵等。如北京市永定河洪积扇溢出带原有不少自流井（南苑、圆明园等地），后来由于工农业用水需要，大量凿井开采地下水，现都已停止了自流。随着地下水位下降，提水工具也在不断更新，采水能源耗费也不断增加，在不同程度上使地下水补给量减少。长期下去，必然会引起地下水资源枯竭。

（2）引起地面沉降。半个多世纪以前，国外就发现因抽取地下水而引起地面沉降问题。我国在近十余年来，随着工农业生产发展，许多城市都发现因抽取地下水引起地面沉降。地面沉降已成为地下水开采的重要负环境效应，并成为全球性的环境问题。地面沉降所造成的直接后果是使许多城市海水倒灌、码头功能失效、排水管道倒流、市区积水、道路桥梁和地下管道报废，给经济建设和人民生活带来很大影响。

（3）引起岩溶地面塌陷。在上部覆盖有松散沉积物的岩溶含水层中抽取地下水，有时会引起地面塌陷，使地面建筑物、道路等遭到破坏，给人民生活、生产及生命安全带来危害。

（4）引起地下水水质恶化。在地下水开采过程引起水动力、水化学条件的改变，而使水中的某些化学及微生物成分的含量增加，使水质不断变差，以致超出规定的使用标准，从而影响地下水的使用价值。

8.2.1　地面沉降

地面沉降是目前世界上许多取用地下水的城市，特别是滨海城市共同面临的环境问题。据有关资料，造成严重地面沉降的城市国内外都有。美国长滩市地面沉降最大下沉9.5m；日本圣化金下沉 9.0m，墨西哥城下沉 9.0m；日本东京下沉 4.6m，大阪下沉2.88m。国内沉降也不乏其例，上海市 1965 年沉降中心最大下沉 2.63m，平均最大年沉降量为 110mm；天津地面沉降发现于 1959 年，至 1979 年沉降面积达 7300km²，最大累计沉降计量达 1.76m，至 1983 年累计沉降量达 2.20m，多年累积沉降量大于 1m 的沉降范围为 135km²；常州市地面沉降范围达 200km²，最大沉降量为 0.52m，沉降速度为 59.63mm/a；位于内陆的西安市地面沉降范围达 300km²，截止 1980 年底最大累计沉降量 0.50m，沉降速度 80mm/a；太原市 1980 年发现地面沉降，沉降量大于 100mm 的范围达 108km²，最大沉降量为 1.23m。有的城市采取一定的措施后基本控制了沉降的发展，有的还有所回弹，但不少城市仍在发展中。

1. 地面沉降形成机制

地面沉降的产生主要是由于抽取承压含水层中的地下水而引起的。从承压含水层中抽取地下水，引起承压水水位下降，这时产生两种压缩作用：①砂砾质含水层孔隙压力减小而压紧；②上覆相对隔水黏性土层失水固结。这种两种作用都会引起松散成压缩，形成地面沉降。

（1）砂砾质含水层压密

对于砂砾质承压含水层，其介质有砂砾颗粒和孔隙水两部分组成。在上覆土层作用下的垂直总应力 σ 由颗粒骨架的有效应力 σ' 和孔隙水压力 u 共同承担，三者满足以下关系：

$$\sigma = \sigma' + u \tag{8-13}$$

则：

$$\sigma' = \sigma - u \tag{8-14}$$

这就是太沙基有效应力原理，即施于颗粒骨架的有效应力等于垂直总应力减去孔隙水压力。孔隙水压力可理解为水对上覆地层的浮托力，它等于水的容重（γ_w）与该点水头（H）的乘积，即：

$$u = \gamma_w H \tag{8-15}$$

开采承压水后，承压含水层水位下降 ΔH，相应地砂层孔隙水压力减少，其值为：

$$\Delta u = \gamma_w \cdot \Delta H \tag{8-16}$$

这时垂直总应力不变，Δu 应力转嫁到砂层骨架上，即砂层骨架承受的有效应力增加了 Δu，这时的平衡关系为：

$$\sigma' + \Delta u = \sigma - (u - \Delta u)$$

据式（5-14）、式（5-15）和式（5-16）可得：

$$\Delta\sigma = \Delta u = \gamma_w \cdot \Delta H \tag{8-17}$$

也就是说，因开采引起承压水水位下降 ΔH 后，砂层骨架承受的有效应力增加了 $\gamma_w \cdot \Delta H$。由于砂层骨架是通过颗粒接触点承受压力的，而颗粒本身因应力变化变形极微，一般认为是不变的。有效应力增加时，则引起颗粒接触面增大，使颗粒排列更为紧密，引起相应的地面沉降。

当停止抽水，并使水位恢复到原来水位 H，则孔隙水压力恢复到 u，砂层骨架所承受的有效应力有降为 σ'，颗粒排列也恢复到原来状态，使砂层回弹。这就是为何停止抽水后，沉降地面回升的原因。如上海市从 1965 年开始控制开采量，在 1966～1971 年间地面有所回弹，年平均回弹量 3mm 左右。这就是由于控制地下水开采量后，水位抬升，引起承压含水层回弹的结果。故有人称砂层释水压密属于弹性变形，是可恢复变形。

（2）黏性土层失水固结

由于黏性土层渗透性很差，孔隙水失水缓慢，当抽承压水时，承压含水层水头开始下降较快，一般认为是瞬时完成的，以后即趋于缓慢下降。而上覆黏性土隔水层失水则非常缓慢，开始只有交界面附近的黏性土失水渗流，并逐渐使较远点的黏性土渗流失。土体中各点与含水层的距离不同，相应的水力梯度和渗透速度也不同。抽水过程中黏性土层释水压密在时间上是滞后的。孔隙水压力降低从表及里逐渐发展，先释水者先压密，后释水者后压密。一般来讲，靠近抽水含水层的部位压缩量要大些。黏性土层释水固结属于塑性变形，地下水位恢复后，产生回弹量很小，是不可消除的变形。故有人称黏性土层释水压密属永久性变形，是不可恢复的变形。

2. 地面沉降预测与防治

（1）地面沉降预测

地面沉降是随着时间的延续而发展的，并随着其控制因素的变化而变化，这是目前还在研究的问题。下面介绍几种常用的预测模型。

1）土力学模型

在一个地区内，一般分散开采地下水，这时抽水形成的降落漏斗面积比较大，漏斗内的水力梯度很小，含水层压力下降值比较均匀，压缩土层的厚度与面积相比要小很多，因此可以将压缩土层的渗透与变形概化为一维的，即垂直方向的变形。根据前面论述，地面沉降有砂质含水层释水压密和黏性土隔水层释水固结两部分组成，应分别计算其沉降量。

① 砂质承压含水层。由于砂层具有良好的透水性，其变形是瞬时完成的，可认为符合虎克弹性定律，故采用经典弹性公式计算其变形量，即：

$$S_y = \frac{\Delta P}{E} \cdot M$$

因应力变化主要是由于水位升降引起的，故：

$$\Delta P = \Delta h \cdot \gamma_w \tag{8-18}$$

所以：

$$S_y = \frac{\Delta h \cdot \gamma_w}{E} \cdot M \tag{8-19}$$

式中　S_y——砂层变形量（mm）；

　　　E——砂层弹性模量，压缩时为 E_c，回弹时为 E_y，MPa；

　　　Δh——水位变幅，m；

　　　γ_w——水的容重，kN/m³；

　　　M——含水层厚度，m。

② 黏性土层。黏性土层释水固结是缓慢完成的，是由于孔隙水排出，孔隙减小，致使土层压密。根据单向压缩试验，土的压缩模量 E_y 为：

$$E_y = \frac{1+e_0}{\alpha} \tag{8-20}$$

根据广义虎克定律，土的沉降量计算公式为：

$$S_\infty = \frac{\alpha}{1+e_0} \Delta P \cdot M \tag{8-21}$$

将式（8-18）代入得：

$$S_\infty = \frac{\alpha M \gamma_w \cdot \Delta h}{1 + e_0} \tag{8-22}$$

式中　S_∞——土层最终沉降量；mm；

　　α——土的压缩系数，MPa^{-1}；

　　e_0——原始孔隙比；

其他符号同前。

2）单向渗透固结模型

上述预测的变形量与时间无关，若要预测地面沉降量与时间的关系，则需采用渗透固结模型。如前所述，开采地下水引起的地面变形是一维的，多采用单向渗透固结模型。

单向渗透固结模型有如下假定：被压缩的黏性土层是均质各向同性饱水体；土粒和水均不可压缩；在固结过程中渗透系数 K 和压缩系数 α 均视为常数；土粒和水只能在铅直方向发生移动和渗流；水的渗流符合达西定律；外荷是一次性施加于土体；不考虑因土粒表面结合水膜蠕变及土粒结构重新排列等引起的极为缓慢的次固结作用。当含水层水位突然下降 Δh，并且保持较长时间时，可以得到下面数学模型：

$$\begin{cases} C_v = \dfrac{\partial^2 u}{\partial z^2} = \dfrac{\partial u}{\partial t} \\ u\big|_{t=0} = \Delta h \cdot \gamma_w \\ 0 \leqslant z \leqslant H \\ u\big|_{x=0} = 0 \\ \dfrac{\partial u}{\partial t}\bigg|_{x=0} = -1 \end{cases} \tag{8-23}$$

模型中 $C_v = K(1+e)/\gamma_w \cdot \alpha$ 为土地固结系数（cm^2/h）；e 为土层固结过程中平均孔隙比，K 为渗透系数（m/d）；其他符号同前。

上述数学模型的解析解为：

$$u = \frac{4}{\pi} \gamma_w \cdot \Delta h \sum_{m=1}^{\infty} \frac{1}{m} \sin \frac{m\pi z}{2H} e^{\frac{x^2 m^2 T_v}{4}} \tag{8-24}$$

式中　m——奇数正整数（1，3，5，…）；

　　e——自然对数的底；

　　T_v——时间因数（无因数），$T_v = \dfrac{C_v \cdot t}{H^2}$；

　　H——固结土层中水渗流的最长途径（单面排水时为土层的厚度，双面排水时为土层厚度的一半）；t 为时间，a；

　　z——计算的深度，m。

若含水层的水位是随时间变化的，而且饱和黏性土上下两面排水，上述模型可改写为更一般的形式：

$$\begin{cases} C_v = \dfrac{\partial^2 u}{\partial z^2} = \dfrac{\partial u}{\partial t} \\ u(z,t)\big|_{t=0} = u_0(z) \\ u(z,t)\big|_{x=H} = u_1(t) \\ u(z,t)\big|_{x=0} = u_2(t) \end{cases} \tag{8-25}$$

这个模型中初始条件、上下边界条件一般是已知函数，只有在非常简单且介质均匀的情况下才能得出解析解。对非均质、边界条件复杂的情况，一般需用数值法求解。

饱和土的渗透固结过程，实质上是超静孔隙水压力 u 随时间消散和有效应力随时间增长的过程。而且只有 σ' 才能引起土体的压缩变形，在抽水时其他各项应力不变，所以地面沉降实质上是由于 u 减小而使 σ' 增加的应力引起的地面变形量。

3）黏弹性固结模型

上述渗透固结模型是将介质骨架看作线性弹性体而建立的，只反映了渗透固结过程中超静水压力随时间的变化，而对骨架的蠕变引起的次固结沉降无法描述。如果要同时考虑主、次固结土的变形随时间的变化，可以采用下列黏弹性固结模型：

$$\frac{K}{\gamma_w} \cdot \frac{\partial^2 u}{\partial z^2} = m_\alpha \frac{\partial \sigma^y}{\partial t} + \frac{1}{\eta} \sigma^y - \frac{1}{\eta^2 \cdot m_b} \tag{8-26}$$

式中　m_a——土弹性压缩系数；

　　　m_b——土的黏滞性压缩系数；

　　　η——土的黏滞系数；

其他符号同前。

该微分方程一般用数值法求解。

4）统计预测模型

大量开采地下水引起地下水位持续下降，进而引起隔水层释水固结是地面沉降的根本原因。不少学者试图用统计方法建立开采量（或含水层水位）与地面沉降之间的函数关系。这里又分为一元统计模型和多元统计模型。如有的学者根据天津市地面沉降的资料建立了如下统计方程：

$$S = 0.0067Q + 28.13 \tag{8-27}$$

式中　S——地面沉降量，mm；

　　　Q——累计开采量，m^3。

（2）地面沉降防治

引起地面沉降的原因是过量开采地下水，在防治地面沉降时也应从地下水开采问题着手。

1）减小地下水开采量

实践证明，减小地下水开采量是控制地面沉降最直接、最有效的方法。如上海市1965 年开始消减地下水开采量，在 1966 年市区出现平均回弹 6.3mm 的现象，特别是两个蝶形洼地亦不再沉陷，且有回弹。天津市政府 1985 年制定了《控制地面沉降三年实施计划》，1986 年、1987 年两年在市区停井 550 眼，塘沽停井 150 眼，开采量减少，水位开始回升，市区 1986 年平均沉降量 62mm，比 1985 年减少 24mm，1987 年平均沉降量43mm，比 1986 年又减少 19mm，缓和地面沉降取得了效果。

2）调整开采层次和进行地下水人工回灌

在这方面上海市取得了成功的经验。在进行人工回灌、人工增加地下水补给量抬高地下水位的同时，结合含水层的储能功效，采取"冬灌夏用"为主、"夏灌冬用"为辅的措施，取得了较好的效果。"冬灌夏用"是用冬季停用的深井，将经凉水塔冷却的自来水注入地下水含水层储存起来，留待夏季回采用于车间的空调降温。"夏灌冬用"是用闲置的深井，将温度较高的自来水或过滤后的空调用水，注入地下含水层蓄热，留待冬季回采用于车间的保暖加湿和锅炉用水。上海还针对原主要开采第二、第三承压含水层的不合理开采布局，采取开采第四、第五承压含水层取代第二、三承压含水层的措施，减小了地面沉降。其主要依据是不同含水层上下相邻的黏性土层物理力学性质不同，因此不同含水层的水位降低对地面沉降的影响也不同。

8.2.2 岩溶地面塌陷

岩溶地面塌陷是岩溶地区重要的环境问题，给国民经济建设和人民生活带来非常不利的影响。引起岩溶地面塌陷的因素很多，其中开采地下水是引起岩溶地面塌陷的重要因素。如贵州水城盆地原是一个群山环抱、地形平坦、工农业生产比较发达的地区，由于水城钢铁厂供水需要，从1966年开始打井抽取岩溶水作为供水水源，随着开采量的不断增加，地下水水位不断下降，至1979年5月发生塌陷点731个，到1986年春塌陷点增加到1050个，其塌陷点均分布在开采井附近。昆明市翠湖公园原是一个湖水荡漾、游船如梭、鸟语花香、风景如画的游玩休息场所，随着城市建设和人口增加，岩溶地下水开采量不断增加，致使到1975年底湖水开始干涸，至1983年在翠湖地区形成了长2.7km、宽2km、中心水位下降14m的降落漏斗，从此地面开裂、塌陷不断，至1983年底已产生塌坑41个。昔日的翠湖湖水干涸、花木凋谢、桥梁破坏、亭台倒塌，并引起附近楼房和道路开裂。桂林市是位于覆盖岩溶区的城市，随着市政建设的发展和人为活动的增加，地面塌陷日趋频繁，其中由抽取地下水引起的塌陷点共有56处，占全区总塌陷点38.9%，占人为作用塌陷点的87.5%。

由此可见，抽水引起的塌陷点是人为作用塌陷点的主要组成部分。武汉市汉阳中南轧钢厂和武昌陆家街因开采岩溶水于1977年9月2日至10月9日和1988年5月11日分别发生地面塌陷。中南轧钢厂地面出现700～800个塌坑群，最大直径达23m，深10余米。陆家街塌坑为长轴22.56m、短轴19.80m、深10余米的椭圆形塌坑，给正常生产和人们生活带来很大影响。我国北方也不乏岩溶塌陷的实例，如山东泰安市因开采岩溶水于1976年出现20多个塌坑，最大直径达23m，深10余米，直接影响到津浦铁路的正常运输。

由于开采岩溶水引起的地面塌陷主要集中在城镇和厂矿区，其危害性更大，因此应引起从事供水水文地质工作者的重视。在岩溶水勘察及评价阶段应查明岩溶发育规律、预测地面塌陷可能发生的地区及强度，尽量不在可能塌陷区附近抽取地下水，防止产生地面塌陷。在已发生地面塌陷的地区应查明其形成条件，采用必要措施防止塌陷进一步扩展，并采取一定处理措施，将危害降到最小程度。

1. 抽水塌陷形成机制与形成条件

（1）抽水塌陷形成机制

岩溶地面塌陷的形成机制近年来有多种说法，如潜蚀论、真空吸蚀论、气爆论、液化论等。从目前国内外研究来看，大多学者认为抽水引起的岩溶地面塌陷主要是潜蚀作用形成。

在覆盖型岩溶地区，当开采岩溶水时，必然引起水位下降，开采量越大，则水位下降幅度越大，往往形成影响范围较大的区域降落漏斗。当地下水位降至基岩面附近时，松散层中的孔隙水逐渐被疏干，这时土体受到的浮托力减小，自重增加。据有关计算，地下水位的浮托力可达水下土体容重的 $42\%\sim45\%$。由于岩溶发育不均匀，在基岩浅层裂隙发育部位，特别是溶洞部位，是地下水的集中径流带。在这种集中径流部位，地下水流速大，在动水压力作用下，不断将土体颗粒运移至深部岩溶洞中，在基岩面附近形成土洞，随着抽水时间的延续，土洞不断扩大。当上覆土体自重超过土体抗剪强度时，导致土体突然陷落。因此，岩溶地面塌陷具有突发性的特点，即在没有任何地表迹象的情况下，地面在极短时间内就塌落下去，形成塌坑。

岩溶地面塌陷虽具有突发性，但都经过较长时间的孕育发育过程。一般来说，岩溶地区塌陷形成都经历以下几个阶段：①岩溶水水位下降，潜蚀作用产生阶段；②土洞形成阶段；③土洞扩大阶段；④塌陷产生阶段。

（2）岩溶塌陷形成条件

根据上述分析，岩溶地面塌陷形成的基本条件有以下 3 个方面：

1）碳酸盐岩岩溶发育并有开口的岩溶形态

碳酸盐岩中具有开口的溶洞的宽大溶隙是水流迁移土体颗粒的通道，也是土洞形成时产生土体的堆积场所，因而是岩溶塌陷产生的基础。特别是浅层岩溶发育区，更易形成岩溶地面塌陷。一般来说，没有向上开口的洞隙将很少形成地面塌陷。有关调查资料也表明，塌坑往往沿着岩溶强烈发育带集中分布，地面塌陷的强度与下伏碳酸盐岩岩溶发育强度相对应。大的洞穴系统往往形成大的塌陷，小的洞穴系统一般形成规模小的塌陷。

2）覆盖层为厚度不大的松散土层

松散土层固结程度较低，抵抗破坏的能力也较差，这也是岩溶地面塌陷产生的基础条件。对于不同岩性，因抵抗破坏能力不同，产生塌陷的难易程度也有差异。一般来说，黏性土抗剪强度大，抵抗破坏的能力强些；砂性土抗剪强度小，抵抗破坏的能力差些，所以砂性土更容易发生塌陷。

地面塌陷与松散土层厚度有关，这是因为土洞的稳定性与顶板厚度有关。土洞形成后，一般呈拱形，根据拱形平衡理论，则需要有一定厚度的土层才能满足应力拱高度的需要，保持洞顶的稳定。松散土层越薄越容易产生塌陷。据实际塌陷统计，岩溶塌陷大多产生于土层厚度小于 10m 的地段，土层厚度 $10\sim30$m 的地段塌陷数量较少，大于 30m 的地段仅个别零星出现。如水城钢铁厂岩溶塌陷发生于 10m 厚度以内的塌陷占总塌陷的 80% 以上。

3）岩溶地下水活动剧烈

岩溶地下水运动是岩溶塌陷产生的诱发动力，没有地下水的流动，土洞不可能形成，更谈不上岩溶塌陷。因此，岩溶塌陷的产生受到地下水活动的控制，在地下水流动集中和剧烈的地带最容易产生塌陷。抽水无疑使水力坡度及流速加大，特别是降落漏斗内主径流带是岩溶塌陷易发地段，如贵州核桃寨 CK3 号孔抽水，塌陷主要产生于岩溶水主径流带上。

上述分析了岩溶塌陷产生的基本条件。实际上，岩溶塌陷的形成是多种因素控制的复杂过程。除了上述因素外，有时还与降水和地表水的渗入、外力荷载施加等因素有关。应根据当地具体条件进行综合分析，确定岩溶塌陷的形成条件，进而预测岩溶塌陷发生的可能性及产生地区，尽可能防止塌陷的发生。

2. 岩溶塌陷预测及防治

(1) 岩溶塌陷预测

岩溶塌陷预测一般包括塌陷产生地点、发生时间及塌陷的强度3项内容。由于塌陷形成的复杂性和突发性，要准确预测岩溶塌陷发生的时间和地点是比较困难的，目前主要是根据塌陷影响因素分析进行预测。预测方法有地质条件分析预测、稳定平衡预测、经验公式预测和相关统计预测。

1) 地质条件分析预测

根据研究区地质环境条件调查分析预测岩溶塌陷发生的可能性是目前岩溶塌陷预测的主要方法，也是进一步进行定量预测的基础。这种预测是以地表调查研究为主，配以物探、钻探、抽水试验、岩土力学性质试验等工作，主要应查明以下特征：

① 地形地貌特征，特别是负地形展布情况；

② 覆盖层成因类型、岩性、结构、力学性质、厚度及分布规律以及土洞发育情况；

③ 下伏岩溶地层性、构造形迹、岩溶形态及分布规律、岩溶充填物种类和固结程度，特别要查明基岩浅层岩溶发育特征及分布规律；

④ 覆盖层和岩溶地层中地下水的赋存状况和水力特征，抽水井分布及抽水降深情况；

⑤ 地表水系分布、降雨强度及地下水的关系；

⑥ 已有塌陷形态、规模、分布规律及形成条件。

在查明以上内容的基础上，编制研究区水文地质、过程地质综合图或单因素图。

在图上突出反映构造断裂带、岩溶地层与非岩溶地层接触带、岩溶强烈发育带、覆盖层成因和结构及等厚线、地下水等水位线、地下水等埋深浅、土洞和塌陷区、相对稳定区、稳定区等，为开采井布置和开采降深确定提供依据。

2) 稳定平衡分析预测

塌陷产生主要是由于上覆土失稳而造成，根据塌陷体受力状态分析，计算抗塌力与致塌力，建立力学平衡关系，评价塌陷体稳定程度。

对于塌陷体，抗塌力为土体内摩擦力，致塌力为土体的重力和水位下降形成的吸力。它们的计算公式为：

$$F = \pi D \int_0^M \left(\frac{1 - \sin\phi}{1 + \sin\phi} \tan\phi \cdot \gamma \cdot h + 1000C \right) \mathrm{d}h \tag{8-28}$$

$$G = \frac{\pi D^{2\gamma} \cdot y}{4} \tag{8-29}$$

$$P = \frac{\pi D^2 \cdot \gamma_w \cdot \Delta H}{4} \tag{8-30}$$

式中　F——土体摩擦力，kN；

　　　G——土体自重力，kN；

　　　P——水位变化引起的吸力，kN；

　　　D——塌陷体的直径，cm；

　　　M——塌陷体厚度，cm；

　　　γ——土体的容重，kN/cm³；

　　　γ_w——水的容重，kN/cm³；

h——土层厚度，cm；

ΔH——土体内水位下降值，cm；

ϕ——内摩擦角，(°)；

C——内凝聚力，MPa；

y——塌陷体厚度，m。

当 $F > G + P$ 时，$W > 1$，土体稳定；

当 $F = G + P$ 时，$W = 1$，土体为极限平衡状态；

当 $F < G + P$ 时，$W < 1$，土体不稳定。

式中 W——稳定性系数。

必须指出，这是一种静力平衡计算，没有考虑动力因素影响。同时，土洞的规模大小等参数的取得也有一定困难，在实际应用中有一定局限性。

3）经验公式预测

① 塌陷区半径预测

目前塌陷区半径预测公式很多，其中下面两种公式用得较多。

a. 降深—水力坡度公式

抽水使地下水水位下降至覆盖层地面以下一般才能产生塌陷，因此降深低于岩溶层顶面的降落漏斗范围是最大塌陷区范围，由此有的学者提出下列计算塌陷区半径公式：

$$R = \frac{100(S - S_f)}{L_c} \tag{8-31}$$

式中 R——塌陷区半径，m；

S——抽取浅部岩溶含水层地下水引起的水位降深，m；

S_f——抽水引起的覆盖层内的水位降深，m；

L_c——浅部岩溶含水层平均水力坡度，%。不同地带 L_c 的经验取值如下：岩溶发育的断裂或裂隙带取 1%～2.5%，岩溶强烈发育的断裂或裂隙带取 2%～3%，岩溶发育的网状裂隙取 3%～4%，岩溶强烈发育的网状裂隙取 4%～6%。

b. 有效降深公式

大多数岩溶塌陷是岩溶水由承压转为无压时产生的，因此把低于基岩面水位降深称为有效降深。据此缪钟灵根据贵州水城塌陷提出预测公式：

$$R = \eta \frac{Q S_0 t}{M} \tag{8-32}$$

式中 R——塌陷区半径，m；

Q——抽水量，m^3/h；

S_0——有效降深，m；

M——土层厚度，m；

t——抽水时间，h；

η——土层性质系数，砂、砂砾、亚砂土 $\eta = 0.1$～0.05，亚黏土、风化砂页岩 $\eta > 0.01$，黏性土 $\eta < 0.01$。

② 土洞坍塌高度预测

覆盖岩溶区因土洞坍塌形成地面塌陷，因此对已探明土洞发育的地区以根据土洞破裂拱高度来预测塌陷产生的可能性。陈国亮等根据坍塌土体平衡条件提出了计算土洞破裂拱高度的公式：

$$h = \frac{B}{2\lambda \tan\theta} \qquad (8\text{-}33)$$

式中　h——土洞破裂拱高度，m；

　　　B——洞穴宽度，m；

　　　λ——土体测压系数，$\lambda = \tan^2\left(45 - \dfrac{\varphi}{2}\right)$，$\varphi$——土体内摩擦角；

$$\theta = (0.5 - 0.7)\varphi。$$

根据计算的 h 与土层厚度进行比较，若 $h \geqslant M$，则会导致塌陷。

4）相关统计预测

若塌陷和主要影响因素有实际资料时，可采用逐步回归分析、逐步判别分析等统计方法建立回归方程，然后对塌陷可能性进行预测。必须指出，不同地区其主要影响因素是不同的，应根据当地实际情况选取自变量，进行统计预测。

（2）岩溶塌陷区防治

1）岩溶塌陷区预防

岩溶塌陷预防工作应以地质调查分析为基础，合理布置开采井和控制水位降深。开采井应尽量避开已有塌陷区和潜在塌陷区，开采水位降深应控制在黏性土层中，即保持岩溶水仍具有一定承压性。同时应控制地下水位波动程度，以减小地下水对溶洞充填物的潜蚀和搬运作用。成井时也要注意封堵浅部岩溶，据有关地区经验，50m以上岩溶段均应封堵掉，不能作为开采段。在地下水开采过程中还要加强环境监测工作，包括岩溶水位、地表积水和地面变形现象等观测，及时作出预测。只要在岩溶水水源勘察、评价及开采过程中注意岩溶塌陷问题研究，采取一定的措施，还是能避免产生岩溶塌陷的，起码可以将岩溶塌陷降低到最小程度，减小损失。

2）岩溶塌陷治理

岩溶塌陷一旦发生，应迅速查明塌陷原因，立即停止或控制致塌活动，防治塌陷进一步发展。然后因地制宜采取措施填平塌坑，防止造成更大损失。塌坑治理方法有填堵、强夯、灌注浆等。在处理后还应做好进一步调查研究工作，调整开采方案，使地下水开采达到不致引起塌陷的最佳状态。

8.3　地下水水质恶化

8.3.1　地下水水质恶化的主要特征

本节所述的地下水水质恶化问题，主要是指地下水在开采过程中因环境污染和水动力、水化学条件的改变使水中某些化学和微生物成分含量不断增加或化学性质改变而使地下水水质向不便于利用或失去利用价值方向转化的水质变化过程。

地下水恶化的主要特征有以下几个方面：①天然地下水中不存在的有机化合物出现在地下水中，如有些水样中监测出合成染料、去污剂、洗涤剂、油类以及有机农药等；②天然地下水中含量极微的毒性金属元素（汞、铬、镉、砷、铅和某些放射性元素）大量进入地下水中；③各种细菌、病毒、寄生虫在地下水体中大量繁殖，使这些组分含量不断增加并超过了生活饮用水水质的标准；④地下水硬度、矿化度、酸度和某些常规离子含量不断上升。

地下水水质恶化会产生影响地下水资源的使用价值，以致使某些水源地废弃，使某些城镇、厂矿供水紧张的矛盾加剧，使日益突出的水资源危机更加严重；长期饮用水质"不洁"的地下水影响人体健康，并可能产生某些致命的疾病；影响工业生产，增加工业产品成本及降低工业产品的质量，影响农作物生产和利用价值。因此，在地下水开采中要重视水质恶化问题的研究。

8.3.2 地下水水质恶化机制

在地下水开采过程中引起地下水水质恶化的原因主要有两个方面。

1. 为污染源或咸水体进入开采层提供了水动力条件，导致地下水水质恶化

大量开采地下水，使开采层水位不断下降，形成范围较大的区域下降漏斗，使上部含水层与开采层形成一定的水力差。如果上部含水层为高矿化度的咸水或被污染的地下水，则上层水通过弱透水层或天窗进入开采层，使开采层地下水水质不断恶化。如我国某城市水源地开采层为 26～135m 之间的含水组，原水质较好，开采后其上 15m 左右分布的高矿化度的潜水通过弱透水层与开采层发生水力联系，使水质逐渐恶化。另一方面大量开采地下水会加大地下水水力坡度，使被污染的地下水或咸水体从侧向补给可采区，导致水质恶化。如北京市建国门—八王坟一带地下水水力坡度在 1974 年以前为 1.70%～1.90%，到 1980 年增加到 3.70%～4.34%，致使城区 NO_3^- 含量高的地下水侧向补给开采区，导致开采地下水中 NO_3^- 含量升高，离城区越近 NO_3^- 含量越高。在覆盖岩溶区开采地下水可能出现地面塌陷，这些塌陷会使废水直接进入含水层，使水质不断恶化。如枣庄市开采寒武—奥陶系岩溶水，原来水质较好，在连续干旱年份持续超量开采地下水，形成地面塌陷，构成生活废水污染地下水的直接通道，1976 年十里泉水原地发现水质细菌总数超标 68 倍，大肠菌群超标 792 倍，氨氮超标 120 倍，水质严重恶化。

2. 改变含水层的水文地球化学条件，导致地下水质恶化

开采地下水，使区域地下水水位下降。随着地下水水位的下降、含水层被疏干，氧化作用加强，促使岩层中硫、铁、锰以及氮的化合物不断氧化，形成易溶于水的化合物，从而使地下水中铁、锰、镁以及硫酸根离子含量大增，地下水矿化度、硬度等亦随之升高。如很多岩层中有黄铁矿存在，在氧化环境下黄铁矿被氧化，即：

$$2FeS_2 + 7O_2 + 2H_2O \longrightarrow 2Fe^{2+} + 4SO_4^{2-} + 4H^+$$

这个化学反应式表明，黄铁矿氧化形成铁离子和硫酸根离子，除了使水中铁离子和硫酸根离子含量增加外，同时还形成强酸性环境（pH 可达 2～3），能促使岩层中难溶和不溶的化合物溶解，使地下水中的含盐量增加，矿化度升高。

我国不少地方在地下水开采过程中有硬度升高的现象。地下水硬度升高除上述氧化作用外，有时还存在阳离子交换作用，即当还有较高 Na^+、K^+ 浓度的水渗过包气带时，常常与土壤或沉积物中的钙、镁产生交换，使钙、镁离子进入含水层中，导致硬度增加。如 Na-Ca 交换：

$$CaX + 2Na^+ \Leftrightarrow Na_2X + Ca^{2+}$$

大量开采地下水，形成区域下降漏斗，加大氧化带范围，还有利于硝化作用进行。农

田施用的化肥或用生活污水灌溉，经淋滤作用进入含水层，使水中的 NH_4^+ 增加，NH_4^+ 通过自氧型微生物作用可以氧化为 NO_3^-，这个过程称硝化作用。硝化作用一般分为两个阶段：第一阶段是 NH_4^+ 氧化为 NO_2^-；第二阶段是 NO_2^- 氧化为 NO_3^-。NH_4^+ 氧化为 NO_2^- 的化学反应可表示为：

$$NH_4^+ + 1.5O_2 \xrightarrow{\text{亚硝化杆菌属}} 2H^+ + H_2O + NO_2^-$$

NO_2^- 氧化为 NO_3^- 的化学反应可表示为：

$$NO_2^- + 0.5O_2 \xrightarrow{\text{硝化杆菌属}} NO_3^-$$

上述反应表明，硝化过程是一个需要亚硝化菌和硝化菌参加，并消耗氧的生物氧化过程。硝化作用的结果使水中的 NO_3^- 增加。

类似上述水文化学环境改变而引起地下水水质恶化现象，可能还有许多，这还有待于今后进一步研究。但必须指出，开采地下水引起的水位地球化学环境改变，并非都使水质向不利方向转化。在许多情况下，由于强烈取水会促使地下水交替循环作用加剧，溶滤作用加强，从而加速含水层中可溶盐的溶解和排除。再者，由于含水层水位下降使地下水由原来的封闭还原环境变为开放的氧化环境，可使水中某些化合物沉淀（如压力降低，CO_2 逸出，使水中碳酸钙沉淀，二价铁氧化成三价铁沉淀），从而可降低水中某些有害离子含量，或使水质淡化。因此在进行供水水文地质勘察时，应当根据当地的地层岩性结构条件、包气带和含水层中可溶盐的类型和含量、补给水源的类型和化学性质、水源地预计开采强度和降深等进行综合分析，才能对开采后地下水水质可能出现的变化做出正确的预测。

8.3.3 地下水水质恶化预测及防治

1. 地下水水质恶化预测

地下水水质恶化的形成原因是多种多样的，不同形成原因引起的水质恶化途径是不一样的，其发展变化规律也是极为复杂的，因此，要准确预测水质变化是比较困难的。目前在工程实际中常用下面几种方法预测开采水中污染物可能的最大浓度及开采水中离子浓度的变化。

（1）开采水中污染物可能最大浓度预测

开采水中污染物可能最大浓度（C_{max}）可按下式确定：

$$C_{max} = C_e + \frac{\Delta Q_{污}}{Q}(C_{污} - C_e) \tag{8-34}$$

式中　C_e——天然条件下地下水中污染物的浓度（多数情况下 $C_e = 0$）（10^{-6}）；

$C_{污}$——被污染地点内污染地下水中污染物的浓度（10^{-6}）；

$\Delta Q_{污}$——被污染地点可能进入水源地的污染水最大流量，m^3/a；

Q——水源地（或井）的开采量，m^3/d。

式中，$C_{污}$、C_e 和 Q 是能够测定或给定的，而未知的是 $\Delta Q_{污}$，这可采用达西公式计算，或用污染水补给水源地的宽度与总补给带宽度的比值近似代替 $\Delta Q_{污}/Q$。

（2）开采水中离子浓度变化预测

1）灰色系统模型预测

地下水水质的变化是非常复杂的，可以认为是部分已知、部分未知的灰色信息。因此可以采用灰色系统模型预测水中某种元素或离子的变化。其预测步骤如下：

① 定一个实测的离散数据序列（要求非负，这对水质分析是能够满足的）

$$x^{(0)}(k) \quad k = 1, 2, \cdots, n \tag{8-35}$$

② 作一次累加生成

$$x^{(1)}(k) = \sum_{m=1}^{k} x^{(0)}(m) \tag{8-36}$$

③ 对 $x^{(1)}(k)$ 建立微分方程

$$\frac{\mathrm{d}x^{(1)}}{\mathrm{d}t} + ax^{(1)} = u \tag{8-37}$$

其中：a、u 为参数。

④ 对式（8-37）按最小二乘法原理展开，并令其对 a 及 u 的偏导数为 0，则得：

$$a = (B^T, B)^{-1} \cdot B^T \cdot Y_N \tag{8-38}$$

其中

$$B = \begin{bmatrix} -\frac{1}{2}\left[x^{(1)}(1) + x^{(1)}(2)\right] \cdots \cdots 1 \\ -\frac{1}{2}\left[x^{(1)}(2) + x^{(1)}(3)\right] \cdots \cdots 1 \\ \cdots \cdots \\ -\frac{1}{2}\left[x^{(1)}(n-1) + x^{(1)}(n)\right] \cdots 1 \end{bmatrix} \tag{6-39}$$

$$Y_N = \begin{bmatrix} x^{(0)}(2) \\ x^{(0)}(3) \\ \vdots \\ x^{(0)}(n) \end{bmatrix} \tag{8-40}$$

B^T 为 B 的转置。

⑤ 做矩阵计算

$$B^T B = A$$
$$B^T Y_N = C \tag{8-41}$$

⑥ 解方程组

$$Ax = c \tag{8-42}$$

其中，x 为未知向量

⑦ 建立预测模型

$$x^{(1)}(k-1) = \left[x^{(0)}(1) - \frac{u}{a}\right]e^{-ak} + \frac{u}{a} \tag{8-43}$$

⑧ 检验拟合精度，若精度达到要求，则可进行预测。

2）概率统计模型预测

在具有多年连续水质感测资料的水源地，可以根据已有观测资料绘制曲线寻找其规律性，并建立曲线回归方程式，用来预测水质变化。如根据沈阳市 12 个水源井 1957～1975 年的水质资料，分析其中矿化度、总硬度、氯离子和硫酸根离子数据，绘制历年浓度变化曲线，发现许多都符合下列直线回归方程：

$$C_T = C_0 + \alpha t \tag{8-44}$$

式中　C_T——某种离子存在 T 年后的浓度（10^{-6}）；

　　　C_0——该离子在 1957 年的起始浓度（10^{-6}）；

　　　t——时间增量，a；

　　　α——单位时间增量内浓度增量系数。

倪志文根据某水源地水质分析资料建立了下面矿化度和硬度统计预测模型：

$$\Delta M = \lg^{-1}(\frac{\Delta t - 9.4453}{10.7496})$$

$$\Delta H = 23.3707^{1.313T} \cdot \sqrt[3]{\Delta M} \tag{8-45}$$

式中　Δt——预测时间，a；

　　　ΔM——矿化度升高值，g/L；

　　　ΔH——硬度升高值。

2. 地下水水质恶化防治

地下水是整个水圈乃至整个地球环境不可分割的重要组成部分，因此必须采取综合措施防治地下水水质恶化。这里既包括对地下水形成环境的保护，也包括开采技术方面的措施，归纳起来有如下几个方面：

(1) 加强环境保护，做好"三废"处理和排放管理工作

"三废"是指废水、废渣、废气，它们是地下水水质污染的主要来源，其中尤以工业废水危害最大，因此控制和治理地下水水质的重点是抓好工业废水的综合治理，控制污水排放量和排放标准，应尽可能建立废水处理设施，经处理达到标准后排放，这是防治地下水水质恶化的根本措施。城市垃圾，特别是工业废渣也应采取综合处理措施，还要选择合理的堆放场地。一般来说，生活垃圾和废渣堆放场最好选在地表弱透水土层分布面积大、厚度大且地形低洼封闭的地方，同时要远离水源地或开采含水层的补给区。堆放在水源地下游较远距离的地方。工厂烟囱排放的废气中往往含有大量 CO_2、SO_2 和氮化物，形成酸雨，而污染浅层地下水，因此应采用取措施控制废气排放量和排放标准。

(2) 制定合理的地下水开采方案

在水源地（或开采井）施工前应查明区域水文地质条件，制定合理的开采方案，尽量不要使水源地与已被污染或水质不好的地表水、地下水发生水力联系，防止劣质水侵入开采层，引起地下水水质向不良方向发展。同时，应控制开采量和开采降深。一般来说，应控制开采量小于开采条件下的补给量，不要发生水位持续下降的趋势。开采降深值也不可能太大，使氧化环境的深度尽可能小一些。

(3) 提高成井质量

对于在开采层上下有劣质水含水层或水体分布时，应做好成井分层止水工作，不要造成井中各含水层串通，从而使劣质水进入到开采井中。对于报废水井应保证回填质量，不要使之成为地表水或其他劣质水进入开采层的直接通道。

(4) 对被污染地下水进行水质处理

当地下水已遭受污染时要及时进行治理。首先应查明污染源，并针对其不同特点予以清除或防止进入地下水。从水文地质角度的治理措施可采取人工补给或抽水等方法，以加速稀释和净化被污染的地下水或阻止劣质水体侵入。

第9章 供水水文地质调查

供水水文地质调查是为查明地下水的形成条件、开发利用地下水作为供水水源而进行的水文地质测绘、勘探、试验和动态观测等各项工作的总称。它是进行地下水资源评价的基础工作，也是合理开发利用及保护地下水资源必不可少的首要工作环节。

关于水文地质测绘、水文地质勘探、水文地质试验以及地下水长期观测的有关内容已在《水文地质调查法》中作了详细论述。这里主要论述供水水文地质调查的目的、任务和阶段的划分，不同目的供水的特点及其对水文地质调查工作的主要要求和不同类型地区地下水主要特征及供水水文地质调查的要点。

9.1 供水水文地质调查阶段的划分

供水水文地质调查总的目的是为了合理开发利用地下水资源，满足各种用水的需要，因此其成果必须满足供水工程设计的要求。由于工程设计常常是分阶段进行的，因而供水水文地质调查也就随之需要分为不同的调查阶段。每一调查阶段所提交的成果内容和精度都应满足相应工程设计阶段的要求。此外，调查工作划分为不同阶段，也是人们由浅入深地认识事物的需要。这样才可以使调查工作有条不紊、逐渐深入地进行，避免浪费投资和影响工程建设的顺利完成。

每个调查阶段完成的任务和提交成果的精度不同，因此需要使用的工作种类和投入的工作量也有较大的区别。同时，由于用水目的的不同，其调查阶段划分的方法也不同。下面分集中连续供水和分散间歇性供水两类说明调查阶段划分方法及工作要求。

9.1.1 供水水文地质调查的目的和任务

供水水文地质调查的基本目的在于查明地下水的形成、赋存条件和运动规律，寻找可作为工农业用水、生活用水和其他用水的地下水源，为地下水资源的评价、合理开发利用、保护和管理提供水文地质依据。因此，供水水文地质调查的主要任务有以下几个方面：①查明区域水文地质条件，确定主要含水层的分布及含水介质的特征；②圈定富水地段，确定水源地的范围；③查明地下水的水力特征、水化学特征及其动态变化规律；④研究和确定进行地下水资源评价和合理开发利用所需的水文地质参数；⑤预测开发利用地下水过程中可能出现的环境地质问题，并为采取科学的对策和预防措施提供必要依据。

9.1.2 集中连续供水调查阶段划分

该类供水主要是指城镇和厂矿企业的供水。按工程设计阶段要求，一般划分为 4 个阶段。

1. 规划或选址阶段

本阶段的任务主要是初步查明城市或预定厂址附近的区域水文地质条件，提出有无城市或厂矿所需地下水源的可能性，以作为城市兴建、厂址选址的比较条件之一。本阶段的主要调查工作是在收集已有资料的基础上，进行中、小比例尺（1∶5 万～1∶10 万）的水文地质测绘，并配合少量的勘探、试验工作，着重查明不同类型地下水的埋藏、分布及形成条件，确定可供开采的含水层位和可能的富水地段，对地下水资源做出概略评价，水量评价精度应达到 D 级要求。为城市发展或厂址选择提供依据。

2. 初勘阶段

本阶段的任务是在规划阶段所选定的富水地段内，进行中等比例尺（1：2.5 万～1：5 万）水文地质测绘，并投入少量的勘探、试验以及短期地下水动态观测工作，提出布置水源地的有利地段，并初步评价地下水资源，水量评价精度要达到 C 级要求。为建设项目的初步设计提供水源依据。

3. 详勘阶段

本阶段的任务是在选定的水源地段上，进行大比例尺（1：1 万～1：2.5 万）水文地质测绘，并投入大量的勘探和试验工作，进行不少于一年的地下水动态观测工作，以便较全面地评价地下水资源和开采条件。水量评价精度要达到 B 级要求。为取水工程设计提高水文地质资料。

4. 开采阶段

对于大、中型水源地，在其投产后，为了保证取水工程的正常运转，以及为解决因大量开采地下水而引起的各种环境地质问题，一般需要继续进行某些水文地质调查工作。本阶段主要是进行地下水动态观测工作，有时尚需补充必要的勘探工作。在对开采动态观测资料进行认真整理和分析的基础上，进一步进行地下水资源评价，水量评价精度要达到 A 级要求。进而提出调整地下水开采方案及水资源的保护措施，并逐步开展地下水资源的管理工作。

上述阶段划分，对于复杂条件下的新建大、中型水源地是必需的，但对于水文地质条件简单，或已有较多资料的水源地，调查工作可不划分阶段或某些阶段合并进行，这要根据具体情况而决定。

对于需水量较小的小型供水，一般可探采结合方式进行，即通过一定范围的测绘和必要的物探工作，确定出井（孔）的位置，探、采结合成井，而没有必要硬性划分为几个阶段进行工作。

9.1.3　分散间歇供水调查阶段划分

该类供水主要是指农田供水，其调查阶段一般划分为普查、详查和开采 3 个阶段。

1. 普查阶段

本阶段的工作主要是进行中、小比例（1：10 万～1：20 万）的水文地质测绘，重点收集已有水井的勘探、试验和开采动态资料，辅以少量控制性的勘探、试验工作。在查明区域水文地质条件的基础上，概略评价区域地下水资源，精度要达到 D 级要求。为县以上农田水利规划及井灌区布局提供水文地质资料。

2. 详查阶段

本阶段的工作主要是进行中等比例尺（1：2.5 万～1：5 万）的水文地质测绘，投入较多的勘探、试验工作，并进行不少于一年时间的地下水动态观测工作。在详细查明地区水文地质条件的基础上，对地下水资源进行比较系统的评价，精度应达到 C 级或 B 级要求。为县、区编制开采设计提供水文地质资料。

3. 开采阶段

本阶段工作主要是进行地下水动态观测工作，通过对开采动态资料系统的整理和分析，掌握地下水位、水质及水量变化规律，并进一步对地下水资源进行评价，精度应达到B级或A级要求。为合理开采、调整井位布局及资源保护提供水文地质资料。

以上所述调查阶段的划分，只是对一般性而言的。任何时候都不要生搬硬套，而要根据供水目的、需水量大小、水文地质条件复杂程度以及研究程度灵活掌握。有的必须按规范要求划分为几个阶段，有的则可以合并或不划分阶段。总之，调查阶段的划分以及阶段的合并或超越，都必须符合"多、快、好、省"的基本原则，要高质量、快速度和低成本地完成供水水文地质调查任务。

9.2　不同类型供水的水文地质调查要点

根据供水目的，可将供水分为工业用水、农业用水和生活用水 3 种类型。它们各具特点，对水文地质调查工作也不同的要求。

9.2.1　工业用水供水

本类供水的特点是：开采量一般较大（有每日数万吨到数十万吨）；开采时间连续，往往全年昼夜抽水；对水质要求一般较高，特别是对某些离子限制较严；再者为了便于管理和节省投资，常常井群比较集中，单位面积上的开采强度较大，属于大流量，大降深开采。因此对评价精度要求较高。

鉴于上述特点，该类供水的水文地质调查工作必须严格按照规范规定的程序和各种要求进行水文地质调查工作，要对水源地所在的地下水系统的水文地质条件进行全面、深入地研究，对地下水的水质和水量进行全面的评价，并要对开采地下水可能引起的环境地质问题进行研究，提出防治和保护措施。

9.2.2　农田用水供水

本类供水的特点是：开采量大；间歇性（或季节性）用水；对水质要求一般不高；为了减少渠道的渗漏损失，故开采井比较分散，往往均匀分布在整个用水地段上。这种开采，在一个点上的开采强度可能不大，但由于井数很多，故影响范围很大。

鉴于上述特点，该类供水的水文地质调查的主要任务是查明区域水文地质条件，重点评价区域地下水的补给量，只要使开采量与多年平均补给量相适应，就能保证取水工程的正常运行。因此勘探、试验工作的布置以及投入工作量一般来说比工业用水要少。最好能与农业、水利部门配合，制定出开采地下水的井点布置方案以及各类水资源的调配方案。对开采地下水可能引起的环境地质问题，也应进行必要的研究，并提出保护和防治的措施。

9.2.3　生活用水供水

该类供水的特点是：需水量一般较小：水质要求较高，不能含有影响人体健康的化学成分和生物组分；用水比较分散，特别对山区来说更是如此。因此，这类供水一般只需一到二三口井就能满足用水要求，供水水文地质调查工作一般是勘探和开采结合在一起进行。就是在查明供水点附近岩性、地质构造以及地下水补给条件的基础上，结合已有的水井资料，圈定出富水带，确定出井位，然后探、采结合成井。一般不需要做专门的水量评价工作，但是对水质评价要求较高，必须按规范规定取样进行全面分析，还要对水源地的保护进行专门论证。

在我国，大多数情况下是生活用水和工业用水一套输水管路，这时在供水水文地质调查工作中，必须既要满足工业用水的需求，又要满足生活用水的要求。

9.3　不同类型地区供水水文地质调查要点

由于含水空隙不同，地下水的形式、赋存和运动规律都有差异，那么地下水的寻找、勘探、评价和开采都有不同的特点。本节只讨论平原、丘陵山区以及岩溶地区地下水主要特征及供水水文地质调查要点。

9.3.1　平原山区

平原地区包括山前倾斜平原及广阔的冲积平原。为了便于研究，山间盆地也划归这类一起研究。

这些地区主要分布松散沉积岩层，赋存孔隙水。孔隙水相对于裂隙水和溶岩水而言，其分布比较均匀，且常呈层状；含水层内水利联系密切，具有统一的地下水面或测压面；孔隙含水层的透水性、给水性及分布埋藏条件，主要受第四纪沉积物的成因类型和地貌条件控制。因此，掌握不同成因类型堆积物的沉积规律，认识沉积物的特征，是寻找和评价地下水的主要依据。

1. 山前倾斜平原

山区与平原相接的地带，常由河流流出山口形成的冲洪积扇和山麓的坡洪积裙彼此相连，形成沿山前分布的山前倾斜平原。虽然它与平原地带没有明显的分界，但无论在地下水的形成特点和分布、埋藏规律方面，还是在水质、水量变化方面，都具有独特的规律。

山前地带由于构造运动的影响，往往是山区上升，平原下降，则在山前地带堆积很厚的冲、洪积物，而基底常为隔水层或弱透水层衬托，形成很好的蓄水条件，冲洪积扇顶部常常由粗粒砾卵石构成，具有接受降水和地表水补给的良好条件，是地下水的主要富集带。

由于山前地带的特殊地质、地貌条件，使地下水的埋藏条件、径流条件和水质、水量在不同部位有不同的特征，并呈现规律性的变化。下面从纵向、横向、垂向3个方面予以讨论。

（1）纵向变化规律。山前倾斜平原主要由冲洪积扇组成。从扇顶到前缘总的规律是：地形坡度由陡变缓，沉积物由粗变细，层次由少变多，地下水由深变浅，径流条件由好变差，单井出水量由大变小，矿化度由低逐渐增高。对典型的冲洪积扇可以划分出3个水文地质带：①深埋带（或称径流带）：位于冲洪积扇的上部。地形坡度较大，岩石主要为粗粒沉积物，如卵石、砾石、砂砾石等，具有良好的渗透性和径流条件，因此可以吸收大量的大气降水和来自山区的地表水。但这带地势较高，地下水径流条件又好，所以渗入补给的地表水不能完全蓄集在此带，而是不断向下排泄，故在此带形成的孔隙潜水水量丰富，但埋藏较深，所以称为深埋带或径流带。此带是冲积扇地下水的主要补给区。水位动态受气候、水文因素的影响，季节性变化较大。②溢出带（或浅埋带）：位于冲洪积扇的中部地形坡度由陡变缓的地带，深埋带以下，岩性逐渐变细，由砂砾石层渐变为亚砂土、亚黏

224

土及砂层。由于含水层颗粒变细，厚度减薄，透水性变差，潜水径流减弱，迫使地下水位抬高，潜水埋深逐渐变小，在黏性土阻挡处，潜水溢出地表形成泉群，所以称为溢出带。在溢出带由于水位埋藏浅，则蒸发作用强，特别在干旱及半干旱地区，强烈蒸发的结果使潜水浓缩，矿化度增大，一般为 $1\sim2g/L$。该带一般宽度较小，与上下之间带无明显界线。这里井孔涌水量比深埋带小，动态变化也较小。③垂直交替带：位于冲洪积扇的前缘，地形平坦。沉积物主要由细粒的亚黏土、亚砂土和黏土等组成，中夹少量砂层。此带常与平原湖积物和河流沉积物形成复合堆积。因堆积物颗粒较小，透水性极差，径流缓慢，潜水主要消耗于蒸发，并接受下部承压水顶托补给，故称为垂直交替带。由于潜水受蒸发排泄的影响，所以潜水埋深比溢出带变大。

此带黏性土中所夹的砂层，由于有上带较高水的潜水补给，因而形成承压水，通过钻孔能自溢出地表，成为自流井，而且水质也比当地潜水好，可作为良好的洪水水源。

（2）横向变化规律。山前倾斜平原的横向是指横切冲洪积扇中线平行于山体的方向，它是指冲洪积中部粗粒相到边缘细粒相的变化。从山口向两侧为扇顶相、扇缘相和滞水相。扇顶相由粗粒砂砾石组成，扇缘相由砂和亚砂土组成，滞水相由粉砂、黏土组成。由于冲洪积扇在形成过程中受气候、水文、地质构造等各种自然因素的影响，常形成复杂组合关系，粗砾物质呈放射状条带分布，使横向变化非常复杂。在扇与扇之间，一般由坡积物组成的，其透水性一般比较较差。

（3）垂向变化规律。山前倾斜平原一般是由不同时期形成的新老冲洪积扇叠加而成的，由于叠置关系不同，则使含水层变化很大，再者由于气候干湿交替及地壳升降速率变化，一般形成粗细交替的沉积韵律，这种韵律在扇前部反映明显，而扇顶则由于新扇和老扇重合而不明显，含水层层次由扇顶向前缘有逐渐增多的规律。山前倾斜平原的规模大小不等，宽由数公里至数十公里，长由数公里至数十公里。甚至可延伸数百公里。对于大型的冲洪积扇，常常成为大、中城市及大型厂矿企业的洪水水源地，如吉林省的洮儿河、辽宁省的太子河、北京的永定河、山东省的淄河等形成的冲洪积扇均为大、中城市的供水水源地。

根据上述条件，在这类地区进行供水水文地质调查时，必须查清倾斜平原在纵横方向上岩性的变化及垂直深度上含水层的层次和厚度变化规律，确定地下水溢出带分布的范围和水文地质特征；查明山区和平原的接触关系以及山区地下水对平原地下水的补给特征；确定河水对上部砾石层的补给方式及补给量的大小。为地下水资源评价和井孔布置收集各种水文地质资料。

2. 冲积平原

冲积平原就其地域分布主要指的是山前倾斜平原界线以外至河流入海（湖）以前的宽阔地带。这些地区大体包括：三江平原、松嫩平原、下辽河平原、黄淮海平原、长江下游平原等。这些地区都是河水汇集的下游地区，河床极不稳定，江河横溢，在地质历史发展过程中，随着平原或盆地的不断下陷，沉积物的厚度逐渐增大，有的地区可达数百米或更厚。其沉积物多以冲积物为主，有河床相（各种砂和砂砾石）、漫滩相（黏性细粒物质）、牛轭湖相，在平原的低洼处还可能有湖沼沉积。由于地势平坦，河流经常改道，在平原上迂回摆动，

因此，粗粒河床相沉积物呈条带状分布，这些古河道是良好的含水层。在沉降幅度不

大而较稳定的冲积平原中，仍以二元结构为主，底层物质较粗，常为砂砾石，含水性好；上层较细，含水性较差。沉积较厚时，则常为多层结构，呈粗细相间的多次韵律。

冲积平原的含水层由各种粒径的砂、砂砾石组成，分选性、磨圆度较好，一般透水性较强。为双层结构时，下部透水性强；多层结构时，可划分为几个含水组，下部含水组具有承压性。含水层分布面积大，而且较均匀，呈条带状延伸较远，但在横向上含水性变化较大。

地下水的补给以大气降水渗入为主，同时还有地表水的渗入，两者有密切的水力联系，常常是地表水补给地下水。此外，还有灌溉回归水的补给等其他补给。由于地形平坦，地下水径流微弱，地下水埋深较浅，主要为蒸发排泄，或有部分排入湖泊、沼泽。在北方干旱气候条件下，浅层水的矿化度较高，水化学类型复杂，而南方的冲积平原由于补给条件好，一般均为低矿化度的淡水。

这类地区洪水水文地质调查主要是以收集现有井（孔）资料为主，勘探工作以物探为主，配合少量钻探进行验证，抽水试验则要能控制含水层的变化。目的是查明含水层的结构及水文地质特征，确定古河道的位置以及咸淡水的界线，确定适用于供水要求的分布范围和层位。在已有开采历史的地区，还要调查开采的动态变化资料，其中很重要的是开采量的调查和统计工作，为地下水水量评价提供必要的资料。

3. 山间盆地

山间盆地四周被山地环绕，中间低平。分布在山区的中小型盆地，在我国有广泛的分布，它们的面积从几十平方公里至几千平方公里不等。四周山区的水系向盆地汇集，将山区的风化物质搬运出来，堆积在盆地内，往往形成很厚的第四纪松散堆积物，为地下水的赋存提供了有利的条件，一般形成良好的蓄水盆地。

研究山间盆地的大量资料表明，盆地形成的历史过程是控制水文地质条件的根本因素。我国多数山间盆地属于构造断陷盆地，而且第四纪还有活动。由于沉降幅度不同，各个盆地沉积厚度差异很大，薄者 $100 \sim 200m$，厚者大于 $1000m$。

山间盆地的地质结构是围绕四周山麓的洪积、坡积物，常由洪积扇的洪积物和扇间坡积物连成环状山前倾斜地带，盆地中心为河流形成的冲积平原，局部洼地还有些湖沼沉积。有些盆地还可能有冰川沉积和冰水沉积，下部早期还可能有湖面沉积。物质成分的一般规律是从四周向中心由粗逐渐变细，由块石、卵砾石夹砂、黏土渐变为砂砾石、砂、亚砂土和亚黏土，至河床带又为砂、砂砾石。有的山间盆地的古河道分布在盆地的一侧，形成不对称的结构。

山间盆地的水文地质特征是：盆地四周具有山前倾斜平原的水文地质分带规律，而盆地中部则具有冲积平原的水文地质特征。与山前倾斜平原不同的是，这些带常呈封闭的环带状，由四周向中心依次排列，且内部径流滞缓带分布面积广，汇合成一片。盆地中深部常有承压水，由四周潜水补给，这里的承压水井常为自流井。山间河流入盆地所形成的洪积扇不仅蓄水与透水条件好，而且又可直接接受山间河流的渗入补给，往往是供水开采的重要地段。如山西省代县俄河全长 $45km$，平均流量 $1.6m^3/s$，在其冲洪积扇上布置一个 $48.6m$ 深的钻孔，其单位涌水量竟达 $40.2L/(s \cdot m)$。山间盆地除了冲洪积扇富水外，中部存在的古河道也是富水带。据山西省水利厅对平遥县汾河古河道浅井抽水资料，单位涌水量大于 $3L/(s \cdot m)$。

从上述山间盆地沉积物分布规律及富水性特点来看，供水水文地质调查应注意如下问题：

（1）由于盆间河流及边山河流对盆地沉积物起着主要作用，因此进行供水水文地质调查时，必须研究这些河流流域内岩石分布情况及流域面积大小，以便推断冲洪积扇可能的分布范围及含水性的好坏。根据地质出版社出版的《怎么找地下水》一书提到的总结材料得知：①边山河流流域内，如果分布坚硬的岩石如石灰岩、硬砂岩、石英岩等，它的冲洪积扇砂砾石层含水性最好；如果分布的是半坚硬的岩石如板岩等，其冲洪积扇的砂砾石层含水性较差；如果以黄土类为主，那么它的冲洪积扇砂砾层有限，含水性最差。②山间盆地是山区地表、地下水的汇集的条件。因此边山河流必须具有一定的流域面积，否则冲洪积扇的规模过小，不具有供水水源的条件。一般来说，流域面积在 $20km^2$ 以上的可适当布井，流域面积过小的，只能视为邻近大型冲洪积扇的死角，不宜布井。

（2）要注意了解河流的流程及渗透量、河流流入扇形地上的切割深度（是否嵌入砂砾层）等。

（3）在勘探线的布置上，对冲洪积扇勘探线应沿斜坡布置，从而能更好地了解冲洪积扇分布范围及纵向变化规律；对下部湖相沉积，勘探线应横切盆地布置；对古河道首先用物探方法探明古河道分布，然后按垂直方向布置勘探线。

9.3.2　丘陵地区

我国山区占有很大一片土地，据统计，高原和山地约占全国面积的 65%；丘陵和山间盆地占 25%；平原最少，只占 10%。其中，丘陵和盆地也属山区的组成部分。为此，山区约占全国面积的 90% 以上，地域广阔的山区土地肥沃、物产丰富，是工农业发展的重要地区，在国民经济中占有重要的地位。

随着我国建设事业的蓬勃发展，山区农业、工矿企业、交通运输以及军事工业等迅速发展，各方面对水的需求量日益增加，因此大力勘探地下水源，满足山区各有关部门生活和生产用水日益增长的需要，乃是水文地质工作的一项重要任务。

但是，山区地下水的埋藏和分布规律比较复杂，准确判断其"来龙去脉"比较困难，对其规律性的认识尚很不足，在调查手段上尚需进一步发展，研究方法方面尚无足够经验，寻找富水地段尚缺乏确切的标志，在水量评价上尚处于估算阶段，甚至在开采方法方面也有许多问题有待进一步解决。因此，山区地下水的勘探和开发是今后水文地质工作研究的重要内容。

1. 山区地下水运动和分布的特点及寻找地下水的方向

就山区的自然特征而言，在地貌方面通常是地势较高，而且受地表水冲刷强烈，水位网发育，地势起伏大，地面坡度也较陡。在地质构造方面，山区一般由坚硬的基岩组成，岩石种类繁多，岩性变化大，而且地质构造更为复杂，致使岩石裂隙分布很不均匀。所有这些必然给山区地下水的形成烙上明显的痕迹。使山区地下水一般具有以下的特点：①水流坡度大，运动速度快，地表水与地下水的交替比较频繁；②地下水埋藏深度大，动态变化幅度大；③地下水分布不均匀，常相距很近，地下水位及水量相差很悬殊，水量少者相差几倍，多着相差数十倍，甚至发生孔距很近，出现一孔水量丰富、一孔无水等现象。这些现象的产生无疑是由裂隙分布不均匀以致使补给源和流动路程曲折等原因造成。

上述特点是山区自然条件所决定的山区地下水的特殊性，我们经常根据这些特殊性作为寻找地下水的依据。例如：根据山区地下水分布极不均匀的特点，则应特别注意寻找裂隙发育局部集中的地段。即应在不均匀之中寻找集中，因为只有在这些地方才能构成局部的富水带。如在弱透水的砂页岩互层地区则应特别注意：①寻找岩脉，因为在砂页岩与侵入体的接触面附近有可能产生较密集的裂隙，同时由于侵入体容易风化破碎，本身常有较大的透水性；②寻找相对的透水层，如寻找泥灰岩或较松散的砂砾岩夹层；③寻找向斜和背斜构造；④寻找断层破碎带。

再如在弱透水的变质岩地区，则应特别注意：①寻找相对透水的大理岩夹层，当大理岩厚度比较大时，则应特别注意寻找大理岩与岩浆岩的接触带、大理岩与片岩的接触带；②寻找岩脉与片麻岩或片岩的接触带；③寻找与新地层的接触带；④寻找断层破碎带等。

根据地下水流动快的特点，则应特别注意寻找地下水可能受阻的地段和地形相对低洼的地段，因为这些地段地下水流动速度较慢，易于富集。如在强透水的石灰岩地区，寻找隔水层和地下水不易流失的地段往往有很大的意义。在这种地区应特别注意：①寻找地下水易于聚集的向斜构造；②寻找岩脉或岩体的接触带；③寻找非可溶岩与可溶岩的接触带；④寻找阻水断层或断层破碎带；⑤寻找背斜轴部。

根据地下水埋藏深度大的特点，则应特别注意：①寻找相对低洼而平缓的地段；②寻找埋藏浅的局部隔水层；③寻找地下水的排泄区等。

综上所述，山区找水是一项综合性的调查研究工作，首先必须树立对立统一的观念，把地下水与周围紧密地联系在一起进行研究，在此基础上把注意力放在主要控制性因素的调查研究上，并根据山区地下水形成的特点，尽力寻找便于开采地段，这便是山区寻找地下水的一些原则性方法。

2. 丘陵山区地下水调查要点

为解决山区工矿企业、城镇居民及农田灌溉等方面利用地下水作为供水水源的问题，必须进行水文地质调查工作。水文地质调查的程序和内容大致如下。

（1）搜集资料。根据用水部门对水质和水量的要求，搜集工作区及外围的地质、地貌、水文等方面的资料，概略了解其水文地质条件，确定找水方向、线索和途径。

（2）访问调查。群众对当地的山川、土石非常熟悉，在同大自然的长期斗争实践中积累了许多宝贵经验，能给找水提供许多线索。访问、调查的对象包括熟悉情况的工人、农民及打过井或挖过泉的老人和水利人员等。了解的内容一般包括：①找水和打井的历史情况及成败原因，如在什么地方打过井或挖过泉，井深多少，揭露的土石层情况及成败原因等；②了解与地下水有关的自然现象及找水线索，如土石出露分布情况、岩溶裂隙发育情况、河流水文情况、山势和植物生长情况等，从一些异常现象中往往能发现一些找水线索；③了解与地下水有关的历史传说，并分析其真实可靠性。

（3）现场调查。只有深入现场实地勘察，才能获得最可靠的第一手资料，搜集和访问得来的材料，也得通过现场调查予以证实。现场调查的内容一般包括：地貌、地层岩性、地质构造以及井泉等。现场调查是找水的基本工作，可采用一般水文地质野外工作方法。调查时，要不辞辛苦，仔细观察，善于"捕捉"各种有用的现象。由于自然条件因地而异、千变万化，对具体情况应做具体分析，做出正确的判断。

如果需水量不大，一般做过上述工作之后，就可以得出结论；如果需水量大，并要求较准确地提出地下水资源的数量时，就应当根据调查选出水源地，然后进行水文地质勘探工作，包括物探、钻探、试验和地下水动态观测工作等。

寻找地下水的过程，就是如何做到主观认识和客观实际相一致的过程，是一个实践、认识、再实践、再认识的过程。尽管地下水的埋藏条件是复杂多变的，只要运用辩证唯物主义的认识论来指导实践，就可以认识其规律，做出正确的结论。

9.3.3 岩溶地区

我国岩溶分布面积居世界首位，其中裸露岩溶区就有 $1.20 \times 10^5 km^2$，占全国总面积的 1/8，而隐伏地下的岩溶区分布面积更广，两者总计则占全国总面积的 1/3 左右。

我国岩溶分布非常广泛，从世界屋脊的青藏高原到海浪滔滔的台湾海域；从林海雪原的大兴安岭到美丽富饶的南海诸岛均有岩溶分布。在这广大范围里，由于自然地理条件（特别是气候条件）及地质条件的不同，造成了我国北方和南方岩溶发育特征及发育程度的明显差异，因此岩溶水的水文地质特征也各具特色。这就为岩溶及岩溶水的研究提供了广阔的课题。

岩溶水与国民经济、人民生活的关系十分密切。在一些岩溶裸露的山区，由于岩溶地层吸收地表水能力很强，致使地表水缺乏，地下水深埋，而造成严重干旱缺水的现象；而在一些溶蚀平原的山前地带，往往有岩溶泉水溢出的地表，为工农业生产提供了丰富的水源。因此，岩溶水的研究在供水水文地质中占有重要位置。

1. 岩溶水的基本特征

岩溶水是赋存和运动于岩溶空隙中的地下水，就其埋藏条件而言，可以是潜水，也可以是承压水。如果在包气带可溶岩层中存在局部隔水层时，也可以形成上层滞水。

无论是岩溶潜水，还是岩溶承压水，其分布、埋藏条件均受岩溶发育规律控制。因此，岩溶含水层的水文地质性质决定了岩溶水具有与其他类型地下水（孔隙水、裂隙水）所不同的独特特征，这些特征主要表现在以下几个方面：

（1）岩溶地下水分布不均匀。岩溶地下水分布不均匀性主要表现为岩溶含水层含水性的不均匀和导水性各向异性的特点。就岩溶含水层来说，它的含水性一方面取决于岩溶化程度，另一方面取决于裂隙溶洞的充填程度。前者由岩溶发育规律所决定，而且无论在水平方向还是在垂直方向都具有一定的规律性。从垂直剖面来看，岩溶的发育强度随深度的增加而减弱，这是已被勘测资料所证实的普遍规律。在水平分布上，岩溶水的分布也与岩溶发育规律一致，通常是沿着岩溶发育强烈的厚层纯灰岩分布带、强岩溶化的褶皱轴部、断裂破碎带、可溶岩与非可溶岩层接触带等呈条带状分布。决定岩溶含水层含水性的另一因素，就是裂隙溶洞的充填性质和充填程度。当裂隙溶洞为透水性极弱的黏土填充时，其含水性大大减弱。例如广州市供水勘探中，某钻孔揭露溶洞高 5.67m，为红黏土填充，单位涌水量为 $0.02L/(s \cdot m)$，而另一钻孔，揭露溶洞高为 1.82m，为砂砾石充填，单位涌水量达 $6.546L/(s \cdot m)$。由于岩溶发育的不均匀性，也决定了岩溶含水层的导水性具有各向异性的特点。例如广西某厂四号井抽水时，影响距离在上游达 1400m，而两侧影响较小，具有明显的各向异性。

（2）地下水与地表水转化频繁。岩溶地区，溶洞裂隙互相沟通，透水性很强。因此，对降水和地表水吸收能力很强，在岩溶发育地区，岩溶地层可吸收降水量的 80%，一般石灰岩地区也可达 40%～50%。一些河流流入石灰岩地区可全部透入地下，地表形成盲谷。如山西临汾龙子祠泉附近一条 3km 长的沟谷，每小时 50mm 的暴雨后，水也不能流出沟口；又如山东淄河在东崖至后贾庄一段，旱季往往断流，成为干谷。这就使石灰岩山区地表水严重缺乏，但是又在适当的位置以巨大的天然水点排泄至地表，有时甚至构成地表河流的源头。这些天然水点通常具有极为重要的供水价值。由于地表水与地下水转化频繁，地表污染物很容易带入岩溶含水层中，而使地下水污染。因此，利用岩溶水，特别是岩溶潜水作为供水水源时，应充分注意卫生防护措施。由于地表水与地下水转化频繁，两者在水量方面常混为一体，在进行水资源评价时必须注意这一特点。

（3）地下水动态变化剧烈。地下水动态变化剧烈是岩溶水的特征之一，特别是岩溶潜水，由于受降水影响密切，地下水动态变化表现为变幅大、降雨滞后时间短等特点。水位变幅由排泄区到补给越来越大，如河北邢台、邯郸西部石灰岩山区，排泄区一带水位变幅一般不超过10m，而上游地下水水位变幅达 60～70m。又如广西都安地下河系的动态观测表明，下游水位变幅在 35～40m，上游可达 60～100m，而年流量变化雨季和旱季相差达100～125 倍。因此，在开发利用岩溶水时必须充分注意这一点。对岩溶承压水来说，由于径流的途径较长，因此动态较岩溶潜水稳定。对气候的反应也不如岩溶潜水灵敏，水位、水量、水质的变化都较岩溶潜水小，作为供水水源比较有利。

（4）地下水运动状态复杂。岩溶水是以溶洞和溶隙为其运动通道，溶洞及溶隙的大小和连通程度，必然影响到地下水的运动状态。当地下水在细小的溶隙中流动时，其运动特征与在大管道和明渠中运动并无区别，当其运动速度较大时，常呈紊流运动，因此不服从于直线渗透定律，这在选择地下水资源评价方法时必须予以注意。

2. 岩溶地区供水水文地质调查要点

碳酸盐岩地层在我国分布十分广泛，由于其吸收地表水能力很强，因此常造成地表水缺乏，而地下水源丰富。所以在石灰岩地区寻找和合理开发岩溶水资源，是工农业生产和人民生活的迫切需要。

自然地理条件和地质条件是控制岩溶发育和岩溶地下水形成及分布的重要因素。在我国这样幅员辽阔的国家里，自然地理和地质条件的差别非常显著。例如，由于我国北方和南方地区气候和地质条件的差异，岩溶发育程度、规模和形态均有明显差别。即使在同一地区，由于地质、地貌条件的不同，岩溶发育程度和形态也明显不同。因此赋存和运动气质的地下水必然具有不同的埋藏、分布和运动特征。正因为如此，在岩溶地区进行供水水文地质调查与其他类型的基岩山区或第四纪堆积的平原地区所研究的对象以及使用的方法和手段都是不尽相同的，甚至在不同类型的岩溶地区也是各具特点的。

（1）北方石灰岩地区

我国北方主要碳酸盐岩地层有：寒武、奥陶、石灰系石灰岩和白云岩，主要分布在晋、冀、鲁、豫、辽等的山区，为岩溶含水地层。震旦系硅质灰岩和白云岩，分布在冀、辽一带山区，为裂隙和岩溶裂隙含水地层。

我国北方地区的气候特征是气温低寒，干燥少雨，因此地表径流不发育，土壤植被也不如南方发育。此外，石灰岩地层以寒武、奥陶系为主，时代较老，大部分已经硅化和白云岩化，溶解度降低，且其出露地区多为断块隆起山地，岩溶发育受构造作用控制比较明显。其岩溶发育的基本特征是：①地表岩溶形态不发育，主要是干谷和岩溶泉，而漏斗、落水洞、溶蚀洼地等少见；②岩溶化程度较弱，岩溶发育规模也较小，地下岩溶以相互连通的溶蚀裂隙为主，溶洞很少而且小，地下暗河不多；③由于受构造作用的控制，一般岩溶发育深度较大,垂直分带现象不明显,但岩溶化程度随深度的增加而减弱的规律依然存在。

北方地区主要是脉状裂隙岩溶水,岩溶泉是其排泄的主要形式。石灰岩裸露的块状隆起山地是其主要补给区,而石灰岩分布的丘陵及其山前地带或河谷深切地区,通常是其径流、排泄带。

在岩溶地下水补给区,地表干谷纵横,地表水源非常缺乏,且地下水的埋深很大,常常可达数百米,开采非常困难,而且水量没有保证,因此该类地区一般不能成为大中型供水水源。但是由于这里严重干旱缺水,解决当地居民的人畜用水要求十分迫切,因此在这类地区寻找地下水是水文地质的一项重要任务。根据近年来在石灰岩山区的找水经验,为解决需水量不大的人畜用水,通常寻找包气带中局部存在的水层滞水,可以达到满意的效果。寻找上层滞水的关键在于寻找相对的隔水层,而且隔水层越大越有利。但是打井时需注意,不能打穿隔水层。

在石灰岩分布的丘陵和山前地带一般是岩溶地下水的径流、排泄区,地下水常沿岩溶强烈发育带形成脉状水流,流向山前和河谷地带,以岩溶泉的形式排泄于地表。因此,该区内地下水埋藏一般较浅,常在几十米以内,而且水量丰富,水质优良,易于开采。其大型岩溶泉水,往往可作为大中型供水的良好水源。可直接利用。

在该类地区进行供水水文地质调查,关键要抓住两点:一是比较准确地掌握地下水的埋深;二是要找到地下强岩溶裂隙带的具体位置。

通过上述对我国北方石灰岩地区岩溶地下水的形成条件和水文地质特征的分析可以看出,这类地区地下水虽有一定独特的特点,但它仍以岩溶裂隙水为主,因此,它与其他类型的基岩山区的脉状裂隙水并无本质上的区别。因此,在一般基岩山区供水水文地质调查中所适用的原则和方法,也同样适用于该地区。

(2) 南方岩溶地区

在我国南方,石灰岩地层分布广泛,特别是滇、黔、桂、粤、湘、鄂、川等几个省区,石灰岩地层大片连续出露,分布较广,蕴藏着极其丰富的地下水资源,常为工农业生产和国防用水的重要水源。因此,南方岩溶地区供水水文地质调查,是水文地质工作的重要课题之一。

我国南方石灰岩地层,大多属于古生界和下中生界,地质时代较新,石灰岩成分较纯。另外,由于我国南方气候温热多雨,地表径流发育,植被繁茂,因此在石灰岩分布地区地表和地下岩溶均比较发育,岩溶洼地、落水洞、漏斗、峰林、天生桥、溶洞、地下暗河等典型岩溶形态比比皆是。

岩溶地貌常常是寻找岩溶地下水的重要标志。在我国南方,常见的岩溶地貌类型主要是峰丛洼地、峰丛谷地和孤峰平原。它们既反映不同的岩溶地貌类型,又代表着岩溶发育的不同阶段。峰丛、峰林山区一般是石灰裸露区,通常地表广布的漏斗、落水洞等各种垂直岩溶形态,大量吸收降水和地表水,并集中于水平溶洞连通的暗河之中,以管状径流向河谷和平原地区排泄。因此,这类地区通常是地下水的补给及径流区。其主要水文地质特征是:地下埋深很大,常达数百米;地表水、地下水转化迅速;对气候变化反映灵敏,动态变化剧烈,水位最大变幅可达百米,最大、最小流量之比可达数百倍;其中的地下河是汇集地下水的主要通道,一般都有比较丰富的水量。

地下河在地表一般都有明显反映，如干谷、串珠状洼地、漏斗、落水洞、塌陷等呈现有规律的分布，生长喜水植物，有的明显暗流交替出现等均为探索地下河提供了直接线索，成为寻找地下河极为重要的标志。

峰丛谷地和孤峰平原是峰丛山区进一步岩溶化的结果，它标志着岩溶发育一个新的阶段。在宽阔平坦的谷地和平原地区，地表常有第四纪堆积物覆盖，但地下岩溶化程度很强，通常是溶洞溶隙相互连通，构成脉状或网状地下岩溶通道。因此在该类地区一般具有大体一致的区域地下水位，水力联系比较密切，但仍具有各向异性的特点：地下水位埋藏一般较浅，动态变化也较小，有利于地下水的开采。

在谷地和平原地区的地下脉状或网状岩溶系统，在地表也常常有微地貌特征的反映，主要网脉通道多沿条形洼地和串珠状洼地发育。例如在柳州市供水勘探中，根据串珠状小洼地分布规律布置钻孔取得了较好的效果。

在不同类型的地貌单元里，地下水的分布、埋藏状况和水动力特征是不相同的，因此寻找地下水的方向以及所使用的方法和手段也有所不同。

1) 裸露岩溶区。峰丛和峰林山区一般均为灰岩裸露的岩溶地区。在该区内供水水文地质调查的中心任务就是寻找地下河。所应用的主要是地质、水文地质综合测绘，并配合进行深洞调查、连通试验、动态观测和必要的抽水试验。在水点露头缺乏的地区，还需进行少量钻探或爆破揭露工作。

2) 覆盖岩溶地区。在峰林谷地和孤峰平原地区，在宽阔平坦的谷地和平原上，常被厚度不等的第四纪堆积物所覆盖，一般不能直接观测岩溶形态和测量地下水的水位、水量等。因此，在该类地区进行供水水文地质勘探与灰岩裸露区有所不同，所应用的方法主要是水文地质测绘、物探、钻探、抽水试验和动态观测工作。

附　录

P－Ⅲ型曲线离均系数 Φ_P 值计算表

	0.01	0.05	0.1	1/3	0.5	1	2	3	10/3	4	5	10	15
0.0	3.719	3.291	3.090	2.713	2.576	2.326	2.054	1.881	1.834	1.751	1.645	1.282	1.036
0.02	3.762	3.323	3.119	2.735	2.595	2.341	2.064	1.889	1.842	1.758	1.651	1.284	1.037
0.04	3.805	3.356	3.147	2.756	2.613	2.356	2.075	1.898	1.850	1.764	1.656	1.286	1.037
0.06	3.848	3.389	3.176	2.777	2.632	2.370	2.086	1.906	1.857	1.771	1.662	1.288	1.037
0.08	3.891	3.422	3.205	2.798	2.651	2.385	2.096	1.914	1.865	1.778	1.667	1.290	1.037
0.10	3.935	3.455	3.233	2.819	2.670	2.400	2.107	1.923	1.873	1.785	1.673	1.292	1.037
0.12	3.978	3.488	3.262	2.840	2.688	2.414	2.118	1.931	1.880	1.791	1.678	1.294	1.037
0.14	4.022	3.521	3.291	2.862	2.707	2.429	2.128	1.939	1.888	1.798	1.684	1.296	1.037
0.16	4.065	3.555	3.319	2.883	2.726	2.443	2.139	1.947	1.896	1.805	1.689	1.298	1.037
0.18	4.109	3.588	3.348	2.904	2.745	2.458	2.149	1.955	1.903	1.811	1.694	1.299	1.037
0.20	4.153	3.621	3.377	2.925	2.763	2.472	2.159	1.964	1.911	1.818	1.700	1.301	1.037
0.22	4.197	3.654	3.406	2.946	2.781	2.487	2.170	1.972	1.918	1.824	1.705	1.303	1.037
0.24	4.241	3.688	3.435	2.967	2.800	2.501	2.180	1.980	1.926	1.830	1.710	1.305	1.037
0.26	4.285	3.721	3.464	2.989	2.819	2.516	2.190	1.988	1.933	1.837	1.715	1.306	1.037
0.28	4.330	3.755	3.492	3.010	2.838	2.530	2.201	1.996	1.940	1.843	1.721	1.308	1.037
0.30	4.374	3.788	3.521	3.031	2.856	2.544	2.211	2.003	1.948	1.849	1.726	1.309	1.036
0.32	4.418	3.822	3.550	3.052	2.875	2.559	2.221	2.011	1.955	1.856	1.731	1.311	1.036
0.34	4.463	3.855	3.579	3.073	2.894	2.573	2.231	2.019	1.962	1.862	1.736	1.312	1.036
0.36	4.507	3.889	3.608	3.094	2.912	2.587	2.241	2.027	1.969	1.868	1.741	1.314	1.035
0.38	4.552	3.922	3.637	3.115	2.931	2.601	2.251	2.035	1.977	1.874	1.746	1.315	1.035
0.40	4.597	3.956	3.666	3.136	2.949	2.615	2.261	2.042	1.984	1.880	1.750	1.317	1.035
0.42	4.642	3.990	3.695	3.157	2.967	2.630	2.271	2.050	1.991	1.886	1.755	1.318	1.034
0.44	4.687	4.023	3.724	3.179	2.986	2.644	2.281	2.058	1.998	1.892	1.760	1.319	1.034
0.46	4.731	4.057	3.753	3.199	3.004	2.658	2.291	2.065	2.005	1.898	1.765	1.321	1.033
0.48	4.776	4.091	3.782	3.220	3.023	2.672	2.301	2.073	2.012	1.904	1.770	1.322	1.033
0.50	4.821	4.124	3.811	3.241	3.041	2.686	2.311	2.080	2.019	1.910	1.774	1.323	1.032
0.55	4.934	4.209	3.883	3.294	3.087	2.721	2.335	2.099	2.036	1.925	1.786	1.326	1.030
0.60	5.047	4.293	3.956	3.346	3.132	2.755	2.359	2.117	2.052	1.939	1.797	1.329	1.029
0.65	5.160	4.377	4.028	3.398	3.178	2.790	2.383	2.135	2.069	1.953	1.808	1.331	1.027
0.70	5.274	4.462	4.100	3.450	3.223	2.824	2.407	2.153	2.085	1.968	1.819	1.333	1.024
0.75	5.388	4.546	4.172	3.501	3.268	2.857	2.430	2.170	2.101	1.980	1.829	1.335	1.022
0.80	5.501	4.631	4.244	3.553	3.312	2.891	2.453	2.187	2.117	1.993	1.839	1.336	1.019
0.85	5.615	4.715	4.316	3.604	3.357	2.924	2.476	2.204	2.132	2.006	1.849	1.338	1.017
0.90	5.729	4.799	4.388	3.655	3.401	2.957	2.498	2.220	2.147	2.018	1.859	1.339	1.013
0.95	5.843	4.883	4.460	3.706	3.445	2.990	2.520	2.237	2.162	2.031	1.868	1.340	1.010

参 考 文 献

[1] 成都科技大学，河海大学，武汉水利水电学院. 工程水文学. 北京：水利水电出版社，1987.

[2] 马学尼，叶镇国. 水文学. 北京：中国建筑工业出版社，1989.

[3] 张学龄. 桥涵水文学. 北京：人民交通出版社，1986.

[4] 詹道江. 工程水文学. 北京：人民交通出版社，1988.

[5] 闻德荪，魏亚东等. 工程水文学. 北京：高等教育出版社，1991.

[6] 孙慧修. 排水工程（上册）（第二版）. 北京：中国建筑工业出版社，1987.

[7] 郭雪宝. 水文学. 上海：同济大学出版社，1990.

[8] 华东水利学院主编. 水文学的概率统计基础. 北京：水利电力出版社，1981.

[9] 叶镇国. 土木工程水文学. 北京：人民交通出版社，2000.

[10] 陈家琦，张恭肃. 小流域暴雨洪水计算. 北京：水利电力出版社，1985.

[11] 交通部公路规划设计院主编. 公路桥位勘测设计规范（JTJ062-1991）. 北京：人民交通出版社，1992.

[12] 中华人民共和国水利部主编. 防洪标准（GB50201-1994）. 北京：中国计划出版社，1994.

[13] 孙荣恒等. 概率与数理统计. 重庆：重庆大学出版社，2000.

[14] 清华大学水力学教研组编. 水力学. 北京：人民教育出版社，1981.

[15] 谭维炎，张维然等. 水文统计常用图表. 北京：水利出版社，1982.

[16] 黄锡荃. 水文学. 北京：高等教育出版社，2003.

[17] 肖敬光. 浅谈水文资料整编工作. 价值工程，2012.

[18] 任琳. 关于提高水文资料质量的思考. 华章，2011.

[19] 杨凌. 千河流域古洪水沉积学与水文学特征研究. 西安：陕西师范大学，2012.

[20] 叶守泽，詹道江. 工程水文学（第三版）. 北京：中国水利水电出版社，2005.

[21] 芮孝芳. 水文学原理. 北京：中国水利水电出版社，2004.

[22] 顾慰祖. 水文学基础. 北京：水利电力出版社，1984.

[23] 陈家琦，王浩，杨小柳. 水资源学. 北京：科学出版社，2002.

[24] 迟宝明，卢文喜，肖长来等. 水资源论. 长春：吉林大学出版社，2006.

[25] 世界气象组织，联合国教科文组织. 水资源评价—国家能力评估手册. 李世明，张海敏，朱庆平等译. 郑州：黄河水利出版社，2001.

[26] 车伍，李俊奇. 城市雨水利用技术术语管理. 北京：中国建筑工业出版社，2006.

[27] 陈家琦. 陈家琦水文与水资源文选. 北京：中国水利水电出版社，2003.

[28] 马学尼，黄廷林. 水文学（第三版）. 北京：中国建筑工业出版社，1998.

[29] 黄廷林，马学尼. 水文学（第四版）. 北京：中国建筑工业出版社，2006.

[30] 北京市市政工程设计研究总院. 给水排水设计手册：第五册（第二版）. 北京：中国建筑工业出版社.

[31] 魏永霞，王丽学. 工程水文学. 北京：中国水利水电出版社，2005.

[32] 林平一. 小汇水面积暴雨径流计算法（增订本）. 北京：水利电力出版社，1958.

[33] 王燕生. 工程水文学. 北京：水利水电出版社，1992.

[34] 叶守泽. 水文水利计算. 北京：水利水电出版社，1992.

[35] 廖松，王燕生，王路. 工程水文学. 北京：清华大学出版社，1991.

[36] 吴明远，詹道江，叶守泽. 工程水文学. 北京：水利水电出版社，1987.

[37] [美] R. K. 林斯雷等. 工程水文学. 刘光文等译. 北京：水利出版社，1981.

[38] 蒋金珠. 工程水文及水利计算. 北京：水利水电出版社，1991.

[39] 贾仰文，王浩，倪广恒等. 分布式流域水文模型原理与实践. 北京：中国水利水电出版社，2005.

[40] 程子峰，徐富春. 环境数据统计分析基础. 北京：化学工业出版社，2006.

[41] 陈静生. 河流水质原理及中国河流水质. 北京：科学出版社，2006.

[42] 中华人民共和国水利部. 水利水电工程水文计算规范 SL278－2002. 北京：中国水利水电出版社，2002.

[43] 岑国平. 资料的宣扬与统计方法，http://www.studa.net/sbuili/060217/09541414.html，2006.

[44] 章至洁，韩宝平，张月华. 水文地质学基础. 徐州：中国矿业大学出版社，2004.

[45] 潘懿，李铁峰. 环境地质学（修订版）. 北京：高等教育出版社，2003.

[46] 万力，曹文炳，胡伏生等. 生态水文地质学. 北京：地质出版社，2005.

[47] 曹剑锋等. 专门水文地质学（第三版）. 北京：科学出版社，2006.

[48] 李绪谦. 环境水化学. 长春：吉林科学技术出版社，2001.

[49] 沈照理，朱宛华，钟佐鑫. 水文地球化学基础. 北京：地质出版社，2001.

[50] 张永波等. 水工环研究的现状与趋势. 北京：地质出版社，2001.

[51] 叶俊林，黄定华，张俊霞. 地质学概论. 北京：地质出版社，1996.

[52] 宋春青，张振春. 地质学基础（第三版）. 北京：高等教育出版社，1996.

[53] 曹伯勋. 地貌学与第四纪地质学. 武汉：中国地质大学出版社，1995.

[54] 张永波，时红，王玉和. 地下水环境保护与污染控制. 北京：中国环境科学出版社，2003.

[55] 王德明. 普通水文地质学. 北京：地质出版社，1986.

[56] 王大纯，张人权，史毅红. 水文地质学基础. 北京：地质出版社，1995.

[57] 刘兆昌. 供水水文地质. 北京：中国建筑工业出版社，2005.

[58] 王大纯. 水文地质学基础. 北京：地质出版社，2001.

[59] 宋春青. 地质学基础. 北京：高等教育出版社，2002.

[60] 李广贺. 水资源利用与保护. 北京：中国建筑工业出版社，2003.

[61] 国家冶金工业局. 供水水文地质勘察规范 GB 50027—2001. 北京：中国计划出版社，2001.

[62] 董志勇. 环境水力学. 北京：科学出版社，2006.

[63] 李同斌，邹立芝. 地下水动力学. 长春：吉林大学出版社，1995.

[64] 金为芝，史文仪. 供水水文地质. 上海：同济大学出版社，1989.

[65] 薛禹群. 地下水动力学. 北京：地质出版社，2001.

[66] [荷兰] 努纳. 水文地质学引论. 邓东升等译. 合肥：中国科学技术大学出版社，2005.

[67] 长春地质学院. 水文地质工程物质物探教程. 北京：地质出版社，1980.

[68] [苏] H. H. 普洛特尼科夫，C. 克拉耶夫斯基. 环境保护的水文地质问题. 汪东云译. 北京：地质出版社，1988.

[69] 杜恒俭，陈华慧，曹伯勋. 地貌学及第四纪地质学. 北京：地质出版社，1981.

[70] 杨成田. 专门水文地质学. 北京：地质出版社，1981.

[71] 孔宪立，石振明. 工程地质学. 北京：中国建筑工业出版社，2005.

[72] 陈玉成. 污染环境生物修复工程. 北京：化学工业出版社，2002.

[73] 周怀东，彭文启. 水污染与环境修复. 北京：中国建筑工业出版社，2005.

[74] 伦世仪. 环境生物工程. 北京：中国建筑工业出版社，2002.

[75] 郑正. 环境工程学. 北京：科学出版社，2004.

［76］ 孙铁珩，周启星，李培军. 污染生态学. 北京：科学出版社，2004.

［77］ 杨维，张戈，张平. 水文学与水文地质学. 北京：机械工业出版社，2008.

［78］ 曹欣荣. 工程水文学. 北京：中国水利水电出版社，2005.

［79］ 向文英. 工程水文学. 重庆：重庆大学出版社，2003.

［80］ 潘宏雨，马锁住. 水文地质学概论. 北京：地质出版社，2009.

［81］ 区永和. 水文地质学概论. 武汉：中国地质大学出版社，1988.

［82］ 王明，周玉文，王存娟. 水文学与供水水文地质学. 北京，中国建筑工业出版社，1996.

［83］ 陈崇希，林敏. 地下水动力学. 武汉：中国地质大学出版社，2003.

［84］ 杨金忠. 地下水运动数学模型. 北京：科学出版社，2009.